国家"十一五"高职高专计算机应用型规划教材

U0148486

AutoCAD 2009 辅助设计
基础与项目实训

文 东 黄云龙 主 编

赵 军 孙秀娟 沈海洋 副主编

中国人民大学出版社
·北京·

北京科海电子出版社
www.khp.com.cn

图书在版编目(CIP)数据

AutoCAD 2009 辅助设计基础与项目实训/文东，黄云龙主编.
北京：中国人民大学出版社，2009
国家"十一五"高职高专计算机应用型规划教材
ISBN 978-7-300-10443-0

Ⅰ.A…
Ⅱ.①文…②黄…
Ⅲ.计算机辅助设计—应用软件，AutoCAD 2009
—高等学校：技术学校—教材
Ⅳ. TP391.72

中国版本图书馆 CIP 数据核字（2009）第 034948 号

国家"十一五"高职高专计算机应用型规划教材
AutoCAD 2009 辅助设计基础与项目实训
文东　黄云龙　主编

出版发行	中国人民大学出版社　北京科海电子出版社			
社　　址	北京中关村大街 31 号	**邮政编码**	100080	
	北京市海淀区上地七街国际创业园 2 号楼 14 层	**邮政编码**	100085	
电　　话	（010）82896594　62630320			
网　　址	http://www.crup.com.cn			
	http://www.khp.com.cn（科海图书服务网站）			
经　　销	新华书店			
印　　刷	北京市科普瑞印刷有限责任公司			
规　　格	185 mm×260 mm　16 开本	**版　　次**	2009 年 5 月第 1 版	
印　　张	18.5	**印　　次**	2009 年 5 月第 1 次印刷	
字　　数	450 000	**定　　价**	29.00 元	

丛 书 序

市场经济的发展要求高等职业院校能培养具有操作技能的应用型人才。所谓有操作技能的应用型人才，是指能将专业知识和相关岗位技能应用于所从事的专业和工作实践的专门人才。有操作技能的应用型人才培养应强调以专业知识为基础，以职业能力为重点，知识能力素质协调发展。在具体的培养目标上应强调学生综合素质和操作技能的培养，在专业方向、课程设置、教学内容、教学方法等方面都应以知识在实际岗位中的应用为重点。

近年来，已经出版的一些编写得较好的培养操作技能的应用型教材，受到很多高职高专师生的欢迎。随着 IT 技术的不断发展，行业应用的不断拓宽，原有的应用型教材很难满足时代发展的需要，特别是已有教材中，与行业背景、岗位需求紧密结合，以项目实训为特色的教材还不是很多，而这种突出项目实训、培养操作技能的应用型教材正是当前高等职业院校迫切需要的。

为此，在教育部关于建设精品课程相关文件和职业教育专家的指导下，以培养动手能力强、符合用人单位需求的熟练掌握操作技能的应用型人才为宗旨，我们组织职业教育专家、企业开发人员以及骨干教师编写了本套计算机操作技能与项目实训示范性教程——国家"十一五"高职高专计算机应用型规划教材。本套丛书重点放在"基础与项目实训"上（基础指的是相应课程的基础知识和重点知识，以及在实际项目中会应用到的知识，基础为项目服务，项目是基础的综合应用）。

我们力争使本套丛书符合精品课程建设的要求，在内容建设、作者队伍和体例架构上强调"精品"意识，力争打造出一套满足现代高等职业教育应用型人才培养教学需求的精品教材。

丛书定位

本丛书面向高等职业院校、大中专院校、计算机培训学校学生，以及需要强化工作岗位技能的在职人员。

丛书特色

≫ 以项目开发为目标，提升岗位技能

本丛书中的各分册都是在一个或多个项目的实现过程中，融入相关知识点，以便学生快速将所学知识应用到实践工程项目中。这里的"项目"是指基于工作过程的，从典型工作任务中提炼并分析得到的，符合学生认知过程和学习领域要求的，模拟任务且与实际工作岗位要求一致的项目。通过这些项目的实现，可让学生完整地掌握、应用相应课程的实用知识。

≫ 力求介绍最新的技术和方法

高职高专的计算机与信息技术专业的教学具有更新快、内容多的特点，本丛书在体例安排和实际讲述过程中都力求介绍最新的技术（或版本）和方法，强调教材的先进性和时代感，并注重拓宽学生的知识面，激发他们的学习热情和创新欲望。

>> 实例丰富，紧贴行业应用

本丛书作者精心组织了与行业应用、岗位需求紧密结合的典型实例，且实例丰富，让教师在授课过程中有更多的演示环节，让学生在学习过程中有更多的动手实践机会，以巩固所学知识，迅速将所学内容应用于实际工作中。

>> 体例新颖，三位一体

根据高职高专的教学特点安排知识体系，体例新颖，依托"基础+项目实践+课程设计"的三位一体教学模式组织内容。

- 第 1 部分：够用的基础知识。在介绍基础知识部分时，列举了大量实例并安排有上机实训，这些实例主要是项目中的某个环节。
- 第 2 部分：完整的项目。这些项目是从典型工作任务中提炼、分析得到的，符合学生的认知过程和学习领域要求。项目中的大部分实现环节是前面章节已经介绍到的，通过实现这些项目，学生可以完整地应用、掌握这门课的实用知识。
- 第 3 部分：课程设计（最后一章）。通常是大的行业综合项目案例，不介绍具体的操作步骤，只给出一些提示，以方便教师布置课程设计。大部分具体操作的视频演示文件在多媒体教学资源包中提供，方便教学。

此外，本丛书还根据高职高专学生的认知特点安排了"光盘拓展知识"、"提示"和"技巧"等小项目，打造了一种全新且轻松的学习环境，让学生在行家提醒中技高一筹，在知识链接中理解更深、视野更广。

丛书组成

本丛书涵盖计算机基础、程序设计、数据库开发、网络技术、多媒体技术、计算机辅助设计及毕业设计和就业指导等诸多课程，包括：

- Dreamweaver CS3 网页设计基础与项目实训
- 中文 3ds Max 9 动画制作基础与项目实训
- Photoshop CS3 平面设计基础与项目实训
- Flash CS3 动画设计基础与项目实训
- AutoCAD 2009 中文版建筑设计基础与项目实训
- AutoCAD 2009 中文版机械设计基础与项目实训
- AutoCAD 2009 辅助设计基础与项目实训
- 网页设计三合一基础与项目实训
- Access 2003 数据库应用基础与项目实训
- Visual Basic 程序设计基础与项目实训
- Visual FoxPro 程序设计基础与项目实训
- C 语言程序设计基础与项目实训
- Visual C++程序设计基础与项目实训
- ASP.NET 程序设计基础与项目实训
- Java 程序设计基础与项目实训
- 多媒体技术基础与项目实训（Premiere Pro CS3）

- 数据库系统开发基础与项目实训——基于 SQL Server 2005
- 计算机专业毕业设计基础与项目实训
  ……

丛书作者

本丛书的作者均系国内一线资深设计师或开发专家、双师技能型教师、国家级或省级精品课教师，有着多年的授课经验与项目开发经验。他们将经过反复研究和实践得出的经验有机地分解开来，并融入字里行间。丛书内容最终由企业专业技术人员和国内职业教育专家、学者进行审读，以保证内容符合企业对应用型人才培养的需求。

多媒体教学资源包

本丛书各个教材分册均为任课教师提供一套精心开发的 DVD（或 CD）多媒体教学资源包，包含内容如下：

（1）所有实例的素材文件、最终工程文件
（2）本书实例的全程讲解的多媒体语音视频教学演示文件
（3）附送大量相关的案例和工程项目的语音视频技术教程
（4）电子教案
（5）相关教学资源

用书教师请致电（010）82896438 或发 E-mail：feedback@khp.com.cn 免费获取多媒体教学资源包。

此外，我们还将在网站（http://www.khp.com.cn）上提供更多的服务，希望我们能成为学校倚重的教学伙伴、教师学习工作的亲密朋友。

编者寄语

希望经过我们的努力，能提供更好的教材服务，帮助高等职业院校培养出真正的熟练掌握岗位技能的应用型人才，让学生在毕业后尽快具备实践于社会、奉献于社会的能力，为我国经济发展做出贡献。

在教材使用中，如有任何意见或建议，请直接与我们联系。
联系电话：（010）82896438
电子邮件地址：feedback@khp.com.cn

丛书编委会
2009 年 1 月

内容提要

本书由 AutoCAD 教育专家和资深 CAD 设计师联袂策划和编写，作者结合多年的教学经验和设计经验按照学生的学习心理与实际工作需求，以"学以致用"为出发点，通过大量的应用实例重点介绍了 AutoCAD 2009 的使用方法和操作技巧，并通过综合实训项目案例使学生快速掌握 AutoCAD 在辅助设计中的操作流程和设计技巧。

全书共 12 章，分为 3 个部分：基础部分（第 1～10 章）介绍了 AutoCAD 2009 基础、基本二维图形绘制命令、复杂二维图形绘制命令、基本绘图工具、基本二维图形编辑命令、高级二维图形编辑命令、文字和表格、尺寸标注、图形设计辅助工具、三维图形绘制基础知识等内容，并结合大量实例详细地介绍了 AutoCAD 2009 的使用方法和操作技巧；项目实训部分（第 11 章）通过一个大型实训项目案例，介绍了如何绘制机械工程图，将软件操作与实际应用有机结合起来，通过这个项目的实现过程，学生能够轻松掌握 AutoCAD 2009 辅助设计在实际工作中的应用；课程设计部分（第 12 章）提供了绘制滑动轴承这个课题，并将整个绘制过程分为 5 部分，给出相应提示，让学生进一步掌握所学知识，学以致用。

为方便教学，本书特为任课教师提供教学资源包（1DVD），包括 64 小节长达 446 分钟的多媒体视频教学课程（AVI）、电子教案，以及书中全部实例及习题的源文件与最终工程文件。用书教师请致电（010）82896438 或发 E-mail：feedback@khp.com.cn 免费获取教学资源包。

本书内容翔实、图文并茂、语言简洁、思路清晰，可作为高等职业院校、大中专院校以及计算机培训学校的教材，也可供工程技术人员及 AutoCAD 辅助设计爱好者学习参考。

前　言

AutoCAD 是美国 Autodesk 公司推出的集二维绘图、三维设计、渲染及通用数据库管理和互联网通讯功能为一体的计算机辅助绘图软件包。自 1982 年推出至今 20 多年以来，AutoCAD 从初期的 1.0 版本，经多次版本更新和性能完善，现已发展到 AutoCAD 2009，不仅在机械、电子和建筑等工程设计领域得到了大规模的应用，而且在地理、气象、航海等特殊图形的绘制，甚至在乐谱、灯光、幻灯和广告等其他领域也得到了广泛的应用，目前已成为微机 CAD 系统中应用最为广泛和普及的图形软件。

本书由 AutoCAD 教育专家和资深 CAD 设计师联袂策划和编写，作者结合多年的教学经验和设计经验按照学生的学习心理与实际工作需求，以"学以致用"为出发点，通过大量的应用实例重点介绍了 AutoCAD 2009 的使用方法和操作技巧，并通过综合实训项目案例使学生快速掌握 AutoCAD 在辅助设计中的操作流程和设计技巧。

全书共 12 章，分为 3 个部分：

- 基础部分（第 1～10 章）　介绍了 AutoCAD 2009 基础、基本二维图形绘制命令、复杂二维图形绘制命令、基本绘图工具、基本二维图形编辑命令、高级二维图形编辑命令、文字和表格、尺寸标注、图形设计辅助工具、三维图形绘制基础知识等内容，并结合大量实例详细地介绍了 AutoCAD 2009 的使用方法和操作技巧。
- 项目实训部分（第 11 章）　通过一个大型实训项目案例，介绍了如何绘制机械工程图，将软件操作与实际应用有机结合起来，通过这个项目的实现过程，学生能够轻松掌握 AutoCAD 2009 辅助设计在实际工作中的应用。
- 课程设计部分（第 12 章）　提供了绘制滑动轴承这个课题，并将整个绘制过程分为 5 部分，给出相应提示，让学生进一步掌握所学知识，学以致用。

为方便教学，本书特为任课教师提供教学资源包（1DVD），包括 64 小节长达 446 分钟的多媒体视频教学课程（AVI）、电子教案，以及书中全部实例及习题的源文件与最终工程文件。用书教师请致电（010）82896438 或发 E-mail：feedback@khp.com.cn 免费获取教学资源包。

本书内容翔实、图文并茂、语言简洁、思路清晰，可作为高等职业院校、大中专院校以及计算机培训学校的教材，也可供工程技术人员及 AutoCAD 辅助设计爱好者学习参考。

由于时间仓促，加上编者水平有限，书中不足与欠妥之处在所难免，恳请广大读者不吝指正，可发送邮件到 khservice@khp.com.cn 提出宝贵意见。

编　者
2009 年 4 月

目 录

第 **1** 章

AutoCAD 2009 基础

AutoCAD 2009 是美国 Autodesk 公司于 2008 年推出的最新版本，这个版本与 2008 版的 DWG 文件及应用程序兼容，拥有很好的整合性。

在本章中，我们将循序渐进地学习 AutoCAD 2009 绘图的有关基本知识。了解如何设置图形的系统参数、样板图，熟悉建立新的图形文件、打开文件的方法等。

◎ 操作界面

◎ 基本输入操作

1.1 操作界面

AutoCAD 2009 的操作界面是 AutoCAD 显示、编辑图形的区域，一个完整的 AutoCAD 的操作界面如图 1-1 所示，包括标题栏、菜单栏、工具栏、绘图区、十字光标、坐标系图标、命令行、状态栏、布局标签和滚动条等。

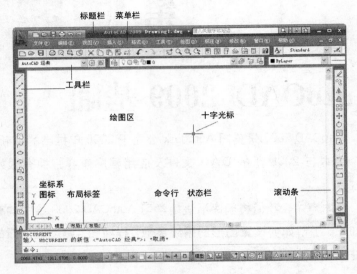

图 1-1　AutoCAD 2009 的操作界面

1.1.1 标题栏

在 AutoCAD 2009 绘图窗口的最上部是标题栏。在标题栏中，显示了系统当前正在运行的应用程序（AutoCAD 2009）和用户正在使用的图形文件。用户第一次启动 AutoCAD 2009 时，其绘图窗口的标题栏中，将显示出 AutoCAD 2009 在启动时创建并打开的图形文件的名称 Drawing1.dwg，如图 1-1 所示。

1.1.2 绘图区

绘图区是指标题栏下方的大片空白区域。绘图区域是用户使用 AutoCAD 绘制图形的区域，用户完成一幅设计图形的主要工作都是在绘图区域中完成的。

在绘图区域中，还有一个作用类似于光标的十字线，其交点反映了光标在当前坐标系中的位置。在 AutoCAD 中，将该十字线称为光标，AutoCAD 通过光标显示当前点的位置。光标的方向与当前用户坐标系的 X 轴、Y 轴方向平行，系统预设光标的长度为屏幕大小的 5%，如图 1-1 所示。

1. 修改图形窗口中十字光标的大小

系统预设光标的长度为屏幕大小的 5%，用户可以根据绘图的实际需要更改其大小。改变光标大小的方法如下：

在绘图窗口中选择"工具"→"选项"菜单命令，屏幕中将弹出"选项"对话框。单击"显示"选项卡，在"十字光标大小"区域中的编辑框中直接输入数值，或者拖动编辑框后的滑块，即可对十字光标的大小进行调整，如图 1-2 所示。

此外，还可以通过设置系统变量 CURSORSIZE 的值，更改其大小。其方法是在命令行输入：

命令：CURSORSIZE↙
输入 CURSORSIZE 的新值 <5>：

在提示下输入新值即可。默认值为 5%。

2．修改绘图窗口的颜色

在默认情况下，AutoCAD 的绘图窗口是黑色背景、白色线条，这不符合绝大多数用户的习惯，因此修改绘图窗口颜色是大多数用户都需要进行的操作。

修改绘图窗口颜色的步骤如下。

Step 01　选择"工具"→"选项"菜单命令，打开 "选项"对话框，单击"显示"选项卡，如图 1-2 所示，再单击"窗口元素"区域中的"颜色"按钮，将打开如图 1-3 所示的"图形窗口颜色"对话框。

Step 02　单击"图形窗口颜色"对话框中"颜色"字样右侧的下三角按钮，在打开的下拉列表中，选择需要的窗口颜色，然后单击"应用并关闭"按钮，此时 AutoCAD 的绘图窗口改变了窗口背景色，通常按视觉习惯选择白色为窗口颜色。

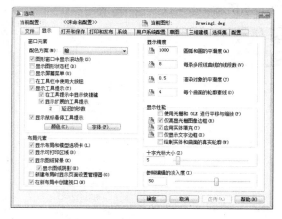

图 1-2　"选项"对话框中的"显示"选项卡

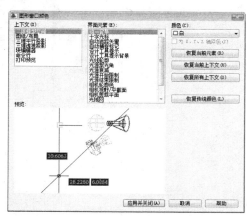

图 1-3　"图形窗口颜色"对话框

3．设置自动保存时间和位置

Step 01　选择"工具"→"选项"菜单命令，弹出"选项"对话框。

Step 02　单击"打开和保存"选项卡，如图 1-4 所示。

Step 03　选中"文件安全措施"中的"自动保存"复选框，在其下方的文本框中输入自动保存的间隔分钟数，建议设置为 10～30 min。

Step 04　在"文件安全措施"中的"临时文件的扩展名"文本框中，可以改变临时文件的扩展名，默认为.ac$。

Step 05　单击"文件"选项卡，如图 1-5 所示，在"自动保存文件位置"中设置自动保存文件的路径，单击"浏览"按钮可修改自动保存文件的存储位置。

Step 06 单击"确定"按钮，结束操作。

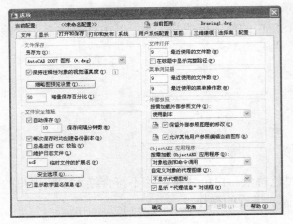

图 1-4 "打开和保存"选项卡

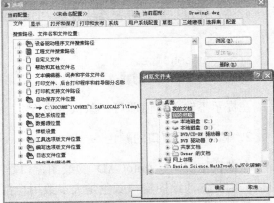

图 1-5 "文件"选项卡

1.1.3 坐标系图标

在绘图区域的左下角，有一个箭头指向图标，称为坐标系图标，表示用户绘图时正在使用的坐标系形式，如图 1-1 所示。坐标系图标的作用是，为点的坐标确定一个参照系。详细情况将在 1.2.4 小节中介绍。根据工作需要，用户可以选择将其关闭，具体方法是选择"视图"→"显示"→"UCS 图标"→"开"菜单命令，如图 1-6 所示。

图 1-6 "视图"菜单

1.1.4 菜单栏

在 AutoCAD 绘图窗口标题栏的下方是 AutoCAD 的菜单栏。同其他的 Windows 程序一样，AutoCAD 的菜单也是下拉形式的，并在菜单中包含子菜单。AutoCAD 的菜单栏中包含了 11 个菜单，分别是"文件"、"编辑"、"视图"、"插入"、"格式"、"工具"、"绘图"、"标注"、"修改"、"窗口"和"帮助"，这些菜单几乎包含了 AutoCAD 的所有绘图命令，后面的章节将围绕这些菜单展开讲述，具体内容在此从略。一般来讲，AutoCAD 下拉菜单中包含的命令有以下 3 种。

1．带有小三角形的菜单命令

这种类型的命令后面带有子菜单。例如，单击 "绘图"菜单，将鼠标指针指向其下拉菜单中的"圆"命令，屏幕上就会弹出"圆"子菜单中所包含的命令，如图 1-7 所示。

2．打开对话框的菜单命令

这种类型的命令，后面带有省略号。例如，单击菜单栏中的"格式"菜单，选择其下拉菜单中的"表格样式（B）"命令，如图 1-8 所示，屏幕上就会弹出相应的"表格样式"对话框，如图 1-9 所示。

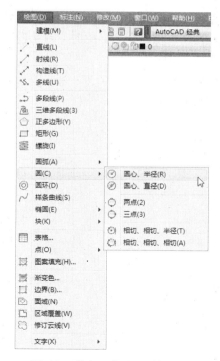

图 1-7　带有子菜单的菜单命令

图 1-8　打开相应对话框的菜单命令

3．直接操作的菜单命令

这种类型的命令将直接进行相应的绘图或其他操作。例如，选择"视图"→"重画"菜单命令，如图 1-10 所示，系统将刷新显示所有视口。

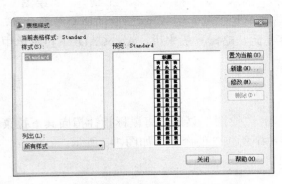

图 1-9 "表格样式"对话框

图 1-10 选择"重画"菜单命令

1.1.5 工具栏

工具栏是一组图标型工具的集合，将鼠标指针移动到某个图标处，稍停片刻即可在该图标一侧显示相应的工具提示，同时在状态栏中，显示对应的说明和命令名。此时，单击图标可以启动相应命令。在默认情况下，显示绘图区顶部的"标准"工具栏、"图层"工具栏、"特性"工具栏及"样式"工具栏，如图 1-11 所示，以及位于绘图区左侧的"绘图"工具栏、右侧的"修改"工具栏和"绘图次序"工具栏，如图 1-12 所示。

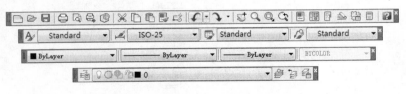

图 1-11 默认情况下显示的工具栏

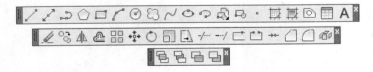

图 1-12 "绘图"、"修改"和"绘图次序"工具栏

1. 设置工具栏

AutoCAD 2009 的标准菜单提供了 36 种工具栏，将鼠标指针放在任意工具栏的非标题区右击，系统将自动打开单独的工具栏标签，如图 1-13 所示。单击某一个未在界面显示的工具栏名，系统自动在界面打开该工具栏；反之，关闭工具栏。

图 1-13 单独的工具栏标签

2. 工具栏的"固定"、"浮动"与"打开"状态

工具栏可以在绘图区呈"浮动"状态，如图 1-14 所示，此时将显示该工具栏标题，并可关闭该工具栏。可以用鼠标拖动"浮动"工具栏到图形区边界，使其成为"固定"工具栏，此时该工具栏标题将隐藏；也可以把"固定"工具栏拖出，使其成为"浮动"工具栏。

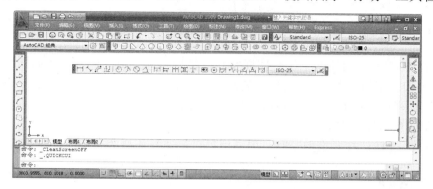

图 1-14　"浮动"工具栏

在有些图标的右下角带有一个小三角，单击即可打开相应的工具栏。按住鼠标左键，将光标移动到某一图标上然后释放鼠标，该图标就为当前图标。单击当前图标，执行相应命令，如图 1-15 所示。

图 1-15　"打开"工具栏

1.1.6　命令行窗口

命令行窗口是输入命令名和显示命令提示的区域，包含若干文本行。默认的命令行窗口布置在绘图区下方。对命令行窗口，有以下 4 点需要说明：

（1）移动拆分条，可以扩大与缩小命令行窗口；

（2）可以通过拖动命令行窗口，将其布置在屏幕上的其他位置，默认情况下布置在图形窗口的下方；

（3）对当前命令行窗口中输入的内容，可以按 F2 键用文本编辑的方法进行编辑，文本窗口如图 1-16 所示。AutoCAD 文本窗口和命令窗口相似，它可以显示当前 AutoCAD 进程中命令的输入和执行过程，在执行 AutoCAD 某些命令时，它会自动切换到文本窗口，列出相关信息；

图 1-16　文本窗口

（4）AutoCAD 通过命令行窗口反馈各种信息，包括出错信息，因此，用户要时刻关注在命令窗口中出现的信息。

1.1.7　布局标签

AutoCAD 系统默认设定一个模型空间布局标签和"布局 1"、"布局 2"两个图样空间布局标签。在此有以下两个概念需要解释。

1．布局

布局是系统为绘图设置的一种环境，包括图样大小、尺寸单位、角度设定、数值精确度等，在系统预设的 3 个标签中，这些环境变量都按默认设置。

2．模型

AutoCAD 的空间分为模型空间和图样空间。模型空间是用户通常绘图的环境，而在图样空间中，用户可以创建叫做"浮动视口"的区域，以不同视图显示所绘图形。用户可以在图样空间中调整浮动视口并决定所包含视图的缩放比例。如果选择图样空间，则可以打印多个视图，用户可以打印任意布局的视图。

AutoCAD 系统默认打开模型空间，用户可以单击选择需要的布局。

1.1.8 状态栏

状态栏在屏幕的底部，左侧显示绘图区中光标定位点的坐标 x、y、z，在右侧依次有"捕捉"、"栅格"、"正交"、"极轴"、"对象捕捉"、"对象追踪"、DUCS、DYN（即动态数据输入）和"线宽"9 个功能开关按钮。单击这些开关按钮，可以实现这些功能的开关。这些开关按钮的功能与使用方法将在第 4 章详细介绍。

1．注释比例的显示

该部分位于状态栏的中部，如图 1-17 所示，通过状态栏中的图标，可以方便地访问常用注释比例的常用功能。

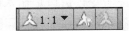

图 1-17　注释比例状态栏

- 1:1▼注释比例：单击注释比例右下角小三角符号，弹出注释比例列表，如图 1-18 所示，可以根据需要选择适当的注释比例。
- 注释可见性：当图标亮显时表示显示所有比例的注释性对象；当图标变暗时表示仅显示当前比例的注释性对象。
- ：注释比例更改时，自动将比例添加到注释对象。

2．状态栏托盘

位于状态栏的右下方，如图 1-19 所示。通过状态栏托盘中的图标，可以方便地访问常用功能。右击状态栏或单击右下角的小三角符号，可以控制开关按钮的显示与隐藏或更改托盘设置。以下是在状态栏托盘中显示的图标。

- 工具栏/窗口位置锁：该选项控制是否锁定工具栏或图形窗口在图形界面上的位置。在位置锁图标处右击，系统打开工具栏/窗口位置锁右键菜单，如图 1-20 所示。可以选择打开或锁定相关选项位置。
- 全屏显示：该选项可以清除 Windows 窗口中的标题栏、工具栏和选项板等界面元素，使 AutoCAD 的绘图窗口全屏显示。

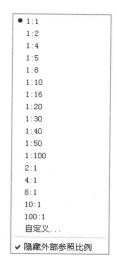

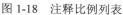

图 1-18　注释比例列表　　　　图 1-19　状态栏托盘　　　　图 1-20　工具栏/窗口位置锁右键菜单

1.1.9　滚动条

在 AutoCAD 的绘图窗口中，窗口的下方和右侧还提供了用来浏览图形的水平和竖直方向的滚动条。在滚动条中单击或拖动滚动条中的滚动块，用户可以在绘图窗口中按水平或竖直两个方向浏览图形。

1.2　基本输入操作

在 AutoCAD 中，有一些基本的输入操作方法，这些基本方法是进行 AutoCAD 绘图的必备基础知识，也是深入学习 AutoCAD 功能的前提。

1.2.1　命令输入方式

AutoCAD 交互绘图必须输入必要的指令和参数。有多种 AutoCAD 命令输入方式，本节以绘制直线为例进行说明。

1. 在命令窗口输入命令名

命令字符不区分大小写。例如，命令 LINE✓。执行命令时，在命令行提示中经常会出现命令选项，如输入绘制直线命令 LINE 后，命令行中的提示如下。

命令: LINE✓
指定第一点:（在屏幕上指定一点或输入一个点的坐标）
指定下一点或 [放弃(U)]:

选项中不带括号的提示为默认选项，因此可以直接输入直线段的起点坐标或在屏幕上指定一点，如果要选择其他选项，则应该首先输入该选项的标识字符，如"放弃"选项的标识字符 U，然后按照系统提示输入数据即可。在命令选项的后面有时还带有尖括号，尖括号内的数值为默认数值。

2．在命令窗口输入命令缩写字

例如 L（LINE），C（CIRCLE），A（ARC），Z（ZOOM），R（REDRAW），M（MORE），CO（COPY），PL（PLINE），E（ERASE）等。

3．选择绘图菜单直线选项

选择该选项后，在状态栏中显示对应的命令说明及命令名。

4．选择工具栏中的对应图标

选择该图标后，在状态栏中可显示对应的命令说明及命令名。

5．在命令行打开右键快捷菜单

如果在前面刚使用过要输入的命令，可以在命令行打开右键快捷菜单，在"近期使用的命令"子菜单中选择需要的命令，如图 1-21 所示。"近期使用的命令"子菜单中储存了最近使用的 6 个命令，如果经常重复使用某个 6 次操作以内的命令，这种方法比较快速简捷。

图 1-21　命令行右键快捷菜单

6．在绘图区右击鼠标

如果用户要重复使用上次使用的命令，可以直接在绘图区右击鼠标，系统立即重复执行上次使用的命令，这种方法适用于重复执行某个命令。

1.2.2　命令执行方式

有的命令可通过两种方式执行，通过对话框或通过命令行输入命令，如指定使用命令窗口方式，可以在命令名前加短线来表示，如-LAYER 表示用命令行方式执行"图层"命令。而如果在命令行输入 LAYER，系统则会自动打开"图层"对话框。

另外，有些命令同时存在命令行、菜单和工具栏 3 种执行方式，这时如果选择菜单或工具栏方式，命令行会显示该命令，并在前面增加划线，如果通过菜单或工具栏方式执行"直线"命令时，命令行会显示_LINE，命令的执行过程和结果与命令行方式相同。

1.2.3　命令的重复、撤销和重做

1．命令的重复

在命令窗口中按 Enter 键可重复调用上一个命令，不管上一个命令是完成了还是被取消了。

2．命令的撤销

在命令执行的任何时刻都可以取消和终止命令的执行。

【执行方式】

命令行：UNDO。

菜单："编辑"→"放弃"。

工具栏：标准→放弃🔄。

快捷键：Esc。

3. 命令的重做

已被撤销的命令还可以恢复重做。

可恢复之前所撤销的最后一个命令。

【执行方式】

命令行：REDO。

菜单："编辑"→"重做"。

工具栏：标准→重做🔄。

该命令可以一次执行多重放弃和重做操作。单击 UNDO 或 REDO 列表箭头，可以选择要放弃或重做的操作，如图 1-22 所示。

图 1-22　多重放弃或重做

1.2.4　坐标系与数据的输入方法

1. 坐标系

AutoCAD 采用两种坐标系：世界坐标系（WCS）和用户坐标系。用户刚进入 AutoCAD 时的坐标系就是世界坐标系，是固定的坐标系。世界坐标系也是坐标系中的基准，绘制图形时多数情况下都是在这个坐标系下进行的。

【执行方式】

命令行：UCS。

菜单："工具"→UCS。

工具栏："标准"工具栏→坐标系。

AutoCAD 包含两种视图显示方式：模型空间和图样空间。模型空间是指单一视图显示法，通常使用的都是这种显示方式；图样空间是指在绘图区域创建图形的多视图。用户可以对其中每一个视图进行单独操作。在默认情况下，当前 UCS 与 WCS 重合。如图 1-23（a）所示为模型空间下的 UCS 坐标系图标，通常放在绘图区左下角处；如果当前 UCS 和 WCS 重合，则会出现一个 W 字，如图 1-23（b）所示；也可以指定它放在当前 UCS 的实际坐标原点位置，此时出现十字，如图 1-23（c）所示；如图 1-23（d）所示为图样空间下的坐标系图标。

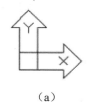　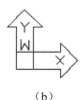　　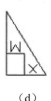

（a）　　　　　　　（b）　　　　　　　（c）　　　　　　　（d）

图 1-23　坐标系图标

2. 数据输入方法

在 AutoCAD 中，点的坐标可以用直角坐标、极坐标、球面坐标和柱面坐标表示。每一种坐标又分别具有两种坐标输入方式：绝对坐标和相对坐标。其中直角坐标和极坐标最为常用，下面主要介绍它们的输入方法。

（1）直角坐标法：利用点的 X、Y 坐标值表示的坐标。

例如，在命令行输入点的坐标提示下，输入（15，18），则表示输入了一个 X、Y 的坐标值分别为 15、18 的点，此为绝对坐标输入方式，表示该点的坐标是相对于当前坐标原点的坐标值，如图 1-24（a）所示。如果输入（@10，20），则为相对坐标输入方式，表示该点的坐标是相对于前一点的坐标值，如图 1-24（c）所示。

（2）极坐标法：用长度和角度表示的坐标，只能用来表示二维点的坐标。

在绝对坐标输入方式下，表示为（长度<角度），如（25<50），其中长度为该点到坐标原点的距离，角度为该点至原点的连线与 X 轴正向的夹角，如图 1-24（b）所示。

在相对坐标输入方式下，表示为（@长度<角度），如（@25<45），其中长度为该点到前一点的距离，角度为该点至前一点的连线与 X 轴正向的夹角，如图 1-24（d）所示。

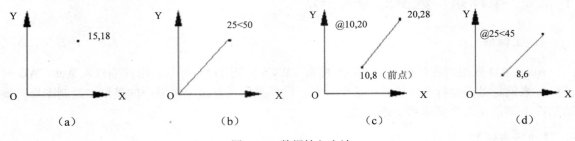

图 1-24　数据输入方法

3. 动态数据输入

单击状态栏中的 ✛ 按钮，系统打开动态输入功能，可以在屏幕中动态地输入某些参数数据。例如，绘制直线时，在光标附近，将动态地显示"指定第一点"以及后面的坐标框，当前显示的是光标所在的位置，可以输入数据，两个数据之间以逗号隔开，如图 1-25 所示。指定第一点后，系统动态显示直线的角度，同时要求输入线段长度值，如图 1-26 所示，其输入效果与（@长度<角度）方式相同。

图 1-25　动态输入坐标值　　　　图 1-26　动态输入长度值

下面分别讲述点与距离值的输入方法。

（1）点的输入

绘图过程中，常需要输入点的位置，AutoCAD 提供了以下 4 种输入点的方式。

- 在命令窗口中直接输入点的坐标。直角坐标有两种输入方式：x，y（点的绝对坐标值，如 100，50）和@ x，y（相对于前一点的相对坐标值，如@ 50，-30）。坐标值均相对于当前的用户坐标系。

极坐标的输入方式为：长度 < 角度（其中，长度为点到坐标原点的距离，角度为原点至该点连线与 X 轴的正向夹角，如 20<45）或@长度 < 角度（相对于前一点的相对极坐标，如@ 50 ＜-30）。

- 在屏幕上单击取点。
- 用目标捕捉方式捕捉屏幕上已有图形的特殊点（如端点、中点、中心点、插入点、交点、切点、垂足点等，详见第 4 章）。
- 直接输入距离。先用光标拖拉出橡筋线确定方向，然后用键盘输入距离。这样有利于准确控制对象的长度等参数。

（2）距离值的输入

在 AutoCAD 命令中，有时需要提供高度、宽度、半径、长度等距离值。AutoCAD 提供了两种输入距离值的方式：一种是用键盘在命令窗口中直接输入数值；另一种是在屏幕上拾取两点，以两点的距离值定出所需数值。

【例 1-1】 绘制直线

绘制一条 20 mm 长的线段，具体操作步骤如下。

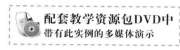
配套教学资源包DVD中
带有此实例的多媒体演示

命令:LINE ↙
指定第一点:（在屏幕上指定一点）
指定下一点或 [放弃(U)]:

这时在屏幕上移动鼠标指明线段的方向，不要单击鼠标确认，如图 1-27 所示，然后在命令行输入 20，这样就在指定方向上准确地绘制了长度为 20 mm 的线段。

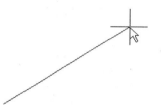

图 1-27　绘制直线

1.3 本章习题

1.3.1 思考题

1. 请指出 AutoCAD 2009 操作界面中标题栏、菜单栏、命令行、状态栏、工具栏的位置及作用。

2. 调用 AutoCAD 命令的方法是（　　　）。

   A．在命令行输入命令名

   B．在命令行输入命令缩写字

   C．选择下拉菜单中的菜单选项

   D．单击工具栏中的对应图标

   E．以上均可

3. 请将下面左侧所列功能键与右侧相应功能用连线连接。

   Esc　　　　　　　　　　　　　　　剪切

   UNDO（在"命令:"提示下）　　　弹出帮助对话框

   F2　　　　　　　　　　　　　　　取消和终止当前命令

   F1　　　　　　　　　　　　　　　图形窗口/文本窗口切换

   Ctrl+X　　　　　　　　　　　　　撤销上次命令

1.3.2 操作题

1．熟悉 AutoCAD 2009 的操作界面。

（1）运行 AutoCAD 2009，进入 AutoCAD 2009 的操作界面。

（2）调整操作界面的大小。

（3）移动、打开、关闭工具栏。

（4）设置绘图窗口的颜色和十字光标的大小。

（5）利用下拉菜单和工具栏按钮随意绘制图形。

2．绘制一条直线。

（1）利用 LINE 或 L 命令行命令绘制。

（2）利用菜单或工具栏中的"直线"命令绘制。

基本二维图形绘制命令

二维图形是指在二维平面中绘制的图形，主要由一些基本的图形对象（也称图元）组成，AutoCAD 2009 提供了十余个基本图形对象，包括点、直线、圆弧、圆、椭圆、多段线、矩形、正多边形、圆环、样条曲线等。本章将主要介绍其中一些基本图形对象的绘制方法，读者应注意绘图中的技巧。

◎ 绘制直线类对象

◎ 绘制圆弧类对象

◎ 绘制点

◎ 绘制多边形

本章所涉及的命令主要集中在"绘图"菜单（如图 2-1 所示）和"绘图"工具栏中（如图 2-2 所示）。

图 2-1 "绘图"菜单

图 2-2 "绘图"工具栏

2.1 绘制直线类对象

AutoCAD 2009 提供了两种主要直线对象，包括直线和构造线。本节主要介绍它们的画法。

2.1.1 直线段

单击"绘图"工具栏中的"直线" ✏ 按钮后，用户只需给定起点和终点，即可画出一条线段。一条线段就是一个图元。在 AutoCAD 中，图元是最小的图形元素，不能再被分解。一个图形是由若干个图元组成的。

【执行方式】

命令行：LINE。

菜单："绘图"→"直线"。

工具栏：绘图→直线 ✏。

【操作格式】

命令：LINE↙

指定第一点：（输入直线段的起点，用鼠标指定点或者指定点的坐标）

指定下一点或 [放弃(U)]：（输入直线段的端点）

指定下一点或 [放弃(U)]：（输入下一条直线段的端点。输入 U 表示放弃前面的输入；右击鼠标，在弹出的快捷菜单中选择"确认"命令，或按 Enter 键结束命令）

指定下一点或 [闭合(C)/放弃(U)]：（输入下一条直线段的端点，或输入选项 C 使图形闭合，结束命令）

【选项说明】

（1）在响应"指定下一点："时，若输入 U 或选择快捷菜单中的"放弃"命令，则取消刚刚绘制出的线段。连续输入 U 并按 Enter 键，即可连续取消相应的线段。

（2）在命令行的"命令："提示下输入 U，则取消上次执行的命令。

（3）在响应"指定下一点："时，若输入 C 或选择快捷菜单中的"闭合"命令，可以使绘制的折线封闭并结束操作；也可以直接输入长度值，绘制定长的直线段。

（4）若要绘制水平线和铅垂线，可按 F8 键进入正交模式。

（5）若要准确绘制线到某一特定点，可用对象捕捉工具。

（6）利用 F6 键切换坐标形式，便于确定线段的长度和角度。

（7）从命令行输入命令时，可输入某一命令的大写字母。例如，从键盘输入 L（LINE）即可执行绘制直线命令，这样执行有关命令更加快捷。

（8）若要绘制带宽度信息的直线，可从"对象特性"工具栏的"线宽控制"列表框中选择线的宽度。

（9）若要设置动态数据输入方式（单击状态栏中的 按钮），则可以动态输入坐标值或长度值。下面的命令同样可以设置动态数据输入方式，效果与非动态数据输入方式类似。除了特别需要，以后不再强调，而只按非动态数据输入方式输入相关数据。

【例 2-1】 五角星

绘制如图 2-3 所示的五角星，具体操作步骤如下。

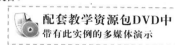
配套教学资源包DVD中
带有此实例的多媒体演示

Step 01 单击"绘图"工具栏中的"直线" ✏ 按钮，命令行中的提示如下。

    命令：_LINE
    指定第一点：

Step 02 在命令行输入"120，120"（即顶点 P1 的位置）后按 Enter 键，系统继续提示，用类似的方法输入五角星的各个顶点。

    指定下一点或[放弃(U)]:@80<252✓（P2 点，也可以单击 按钮，在鼠标位置为 108°时，动态输入 80，如图 2-4 所示）
    指定下一点或 [放弃(U)]:159.091,90.870✓（P3 点）
    指定下一点或 [闭合(C)/放弃(U)]:@80,0 ✓ （错位的 P4 点，也可以单击 按钮，在鼠标位置为 0°时，动态输入 80）
    指定下一点或 [闭合(C)/放弃(U)]:U✓（取消对 P4 点的输入）
    指定下一点或 [闭合(C)/放弃(U)]:@-80,0 ✓ （P4 点，也可以单击 按钮，在鼠标位置为 180°时，动态输入 80）
    指定下一点或 [闭合(C)/放弃(U)]:144.721,43.916✓ （P5 点）
    指定下一点或 [闭合(C)/放弃(U)]:C✓（封闭五角星并结束命令）

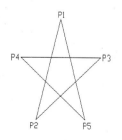

图 2-3 五角星

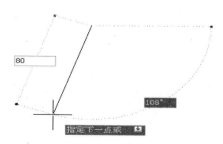

图 2-4 动态输入

2.1.2 构造线

构造线是指在两个方向上无限延长的直线。构造线主要用作绘图时的辅助线。当绘制多视图时，为了保持投影联系，可先绘制出若干条构造线，再以构造线为基准绘图。

【执行方式】

命令行：XLINE。

菜单："绘图"→"构造线"。

工具栏：绘图→构造线✎。

【操作格式】

命令：XLINE✓

指定点或〔水平(H)/垂直(V)/角度(A)/二等分(B)/偏移(O)〕：（给出根点1）

指定通过点：（给定通过点2，绘制一条双向无限长直线）

指定通过点：（继续给点，继续绘制线，如图2-5(a)所示，按Enter键结束）

【选项说明】

（1）执行选项中包含"指定点"、"水平"、"垂直"、"角度"、"二等分"和"偏移"6种方式可以绘制构造线，分别如图2-5（a）～（f）所示。

（2）这种线可以模拟手工作图中的辅助作图线，用特殊的线型显示，在绘图输出时可不作输出。这种线常用于辅助作图。

显示出利用构造线辅助绘图的方法，如图2-6所示。其中，贯穿整个图形区域的4条水平线和两条铅垂线是构造线。

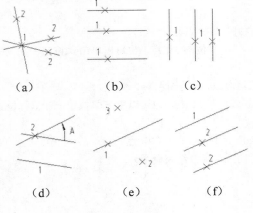

图 2-5 构造线

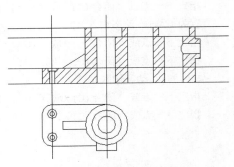

图 2-6 利用构造线辅助绘图

2.2 绘制圆弧类对象

AutoCAD 2009 提供了5种圆弧对象，包括圆、圆弧、圆环、椭圆和椭圆弧。

2.2.1 圆

AutoCAD 2009 提供了多种画圆方式，用户可根据需要选择不同的方法。

【执行方式】

命令行：CIRCLE。
菜单："绘图"→"圆"。
工具栏：绘图→圆 ⊙。

【操作格式】

命令：CIRCLE↙

指定圆的圆心或 ［三点(3P)/两点(2P)/相切、相切、半径(T)］：(指定圆心)

指定圆的半径或 ［直径(D)］：(直接输入半径数值或用鼠标指定半径长度)

指定圆的直径 <默认值>：(输入直径数值或用鼠标指定直径长度)

【选项说明】

（1）三点（3P）：利用指定圆周上 3 点的方法画圆。依次输入 3 个点，即可绘制出一个圆。

（2）两点（2P）：根据直径的两端点画圆。依次输入两个点，即可绘制出一个圆，两点间的距离为圆的直径。

（3）相切、相切、半径（T）：先指定两个相切对象，然后给出半径画圆。如图 2-7 所示为指定不同相切对象绘制的圆。

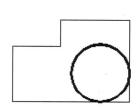

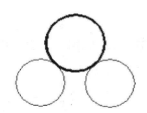

（a）圆与两直线相切　　　　（b）圆与一直线圆相切　　　　（c）圆与另外两圆相切

图 2-7　圆与另外两个对象相切的几种情形

提　示 ● ● ●

相切对象可以是直线、圆、圆弧、椭圆等图线，这种绘制圆的方式在圆弧连接中经常使用。
① 圆与圆相切的 3 种情况分析。绘制一个圆与另外两个圆相切，切圆决定于选择切点的位置和切圆半径的大小。如图 2-8 所示是一个圆与另外两个圆相切的 3 种情况：（a）为外切时切点的选择情况；（b）为与一个圆内切而与另一个圆外切时切点的选择情况；（c）为内切时切点的选择情况。假定 3 种情况下的条件相同，后两种情况对切圆半径的大小有限制，半径太小时不能出现内切情况。

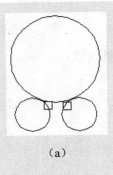 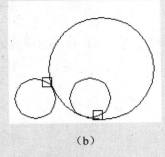 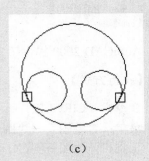

（a）　　　　　　　　　（b）　　　　　　　　　（c）

图 2-8　相切类型

② 绘制圆。选择"绘图"→"圆"菜单命令，显示出绘制圆的 6 种方法。其中，"相切、相切、相切"是菜单执行途径特有的方法，用于选择 3 个相切对象以绘制圆。

【例 2-2】　哈哈猪

绘制如图 2-9 所示的哈哈猪卡通造型，具体操作步骤如下。

配套教学资源包 DVD 中
带有此实例的多媒体演示

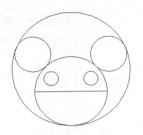

图 2-9　哈哈猪

Step 01　绘制哈哈猪的两只眼睛。

命令：CIRCLE↙（输入绘制圆命令）
指定圆的圆心或 [三点(3P)/两点(2P)/相切、相切、半径(T)]：200,200↙（输入左边小圆的圆心坐标）
指定圆的半径或 [直径(D)] <75.3197>：25↙（输入圆的半径）
命令：C↙（输入绘制圆命令的缩写名）
CIRCLE 指定圆的圆心或 [三点(3P)/两点(2P)/相切、相切、半径(T)]：2P↙（两点方式绘制右边小圆）
指定圆直径的第一个端点：280,200↙（输入圆直径的左端点坐标）
指定圆直径的第二个端点：330,200↙（输入圆直径的右端点坐标）

结果如图 2-10 所示。

Step 02　绘制哈哈猪的嘴巴。

命令：↙（按 Enter 键，或右击鼠标，继续执行绘制圆命令）
CIRCLE 指定圆的圆心或 [三点(3P)/两点(2P)/相切、相切、半径(T)]：T↙（以"相切、相切、半径"方式绘制中间的圆，并自动打开"切点"捕捉功能）
指定对象与圆的第一个切点：（捕捉左边小圆的切点）
指定对象与圆的第二个切点：（捕捉右边小圆的切点）
指定圆的半径 <25.0000>：50（输入圆的半径）

结果如图 2-11 所示。

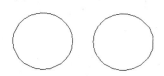

图 2-10　哈哈猪的眼睛（放大）

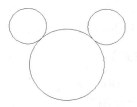

图 2-11　哈哈猪的嘴巴

Step 03　绘制哈哈猪的头部。

命令：CIRCLE ✓
指定圆的圆心或 [三点(3P)/两点(2P)/相切、相切、半径(T)]：3P✓（以 3 点方式绘制最外面的大圆）
指定圆上的第一个点：（打开状态栏上的"对象捕捉"按钮）
_tan 到（捕捉左边小圆的切点）
指定圆上的第二个点：（捕捉右边小圆的切点）
指定圆上的第三个点：（捕捉中间大圆的切点）

结果如图 2-12 所示。

Step 04　绘制哈哈猪的上下颌分界线。

命令：LINE ✓
指定第一点：（指定哈哈猪嘴巴圆上水平半径位置左端点）
指定下一点或 [放弃(U)]：（指定哈哈猪嘴巴圆上水平半径位置右端点）
指定下一点或 [放弃(U)]：✓

结果如图 2-13 所示。

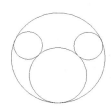

图 2-12　哈哈猪的头部

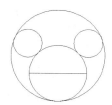

图 2-13　哈哈猪的上下颌分界线

Step 05　绘制哈哈猪的鼻子。

命令：_CIRCLE
指定圆的圆心或 [三点(3P)/两点(2P)/相切、相切、半径(T)]：225,165✓
指定圆的半径或 [直径(D)] <10.0000>：D✓
指定圆的直径 <10.0000>:20✓
命令：_CIRCLE
指定圆的圆心或 [三点(3P)/两点(2P)/相切、相切、半径(T)]：280,165✓
指定圆的半径或 [直径(D)] <10.0000>：D✓
指定圆的直径 <10.0000>:20✓

最终结果如图 2-9 所示。

2.2.2 圆弧

AutoCAD 2009 提供了多种绘制圆弧的方法，用户可根据情况选择不同的方式。

【执行方式】

命令行：ARC（A）。
菜单："绘图"→"圆弧"。
工具栏：绘图→圆弧 ⌒。

【操作格式】

命令：ARC↙
指定圆弧的起点或 〔圆心(C)〕：（指定起点）
指定圆弧的第二点或 〔圆心(C)/端点(E)〕：（指定第二点）
指定圆弧的端点：（指定端点）

【选项说明】

（1）用命令行方式绘制圆弧时可以根据系统提示有不同的选项，具体功能和使用"绘制"菜单中的"圆弧"子菜单提供的 11 种方式相似。这 11 种方式如图 2-14（a）～（k）所示。

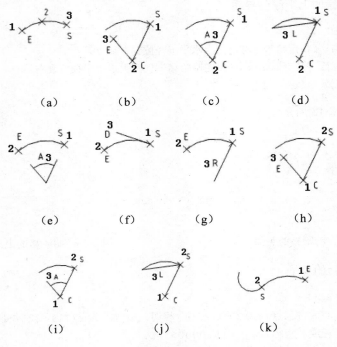

图 2-14　11 种绘制圆弧的方法

（2）需要强调的是"继续"方式，绘制的圆弧与上一线段或圆弧相切，继续画圆弧段，因此提供端点即可。

【例 2-3】　梅花

绘制如图 2-15 所示的梅花，具体操作步骤如下。

命令：ARC↙（或者选择"绘图"→"圆弧"菜单命令，或者单击"绘图"工具栏中的 ⌒ 图标，下同）

配套教学资源包DVD中
带有此实例的多媒体演示

指定圆弧的起点或 ［圆心(C)］：140,110✓

指定圆弧的第二点或 ［圆心(C)/端点(E)］：E✓

指定圆弧的端点：@40<180✓

指定圆弧的圆心或 ［角度(A)/方向(D)/半径(R)］：R✓

指定圆弧半径：20✓

命令：ARC✓

指定圆弧的起点或 ［圆心(C)］：(用鼠标指定刚才绘制圆弧的端点 P2)

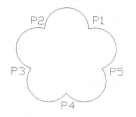

图 2-15　圆弧组成的梅花图案

指定圆弧的第二点或 ［圆心(C)/端点(E)］：E✓

指定圆弧的端点：@40<252✓

指定圆弧的圆心或 ［角度(A)/方向(D)/半径(R)］：A✓

指定包含角：180✓

命令：ARC✓

指定圆弧的起点或 ［圆心(C)］：(用鼠标指定刚才绘制圆弧的端点 P3)

指定圆弧的第二点或 ［圆心(C)/端点(E)］：C✓

指定圆弧的圆心：@20<324✓

指定圆弧的端点或 ［角度(A)/弦长(L)］：A✓

指定包含角：180✓

命令：ARC✓

指定圆弧的起点或 ［圆心(C)］：(用鼠标指定刚才绘制圆弧的端点 P2)

指定圆弧的第二点或 ［圆心(C)/端点(E)］：C✓

指定圆弧的圆心：@20<36✓

指定圆弧的端点或 ［角度(A)/弦长(L)］：L✓

指定弦长：40✓

命令：ARC ✓

指定圆弧的起点或 ［圆心(C)］：(用鼠标指定刚才绘制圆弧的端点 P2)

指定圆弧的第二点或 ［圆心(C)/端点(E)］：E✓

指定圆弧的端点：(用鼠标指定刚才绘制圆弧的端点 P1)

指定圆弧的圆心或 ［角度(A)/方向(D)/半径(R)］：D✓

指定圆弧的起点切向：@20<20✓

最后图形如图 2-15 所示。

2.2.3　圆环

用户可以通过指定圆环的内、外直径绘制圆环，也可以绘制填充圆。如图 2-16 所示的车轮就是用圆环绘制的。

【执行方式】

命令行：DONUT。

菜单："绘图" → "圆环"。

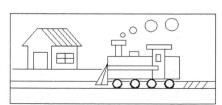

图 2-16　车轮

【操作格式】

命令：DONUT✓

指定圆环的内径 <默认值>：(指定圆环内径)

指定圆环的外径 <默认值>:(指定圆环外径)

指定圆环的中心点或 <退出>:(指定圆环的中心点)

指定圆环的中心点或 <退出>:(继续指定圆环的中心点，则继续绘制相同内外径的圆环。按 Enter 键、空格键或右击鼠标结束命令，如图 2-17(a) 所示)

【选项说明】

（1）若指定内径为零，则绘制出实心填充圆，如图 2-17（b）所示。

（2）利用命令 FILL 可以控制圆环是否填充，命令行提示如下。

命令：FILL↙

输入模式 [开(ON)/关(OFF)] <开>:（选择 ON 表示填充，选择 OFF 表示不填充，如图 2-17(c) 所示）

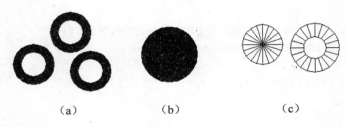

（a）　　　　　　　　（b）　　　　　　　　（c）

图 2-17　绘制圆环

2.2.4　椭圆与椭圆弧

【执行方式】

命令行：ELLIPSE。

菜单："绘图" → "椭圆" → "圆弧"。

工具栏：绘图→椭圆 ⬭ 或绘图→椭圆弧 ⬭ 。

【操作格式】

命令：ELLIPSE↙

指定椭圆的轴端点或 [圆弧(A)/中心点(C)]:（指定轴端点 1，如图 2-18 所示）

指定轴的另一个端点:（指定轴端点 2，如图 2-18 所示）

指定另一条半轴长度或 [旋转(R)]:

【选项说明】

（1）指定椭圆的轴端点：根据两个端点定义椭圆的第一条轴。第一条轴的角度确定了整个椭圆的角度。第一条轴既可以定义椭圆的长轴，也可以定义椭圆的短轴。

（2）旋转（R）：通过绕第一条轴旋转圆来绘制椭圆。相当于将一个圆绕椭圆轴翻转一个角度后的投影视图，如图 2-19 所示。

（3）中心点（C）：通过指定的中心点创建椭圆。

（4）圆弧（A）：用于绘制一段椭圆弧。它与"绘制"工具栏中的"椭圆弧"按钮功能相同。其中，第一条轴的角度确定了椭圆弧的角度。第一条轴既可以定义椭圆弧长轴，也可以定义椭圆弧短轴。选择该项，系统继续提示，具体如下。

指定椭圆弧的轴端点或 ［中心点(C)］:（指定端点或输入 C）

指定轴的另一个端点:（指定另一端点）

指定另一条半轴长度或 ［旋转(R)］:（指定另一条半轴长度或输入 R）

指定起始角度或 ［参数(P)］:（指定起始角度或输入 P）

指定终止角度或 ［参数(P)/包含角度(I)］:

其中各选项含义如下。

① 角度:指定椭圆弧端点的两种方式之一，鼠标指针和椭圆中心点连线与水平线的夹角为椭圆端点位置的角度，如图 2-20 所示。

② 参数（P）:指定椭圆弧端点的另一种方式，该方式同样指定椭圆弧端点的角度，但通过以下矢量参数方程式创建椭圆弧。

$$p(u) = c + a\cos(u) + b\sin(u)$$

其中，c 为椭圆的中心点，a 和 b 分别为椭圆的长轴和短轴，u 为光标与椭圆中心点连线的夹角。

③ 包含角度（I）:定义从起始角度开始的包含角度。

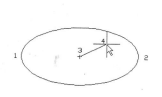

图 2-18　椭圆

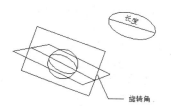

图 2-19　旋转

图 2-20　椭圆弧

【例 2-4】　脸盆

绘制如图 2-21 所示的脸盆，具体操作步骤如下。

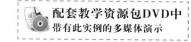
配套教学资源包DVD中
带有此实例的多媒体演示

Step 01　绘制水龙头图形。

命令:RECTANG✓

指定第一个角点或 ［倒角(C)/标高(E)/圆角(F)/厚度(T)/宽度(W)］:（用鼠标指定一个点）

指定另一个角点或 ［面积(A)/尺寸(D)/旋转(R)］:（用鼠标指定另一个点，如图 2-22 所示）

命令:RECTANG✓

指定第一个角点或 ［倒角(C)/标高(E)/圆角(F)/厚度(T)/宽度(W)］:（用鼠标在上面绘制矩形的上边上适当位置指定一个点）

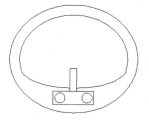

图 2-21　脸盆

指定另一个角点或 ［面积(A)/尺寸(D)/旋转(R)］:（用鼠标向右上方指定另一个点，如图 2-23 所示）

命令:CIRCLE✓

指定圆的圆心或 ［三点(3P)/两点(2P)/相切、相切、半径(T)］:（用鼠标在下面矩形中适当位置指定一个点）

指定圆的半径或 ［直径(D)］:（用鼠标拉出半径长度）

命令:CIRCLE✓

指定圆的圆心或 ［三点(3P)/两点(2P)/相切、相切、半径(T)］:（用鼠标在下面矩形中与第一

个圆的圆心大约对称位置指定一个点）

指定圆的半径或 [直径(D)] <32.1448>: ✓（直接按 Enter 键表示半径与上次绘制的圆半径相同，如图 2-24 所示）

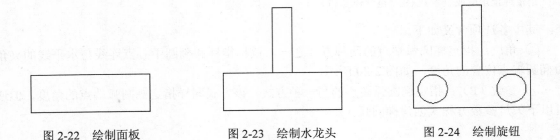

图 2-22　绘制面板　　　　　图 2-23　绘制水龙头　　　　　图 2-24　绘制旋钮

Step 02　绘制脸盆。

命令：ELLIPSE✓
指定椭圆的轴端点或 [圆弧(A)/中心点(C)]：（用鼠标指定椭圆轴端点）
指定轴的另一个端点：（用鼠标指定另一端点）
指定另一条半轴长度或 [旋转(R)]：（用鼠标在屏幕上拉出另一半轴长度）
命令：ELLIPSE✓
指定椭圆的轴端点或 [圆弧(A)/中心点(C)]：A✓
指定椭圆弧的轴端点或 [中心点(C)]：C✓
指定椭圆弧的中心点：（在对象捕捉模式下，捕捉刚才绘制的椭圆中心点）
指定轴的端点：（用鼠标指定椭圆轴端点）
指定另一条半轴长度或 [旋转(R)]：R✓
指定绕长轴旋转的角度：（用鼠标指定椭圆轴端点）
指定起始角度或 [参数(P)]：（用鼠标拉出起始角度）
指定终止角度或 [参数(P)/包含角度(I)]：（用鼠标拉出终止角度）
命令：ARC✓
指定圆弧的起点或 [圆心(C)]：（捕捉椭圆弧端点）
指定圆弧的第二个点或 [圆心(C)/端点(E)]：（指定第二点）
指定圆弧的端点：（捕捉椭圆弧另一端点）

绘制结果如图 2-21 所示。

2.3　绘制点

绘制点的相关命令包括"点"命令、"定数等分"命令、"定距等分"命令等，下面分别讲述这些命令。

2.3.1　点

【执行方式】

命令行：POINT。

菜单："绘图"→"点"→"单点"→"多点"。

工具栏：绘图→点 。

【操作格式】

命令：POINT✓

指定点：（指定点所在的位置）

【选项说明】

（1）通过菜单方法操作时如图 2-25 所示，"单点"命令表示只输入一个点，"多点"命令表示可以输入多个点。

（2）打开状态栏中的"对象捕捉"开关设置点捕捉模式，帮助用户拾取点。

（3）点在图形中的表示样式共有 20 种。可通过命令 DDPTYPE 或选择"格式"→"点样式"菜单命令，在弹出的"点样式"对话框中进行设置，如图 2-26 所示。

图 2-25 "点"子菜单

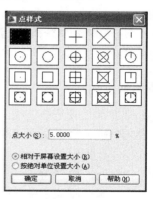

图 2-26 "点样式"对话框

2.3.2 定数等分

【执行方式】

命令行：DIVIDE（DIV）。

菜单："绘图"→"点"→"定数等分"。

【操作格式】

命令：DIVIDE✓

选择要定数等分的对象：（选择要等分的实体）

输入线段数目或 [块(B)]：（指定实体的等分数，绘制结果如图 2-27 所示）

【选项说明】

（1）等分数范围为 2～32767。

（2）在等分点处按当前点样式设置画出等分点。

（3）在第二个提示行中选择"块（B）"选项时，表示在等分点处插入指定的块（BLOCK）。

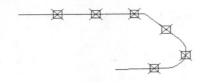

图 2-27　绘制等分点

2.3.3　定距等分

【执行方式】

命令行：MEASURE（缩写名：ME）。

菜单："绘图"→"点"→"定距等分"。

【操作格式】

命令：MEASURE↙

选择要定距等分的对象：（选择要设置测量点的实体）

指定线段长度或［块(B)］：（指定分段长度）

【选项说明】

（1）设置的起点一般是指定线的绘制起点。

（2）在第二个提示行中选择"块（B）"选项时，表示在测量点处插入指定的块，后续操作与上一小节等分点类似。

（3）在等分点处，按当前点样式设置绘制出等分点。

（4）最后一个测量段的长度不一定等于指定分段长度。

【例 2-5】　棘轮

绘制如图 2-28 所示的棘轮，具体操作步骤如下。

Step 01　利用"圆"命令，绘制 3 个半径分别为 90、60、40 的同心圆，如图 2-29 所示。

Step 02　设置点样式。选择"格式"→"点样式"菜单命令，在打开的"点样式"对话框中选择 X 样式。

Step 03　等分圆，命令行提示与操作如下。

图 2-28　绘制棘轮

命令：DIVIDE↙

选择要定数等分的对象：（选择 R90 圆）

输入线段数目或［块(B)］：12↙

用相同方法等分 R60 圆，结果如图 2-30 所示。

Step 04　利用"直线"命令连接 3 个等分点，如图 2-31 所示。

Step 05　使用相同的方法连接其他点，用鼠标选择绘制的点和多余的圆及圆弧，按 Delete 键删除，最后结果如图 2-28 所示。

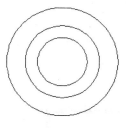
图 2-29 绘制同心圆

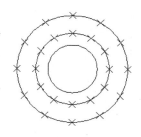
图 2-30 等分圆周

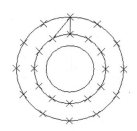
图 2-31 棘轮轮齿

2.4 绘制多边形

AutoCAD 2009 提供了绘制矩形和正多边形的方法，用户可根据需要进行选择。

2.4.1 矩形

用户可以直接绘制矩形，也可以对矩形倒角或倒圆角，还可以改变矩形的线宽。

【执行方式】

命令行：RECTANG（REC）。
菜单："绘图"→"矩形"。
工具栏：绘图→矩形□。

【操作格式】

命令：RECTANG↙
指定第一个角点或 [倒角(C)/标高(E)/圆角(F)/厚度(T)/宽度(W)]：（指定一点）
指定另一个角点或 [面积(A)/尺寸(D)/旋转(R)]：

【选项说明】

（1）第一个角点：通过指定两个角点来确定矩形，如图 2-32（a）所示。
（2）倒角（C）：指定倒角距离，绘制带倒角的矩形，如图 2-32（b）所示，每一个角点的逆时针和顺时针方向的倒角可以相同，也可以不相同。其中，第一个倒角距离是指角点逆时针方向倒角距离，第 2 个倒角距离是指角点顺时针方向倒角距离。
（3）标高（E）：指定矩形标高（Z 坐标），即把矩形绘制在标高为 Z，和 XOY 坐标面平行的平面上，并作为后续矩形的标高值。
（4）圆角（F）：指定圆角半径，绘制带圆角的矩形，如图 2-32（c）所示。
（5）厚度（T）：指定矩形的厚度，如图 2-32（d）所示。
（6）宽度（W）：指定线宽，如图 2-32（e）所示。
（7）面积（A）：指定面积和长或宽创建矩形。选择该项，系统提示如下。

输入以当前单位计算的矩形面积 <20.0000>：（输入面积值）
计算矩形标注时依据 [长度(L)/宽度(W)] <长度>：（按 Enter 键或输入 W）
输入矩形长度 <4.0000>：（指定长度或宽度）

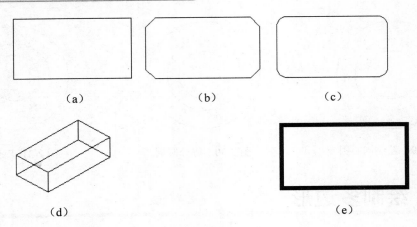

图 2-32　绘制矩形

　　指定长度或宽度后，系统将自动计算出另一个维度，然后绘制出矩形。如果矩形被倒角或圆角，则在长度或宽度计算中会考虑此设置，如图 2-33 所示。

　　（8）尺寸（D）：使用长和宽创建矩形。第二个指定点将矩形定位在与第一角点相关的 4 个位置之一内。

　　（9）旋转（R）：旋转所绘制的矩形的角度。选择该项，系统提示如下。

指定旋转角度或［拾取点（P）］＜45＞：　（指定角度）
指定另一个角点或［面积（A）/尺寸（D）/旋转（R）］：（指定另一个角点或选择其他选项）

　　指定旋转角度后，系统按指定角度创建矩形，如图 2-34 所示。

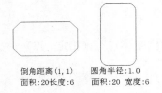

倒角距离(1,1)　　圆角半径:1.0
面积:20长度:6　　面积:20 宽度:6

图 2-33　按面积绘制矩形

图 2-34　按指定旋转角度创建矩形

【例 2-6】　方头平键

绘制如图 2-35 所示的方头平键，具体操作步骤如下。

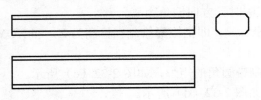

图 2-35　方头平键

Step 01　利用"矩形"命令绘制主视图外形，命令行提示与操作如下。

命令：RECTANG↙
指定第一个角点或 ［倒角（C）/标高（E）/圆角（F）/厚度（T）/宽度（W）］：0,30 ↙
指定另一个角点或 ［面积（A）/尺寸（D）/旋转（R）］：@100,11 ↙

结果如图 2-36 所示。

Step **02** 利用"直线"命令绘制主视图的两条棱线。一条棱线端点的坐标值为（0，32）和（@100，0），另一条棱线端点的坐标值为（0，39）和（@100，0）。结果如图 2-37 所示。

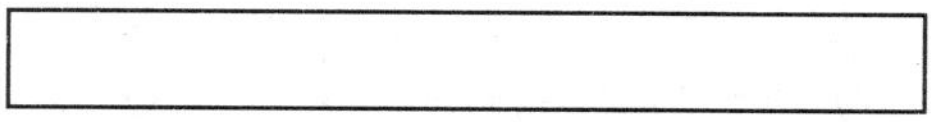

图 2-36　绘制主视图外形 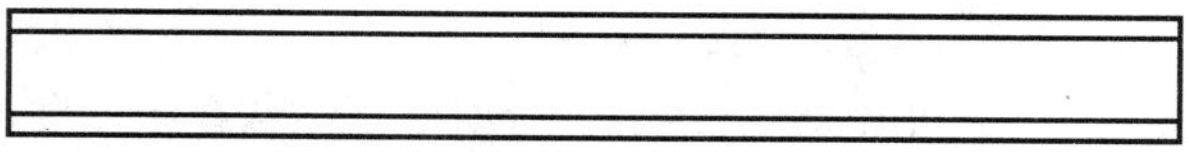　　　　　　　　　　　图 2-37　绘制主视图棱线

Step **03** 利用"构造线"命令绘制构造线，命令行提示与操作如下。

命令:XLINE↙
指定点或 [水平(H)/垂直(V)/角度(A)/二等分(B)/偏移(O)]：（指定主视图左边竖线上一点）
指定通过点：（指定竖直位置上一点）
指定通过点：↙

利用同样的方法绘制右边竖直构造线，如图 2-38 所示。

Step **04** 利用"矩形"和"直线"命令绘制俯视图，命令行提示与操作如下。

命令: RECTANG↙
指定第一个角点或 [倒角(C)/标高(E)/圆角(F)/厚度(T)/宽度(W)]：（指定左边构造线上一点）
指定另一个角点或 [面积(A)/尺寸(D)/旋转(R)]：@100,18

接着绘制两条直线，端点分别为{（0，2）、（@100，0）}和{（0，16）、（@100，0）}，结果如图 2-39 所示。

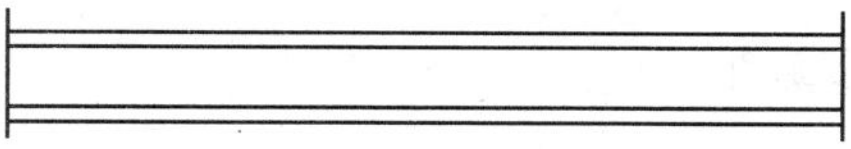

图 2-38　绘制竖直构造线 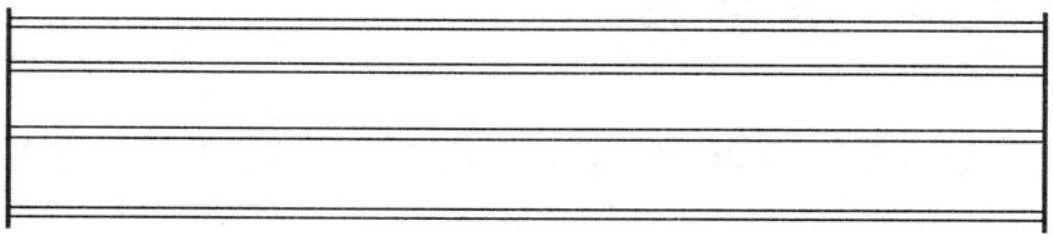　　　　　　　　　　图 2-39　绘制俯视图

Step **05** 利用"构造线"命令绘制左视图构造线，命令行提示与操作如下。

命令:XLINE↙
指定点或 [水平(H)/垂直(V)/角度(A)/二等分(B)/偏移(O)]：H↙
指定通过点：（指定主视图上右上端点）
指定通过点：（指定主视图上右下端点）
指定通过点：（捕捉俯视图上右上端点）
指定通过点：（捕捉俯视图上右下端点）
指定通过点：↙
命令：↙（按 Enter 键表示重复绘制构造线命令）
指定点或 [水平(H)/垂直(V)/角度(A)/二等分(B)/偏移(O)]：A↙
输入构造线的角度 (0) 或 [参照(R)]：-45↙
指定通过点：（任意指定一点）
指定通过点：↙
命令:XLINE↙
指定点或 [水平(H)/垂直(V)/角度(A)/二等分(B)/偏移(O)]：V↙
指定通过点：（指定斜线与第三条水平线的交点）

指定通过点：（指定斜线与第四条水平线的交点）

结果如图 2-40 所示。

Step 06 设置矩形两个倒角距离为 2，绘制左视图，命令行提示与操作如下。

```
命令：_RECTANG↙
指定第一个角点或 [倒角(C)/标高(E)/圆角(F)/厚度(T)/宽度(W)]：C↙
指定矩形的第一个倒角距离 <0.0000>：（指定主视图上右上第一个端点）
指定第二点：（指定主视图上右上第二个端点）
指定矩形的第二个倒角距离 <2.0000>：↙
指定第一个角点或 [倒角(C)/标高(E)/圆角(F)/厚度(T)/宽度(W)]：（按构造线确定位置指
定一个角点）
指定另一个角点或 [面积(A)/尺寸(D)/旋转(R)]：（按构造线确定位置指定另一个角点）
```

结果如图 2-41 所示。

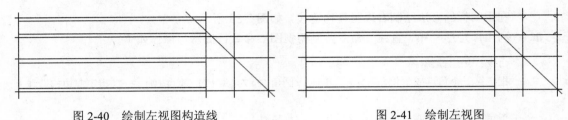

图 2-40　绘制左视图构造线　　　　　　　　图 2-41　绘制左视图

Step 07 删除构造线，最终结果如图 2-35 所示。

2.4.2　正多边形

AutoCAD 2009 中可以绘制边数为 3～1024 的正多边形。

【执行方式】

命令行：POLYGON。
菜单："绘图"→"正多边形"。
工具栏：绘图→正多边形⬠。

【操作格式】

```
命令：POLYGON↙
输入边的数目 <4>：（指定多边形的边数，默认值为 4）
指定正多边形的中心点或 [边(E)]：（指定中心点）
输入选项 [内接于圆(I)/外切于圆(C)] <I>：（指定是内接于圆或外切于圆，I 表示内接于圆，如
图 2-42(a) 所示，C 表示外切于圆，如图 2-42(b) 所示）
指定圆的半径：（指定外切圆或内接圆的半径）
```

【选项说明】

如果选择"边"选项，则只需要指定多边形的一条边，系统就会按逆时针方向创建该正多边形，如图 2-42（c）所示。

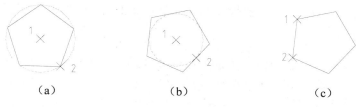

图 2-42　画正多边形

【例 2-7】　螺母

绘制如图 2-43 所示的螺母，具体操作步骤如下。

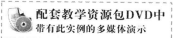

Step 01　利用"圆"命令绘制一个圆。圆心坐标为（150，150），半径为 50，结果如图 2-44 所示。

Step 02　利用"正多边形"命令绘制正六边形，命令行提示与操作如下。

```
命令：POLYGON↙
输入边的数目 <4>：6↙
指定正多边形的中心点或 [边(E)]：150,150↙
输入选项 [内接于圆(I)/外切于圆(C)] <I>：c↙
指定圆的半径：50↙
```

得到的结果如图 2-45 所示。

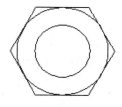　　　　

图 2-43　螺母　　　　　　图 2-44　绘制圆　　　　　图 2-45　绘制正六边形

Step 03　同样以（150，150）为中心，以 30 为半径绘制另一个圆，结果如图 2-43 所示。

2.5 上机实训——绘制汽车

本实例将绘制汽车的简易造型，如图 2-46 所示。绘制的大体顺序是先绘制两个车轮，以确定汽车的大体尺寸和位置。然后绘制车体轮廓，最后绘制车窗。绘制过程中需要用到直线、圆、圆弧、圆环、矩形和正多边形等命令。

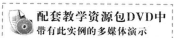

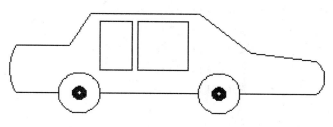

图 2-46　汽车

通过本实例主要学习直线、圆、圆弧、圆环、矩形和正多边形等命令的运用，操作步骤如下。

Step 01 绘制车轮。

命令：_CIRCLE（命令名前加下划线意思为采用菜单或工具栏的方式执行命令）
指定圆的圆心或 [三点(3P)/两点(2P)/相切、相切、半径(T)]：500,200✓
指定圆的半径或 [直径(D)] <163.7959>：150✓

同样方法，指定圆心坐标为（1500,200），半径为150绘制另外一个圆。

命令：_DONUT
指定圆环的内径 <10.0000>：30✓
指定圆环的外径 <100.0000>：✓
指定圆环的中心点或 <退出>：500,200✓
指定圆环的中心点或 <退出>：1500,200✓
指定圆环的中心点或 <退出>：✓

结果如图2-47所示。

Step 02 绘制车体轮廓。

命令：_LINE
指定第一点：50,200✓
指定下一点或 [放弃(U)]：350,200✓
指定下一点或 [放弃(U)]：✓

利用同样的方法，指定端点坐标分别为{（650,200）、（1350,200）}和{（1650,200）、（2200,200）}绘制两条线段，结果如图2-48所示。

  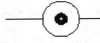

图2-47　绘制车轮　　　　　　　　　　　图2-48　绘制底板

命令：ARC✓
指定圆弧的起点或 [圆心(C)]：50,200✓
指定圆弧的第二点或 [圆心(C)/端点(E)]：0,380✓
指定圆弧的端点：50,550✓
命令：_LINE
指定第一点：50,550✓
指定下一点或 [放弃(U)]：@375,0✓
指定下一点或 [闭合(C)/放弃(U)]：@160,240✓
指定下一点或 [闭合(C)/放弃(U)]：@780,0✓
指定下一点或 [闭合(C)/放弃(U)]：@365,-285✓
指定下一点或 [闭合(C)/放弃(U)]：@470,-60✓
指定下一点或 [闭合(C)/放弃(U)]：✓
命令：_ARC
指定圆弧的起点或 [圆心(C)]：2200,200✓
指定圆弧的第二个点或 [圆心(C)/端点(E)]：2256,322✓

指定圆弧的端点：2200,445✓

结果如图 2-49 所示。

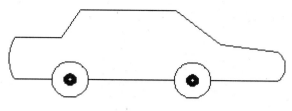

图 2-49　绘制轮廓

Step 03　绘制车窗。

命令：_RECTANG
指定第一个角点或 [倒角(C)/标高(E)/圆角(F)/厚度(T)/宽度(W)]：650,730✓
指定另一个角点或 [面积(A)/尺寸(D)/旋转(R)]：880,370✓
命令：_POLYGON
输入边的数目 <4>：✓
指定正多边形的中心点或 [边(E)]：e✓
指定边的第一个端点：920,730✓
指定边的第二个端点：920,370✓

最终结果如图 2-46 所示。

2.6　本章习题

2.6.1　思考题

1. 将下面的命令与命令名进行连线。
   直线段　　　　　　　　　　RAY
   构造线　　　　　　　　　　ARC
   圆　　　　　　　　　　　　XLINE
   射线　　　　　　　　　　　LINE
   圆弧　　　　　　　　　　　CIRCLE
2. 可以设置有宽度的线是（　　）。
   A. 构造线　　　　　　　　B. 多段线
   C. 样条曲线　　　　　　　D. 射线
3. 可以用 FILL 命令进行填充的图形是（　　）。
   A. 平面区域　　　　　　　B. 多边形
   C. 圆环　　　　　　　　　D. 轨迹线
4. 下面的命令能够绘制出线段或类线段图形的是（　　）。
   A. LINE　　　　　　　　　B. PLINE
   C. ARC　　　　　　　　　D. SPLINE

2.6.2 操作题

1. 绘制如图 2-50 所示的螺栓。

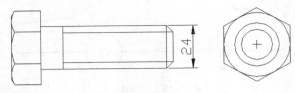

图 2-50 螺栓

（1）利用"直线"和"圆弧"命令绘制螺栓主视图。

（2）利用"正多边形"命令绘制左视图。

2. 绘制如图 2-51 所示的圆头平键。

图 2-51 圆头平键

（1）利用"直线"命令绘制两条平行直线。

（2）利用"圆弧"命令绘制图形中圆弧部分，采用其中的起点、端点和包含角的方式。

第 3 章

复杂二维图形绘制命令

第 2 章讲述了点、直线、圆、圆弧、矩形、多边形等基本绘图命令，本章将进一步介绍一些复杂的图形对象的绘制方法，包括多段线、样条曲线、多线和图案填充等命令。

知 识 点

- 多段线
- 样条曲线
- 多线
- 图案填充

3.1 多段线

多段线是由宽窄相同或不同的线段和圆弧组合而成的。如图 3-1 所示是利用多段线绘制的图形。用户可以使用 PEDIT（多段线编辑）命令对多段线进行编辑。

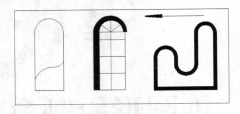

图 3-1　用多段线绘制的图形

3.1.1　绘制多段线

【执行方式】

命令行：PLINE（缩写名：PL）。
菜单："绘图"→"多段线"。
工具栏：绘图→多段线。

【操作格式】

命令：PLINE↙
指定起点：（指定多段线的起点）
当前线宽为 0.0000
指定下一个点或［圆弧(A)/半宽(H)/长度(L)/放弃(U)/宽度(W)］：（指定多段线的下一点）

【选项说明】

多段线主要由连续的不同宽度的线段或圆弧组成，如果在上述提示中选择"圆弧"，则命令行提示如下。

指定圆弧的端点或［角度(A)/圆心(CE)/闭合(CL)/方向(D)/半宽(H)/直线(L)/半径(R)/第二个点(S)/放弃(U)/宽度(W)］：

绘制圆弧的方法与"圆弧"命令相似。

3.1.2　编辑多段线

【执行方式】

命令行：PEDIT（缩写名：PE）。
菜单："修改"→"对象"→"多段线"。
工具栏：修改 II→编辑多段线。
快捷菜单：选择要编辑的多段线，右击鼠标，在打开的快捷菜单中选择"编辑多段线"

命令。

【操作格式】

命令:PEDIT↙

选择多段线或［多条(M)］:（选择一条要编辑的多段线）

输入选项［闭合(C)/合并(J)/宽度(W)/编辑顶点(E)/拟合(F)/样条曲线(S)/非曲线化(D)/线型生成(L)/放弃(U)］:

选择相应选项，可以编辑多段线。

【例 3-1】 鼠标

绘制如图 3-2 所示的鼠标，具体操作步骤如下。

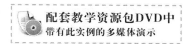

Step 01 绘制轮廓线。选择"绘图"→"多段线"菜单命令或者单击"绘图"工具栏中的命令图标 ，命令如下。

命令: _PLINE↙

指定起点: 2.5,50↙

当前线宽为 0.0000

指定下一个点或［圆弧(A)/半宽(H)/长度(L)/放弃(U)/宽度(W)］: 59,80↙

指定下一点或［圆弧(A)/闭合(C)/半宽(H)/长度(L)/放弃(U)/宽度(W)］: A↙

指定圆弧的端点或［角度(A)/圆心(CE)/闭合(CL)/方向(D)/半宽(H)/直线(L)/半径(R)/第二个点(S)/放弃(U)/宽度(W)］: S↙

图 3-2 鼠标

指定圆弧上的第二个点: 89.5,62↙

指定圆弧的端点: 86.6,26.7↙

指定圆弧的端点或［角度(A)/圆心(CE)/闭合(CL)/方向(D)/半宽(H)/直线(L)/半径(R)/第二个点(S)/放弃(U)/宽度(W)］: L↙

指定下一点或［圆弧(A)/闭合(C)/半宽(H)/长度(L)/放弃(U)/宽度(W)］: 29,0↙

指定下一点或［圆弧(A)/闭合(C)/半宽(H)/长度(L)/放弃(U)/宽度(W)］: A↙

指定圆弧的端点或［角度(A)/圆心(CE)/闭合(CL)/方向(D)/半宽(H)/直线(L)/半径(R)/第二个点(S)/放弃(U)/宽度(W)］: 18,5.3↙

指定圆弧的端点或［角度(A)/圆心(CE)/闭合(CL)/方向(D)/半宽(H)/直线(L)/半径(R)/第二个点(S)/放弃(U)/宽度(W)］: L↙

指定下一点或［圆弧(A)/闭合(C)/半宽(H)/长度(L)/放弃(U)/宽度(W)］: 2.5,34.6↙

指定下一点或［圆弧(A)/闭合(C)/半宽(H)/长度(L)/放弃(U)/宽度(W)］: A↙

指定圆弧的端点或［角度(A)/圆心(CE)/闭合(CL)/方向(D)/半宽(H)/直线(L)/半径(R)/第二个点(S)/放弃(U)/宽度(W)］: CL↙

绘制结果如图 3-3 所示。

Step 02 绘制左右键。单击"绘图"→"直线"菜单命令或者单击"绘图"工具栏中的命令图标 ，命令如下。

命令: _LINE 指定第一点: 47.2,8.5↙

指定下一点或［放弃(U)］: 32.4,33.6↙

指定下一点或［放弃(U)］: 21.3,60.2↙

指定下一点或［闭合(C)/放弃(U)］: ↙

命令: ↙

图 3-3 绘制轮廓线

LINE 指定第一点：32.4,33.6↙
指定下一点或 [放弃(U)]：9,21.7↙
指定下一点或 [放弃(U)]：↙

最终结果如图 3-2 所示。

提 示

（1）利用 PLINE 命令可以绘制不同宽度的直线、圆和圆弧。但在实际绘制工程图时，不是利用 PLIME 命令在屏幕上绘制出具有宽度信息的图形，而是利用 LINE，ARC，CIRCLE 等命令绘制出不具有（或具有）宽度信息的图形。

（2）多段线是否填充受 FILL 命令的控制。执行该命令，输入 OFF，即可使填充处于关闭状态。

3.2 样条曲线

AutoCAD 使用一种称为非一致有理 B 样条（NURBS）曲线的特殊样条曲线类型。NURBS 曲线在控制点之间产生一条光滑的曲线，如图 3-4 所示。样条曲线常用于绘制不规则的零件轮廓，如零件断裂处的边界。

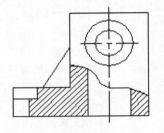

图 3-4　样条曲线

3.2.1　绘制样条曲线

【执行方式】

命令行：SPLINE。
菜单："绘图"→"样条曲线"。
工具栏：绘图→样条曲线〜。

【操作格式】

命令：SPLINE↙
指定第一个点或 [对象(O)]：（指定一点或选择"对象(O)"选项）
指定下一点：（指定一点）
指定下一个点或 [闭合(C)/拟合公差(F)] <起点切向>：

【选项说明】

（1）对象（O）：将二维或三维的二次或三次样条曲线拟合多段线转换为等效的样条曲线，然后（根据 DELOBJ 系统变量的设置）删除该多段线。

（2）闭合（C）：将最后一点定义为与第一点一致，并使其在连接处相切，这样可以闭合样条曲线。选择该项，系统继续提示如下。

指定切向：（指定点或按 Enter 键）

用户可以指定一点来定义切向矢量，或者使用"切点"和"垂足"对象捕捉模式使样条曲线与现有对象相切或垂直。

（3）拟合公差（F）：修改当前样条曲线的拟合公差，根据新公差以现有点重新定义样条曲线。公差表示样条曲线拟合所指定的拟合点集时的拟合精度。公差越小，样条曲线与拟合点越接近；公差为 0，样条曲线将通过该点；输入大于 0 的公差，将使样条曲线在指定的公差范围内通过拟合点。在绘制样条曲线时，可以改变样条曲线拟合公差以查看效果。

（4）<起点切向>：定义样条曲线的第一点和最后一点的切向。

如果在样条曲线的两端都指定切向，可以输入一个点，或者使用"切点"和"垂足"对象捕捉模式使样条曲线与已有的对象相切或垂直。如果按 Enter 键，系统将计算默认切向。

3.2.2 编辑样条曲线

【执行方式】

命令行：SPLINEDIT。

菜单："修改"→"对象"→"样条曲线"。

快捷菜单：选择要编辑的样条曲线，右击鼠标，从打开的快捷菜单中选择"编辑样条曲线"命令。

工具栏：修改 II→编辑样条曲线 ✐。

【操作格式】

命令：SPLINEDIT↙

选择样条曲线：（选择要编辑的样条曲线。若选择的样条曲线是用 SPLINE 命令创建的，其近似点以夹点的颜色显示出来；若选择的样条曲线是用 PLINE 命令创建的，其控制点以夹点的颜色显示出来）

输入选项 [拟合数据(F)/闭合(C)/移动顶点(M)/精度(R)/反转(E)/放弃(U)]：

选择相应选项，可以编辑样条曲线。

【例 3-2】 螺丝刀

绘制如图 3-5 所示的螺丝刀，具体操作步骤如下。

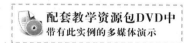
配套教学资源包DVD中
带有此实例的多媒体演示

Step **01** 绘制螺丝刀左部把手。利用"矩形"命令绘制矩形，两个角点的坐标分别为（45，180）和（170，120）；利用"直线"命令绘制两条线段，坐标分别为{（45，166），（@125<0）}、{（45，134），（@125<0）}；利用"圆弧"命令绘制圆弧，三点坐标分别为（45，180）、（35，150）和（45，120）。绘制的图形如图 3-6 所示。

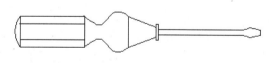

图 3-5 螺丝刀

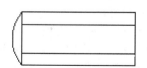

图 3-6 绘制螺丝刀把手

Step **02** 绘制螺丝刀的中间部分，命令行提示与操作如下。

命令：SPLINE↙
指定第一个点或 [对象(O)]：170,180↙
指定下一点：192,165↙
指定下一点或 [闭合(C)/拟合公差(F)] <起点切向>:225,187↙
指定下一点或 [闭合(C)/拟合公差(F)] <起点切向>:255,180↙

指定下一点或［闭合(C)/拟合公差(F)］<起点切向>：↙

指定起点切向：202,150↙（给出样条曲线起点切线上一点的坐标值）

指定端点切向：280,150↙

命令：SPLINE↙

指定第一个点或［对象(O)］：170,120↙

指定下一点：192,135↙

指定下一点或［闭合(C)/拟合公差(F)］<起点切向>：225,113↙

指定下一点或［闭合(C)/拟合公差(F)］<起点切向>：255,120↙

指定下一点或［闭合(C)/拟合公差(F)］<起点切向>：↙

指定起点切向：202,150↙

指定端点切向：280,150↙

利用"直线"命令绘制一条连续线段，坐标分别为{（255，180）、（308，160）、（@5<90）、（@5<0）、（@30<-90）、（@5<-180）、（@5<90）、（255，120）、（255，180）}；再利用"直线"命令绘制一条连续线段，坐标分别为{（308，160）、（@20<-90）}。绘制完成此步骤后的图形如图 3-7 所示。

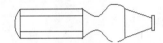

图 3-7　绘制完成的螺丝刀中间部分的图形

Step 03　绘制螺丝刀的右部，命令行提示与操作如下。

命令：PLINE↙

指定起点：313,155↙

当前线宽为 0.0000

指定下一点或［圆弧(A)/闭合(C)/半宽(H)/长度(L)/放弃(U)/宽度(W)］：@162<0↙

指定下一点或［圆弧(A)/闭合(C)/半宽(H)/长度(L)/放弃(U)/宽度(W)］：A↙

指定圆弧的端点或［角度(A)/圆心(CE)/闭合(CL)/方向(D)/半宽(H)/直线(L)/半径(R)/第二点(S)/放弃(U)/宽度(W)］：490,160↙

指定圆弧的端点或［角度(A)/圆心(CE)/闭合(CL)/方向(D)/半宽(H)/直线(L)/半径(R)/第二点(S)/放弃(U)/宽度(W)］：↙

命令：PLINE↙

指定起点：313,145↙

当前线宽为 0.0000

指定下一点或［圆弧(A)/闭合(C)/半宽(H)/长度(L)/放弃(U)/宽度(W)］：@162<0↙

指定下一点或［圆弧(A)/闭合(C)/半宽(H)/长度(L)/放弃(U)/宽度(W)］：A↙

指定圆弧的端点或［角度(A)/圆心(CE)/闭合(CL)/方向(D)/半宽(H)/直线(L)/半径(R)/第二点(S)/放弃(U)/宽度(W)］：490,140↙

指定圆弧的端点或［角度(A)/圆心(CE)/闭合(CL)/方向(D)/半宽(H)/直线(L)/半径(R)/第二点(S)/放弃(U)/宽度(W)］：L↙

指定下一点或［圆弧(A)/闭合(C)/半宽(H)/长度(L)/放弃(U)/宽度(W)］：510,145↙

指定下一点或［圆弧(A)/闭合(C)/半宽(H)/长度(L)/放弃(U)/宽度(W)］：@10<90↙

指定下一点或［圆弧(A)/闭合(C)/半宽(H)/长度(L)/放弃(U)/宽度(W)］：490,160↙

指定下一点或［圆弧(A)/闭合(C)/半宽(H)/长度(L)/放弃(U)/宽度(W)］：↙

最终绘制的图形如图 3-5 所示。

3.3 多线

多线是指由多条平行线构成的直线，连续绘制的多线是一个图元。多线内的直线线型可以相同，也可以不同，图 3-8 给出了几种多线形式。多线常用于建筑图的绘制。在绘制多线前应该对多线样式进行定义，然后用定义的样式绘制多线。

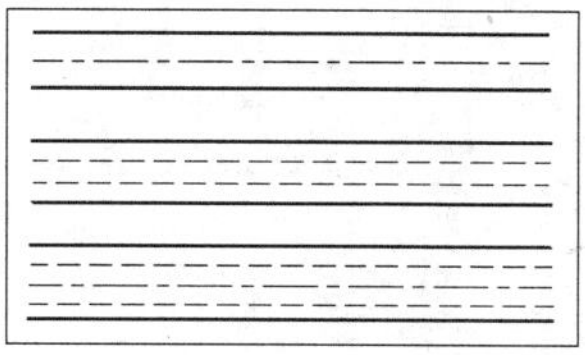

图 3-8　多线

3.3.1　绘制多线

【执行方式】

命令行：MLINE。

菜单："绘图" → "多线"。

【操作格式】

命令：MLINE↙

当前设置：对正 = 上，比例 = 20.00，样式 = STANDARD

指定起点或〔对正(J)/比例(S)/样式(ST)〕：(指定起点)

指定下一点：(给定下一点)

指定下一点或〔放弃(U)〕：(继续给定下一点绘制线段。输入 U，则放弃前一段的绘制；右击鼠标或按 Enter 键，结束命令)

指定下一点或〔闭合(C)/放弃(U)〕：(继续给定下一点绘制线段。输入 C，则闭合线段，结束命令)

【选项说明】

（1）对正（J）：该项用于给定绘制多线的基准。共有 3 种对正类型，分别为"上（T）"、"无（Z）"和"下（B）"。其中，"上（T）"表示以多线上侧的线为基准，其他依此类推。

（2）比例（S）：选择该项，要求用户设置平行线的间距。输入值为零时平行线重合，值为负时多线的排列倒置。

（3）样式（ST）：该项用于设置当前使用的多线样式。

3.3.2　定义多线样式

【执行方式】

命令行：MLSTYLE。

【操作格式】

命令：MLSTYLE↙

系统自动执行该命令，打开如图 3-9 所示的"多线样式"对话框，在该对话框中，用户可以对多线样式进行定义、保存和加载等操作。下面通过定义一个新的多线样式来介绍该对话框的使用方法。欲定义的多线样式由 3 条平行线组成，中心轴线为紫色的中心线，其余两条平行线为黑色实线，相对于中心轴线上、下各偏移 0.5。操作步骤如下。

Step 01 在"多线样式"对话框中单击"新建"按钮，弹出"创建新的多线样式"对话框，如图 3-10 所示。

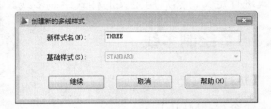

图 3-9 "多线样式"对话框   图 3-10 "创建新的多线样式"对话框

Step 02 在"新样式名"文本框中输入 THREE，然后单击"继续"按钮，弹出"新建多线样式:THREE"对话框，如图 3-11 所示。

Step 03 在"封口"选项组中可以设置多线起点和端点的特性，包括以直线、外弧还是内弧封口，以及封口线段或圆弧的角度。

Step 04 在"填充颜色"下拉列表中可以选择多线填充的颜色。

Step 05 在"图元"选项组中可以设置组成多线的图元的特性。单击"添加"按钮，可以为多线添加图元；单击"删除"按钮，可以为多线删除图元。在"偏移"文本框中可以设置选中的图元的位置偏移值；在"颜色"下拉列表中可以为选中图元选择颜色；单击"线型"按钮，可以为选中图元设置线型。

Step 06 设置完毕后，单击"确定"按钮，系统返回"多线样式"对话框，在"样式"列表中将显示出刚设置的多线样式名，选择该样式，单击"置为当前"按钮，则将刚设置的多线样式设置为当前样式，下面的预览框中会显示出当前多线样式。

Step 07 单击"确定"按钮，完成多线样式设置。

如图 3-12 所示为按要求设置的多线样式绘制的多线。

图 3-11 "新建多线样式:THREE"对话框   图 3-12 绘制的多线

3.3.3　编辑多线

【执行方式】

命令行：MLEDIT。

菜单："修改"→"对象"→"多线"。

【操作格式】

调用 MLEDIT 命令后，打开"多线编辑工具"对话框，如图 3-13 所示。

利用该对话框可以创建或修改多线的模式。对话框中分 4 列显示了示例图形。其中，第一列管理十字交叉形式的多线，第二列管理 T 形多线，第三列管理拐角接合点和节点，第四列管理多线被剪切或连接的形式。单击"多线编辑工具"对话框中的某个示例图形，就可以调用该项编辑功能。

下面以"十字打开"为例介绍多段线的编辑方法：把选择的两条多线进行打开交叉，选择该选项后，出现如下提示。

选择第一条多线：（选择第一条多线）

选择第二条多线：（选择第二条多线）

选择完毕后，第二条多线被第一条多线横断交叉。系统继续提示如下。

选择第一条多线或[放弃(U)]：

用户可以继续选择多线进行操作，也可以选择"放弃（U）"撤销前次操作。操作过程和执行结果如图 3-14 所示。

图 3-13　"多线编辑工具"对话框

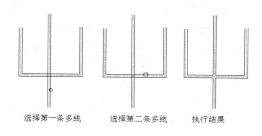

选择第一条多线　　选择第二条多线　　执行结果

图 3-14　十字打开

【例 3-3】　墙体

绘制如图 3-15 所示的墙体，具体操作步骤如下。

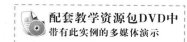

配套教学资源包DVD中
带有此实例的多媒体演示

Step 01　利用"构造线"命令绘制辅助线，命令行提示与操作如下。

命令：XLINE↙
指定点或 [水平(H)/垂直(V)/角度(A)/二等分(B)/偏移(O)]：（指定一点）
指定通过点：（指定水平方向一点）

指定通过点：✓

命令：XLINE✓

指定点或 [水平(H)/垂直(V)/角度(A)/二等分(B)/偏移(O)]：（指定一点）

指定通过点：（指定垂直方向一点）

指定通过点：✓

绘制出一条水平构造线和一条竖直构造线，组成"十"字构造线，继续绘制辅助线命令如下。

命令：XLINE✓

指定点或[水平(H)/垂直(V)/角度(A)/二等分(B)/偏移(O)]：O✓

指定偏移距离或[通过(T)] <1.0000>:4200✓

选择直线对象：（选择刚绘制的水平构造线）

指定向哪侧偏移：（指定上面一点）

选择直线对象：✓

……

利用相同的方法，将偏移得到的水平构造线依次向上偏移 5100、1800 和 3000，绘制的水平构造线如图 3-16 所示。利用同样方法绘制垂直构造线，向右偏移距离依次为 3900、1800、2100 和 4500，结果如图 3-17 所示。

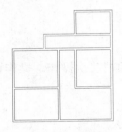
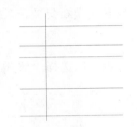
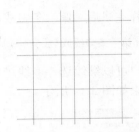

图 3-15　墙体　　　图 3-16　水平方向的主要辅助线　　图 3-17　居室的辅助线网格

Step 02　定义多线样式。在命令行中输入 MLSTYLE，或者选择"格式"→"多线样式"菜单命令，打开"多线样式"对话框，在该对话框中单击"新建"按钮，弹出"创建新的多线样式"对话框，在该对话框中的"新样式名"文本框中输入 240，单击"继续"按钮，弹出"新建多线样式:240"对话框，进行如图 3-18 所示的设置。

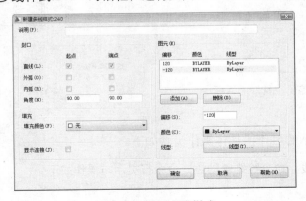

图 3-18　设置多线样式

Step 03　绘制多线墙体，命令行提示与操作如下。

命令：MLINE↙

当前设置：对正 = 上，比例 = 20.00，样式 = STANDARD

指定起点或 [对正(J)/比例(S)/样式(ST)]：S↙

输入多线比例 <20.00>：1↙

当前设置：对正 = 上，比例 = 1.00，样式 = STANDARD

指定起点或 [对正(J)/比例(S)/样式(ST)]：J↙

输入对正类型 [上(T)/无(Z)/下(b)] <上>：Z↙

当前设置：对正 = 无，比例 = 1.00，样式 = STANDARD

指定起点或 [对正(J)/比例(S)/样式(ST)]：（在绘制的辅助线交点上指定一点）

指定下一点：（在绘制的辅助线交点上指定下一点）

指定下一点或 [放弃(U)]：（在绘制的辅助线交点上指定下一点）

指定下一点或 [闭合(C)/放弃(U)]：（在绘制的辅助线交点上指定下一点）

……

指定下一点或 [闭合(C)/放弃(U)]：C↙

利用相同的方法根据辅助线网格绘制多线，绘制结果如图 3-19 所示。

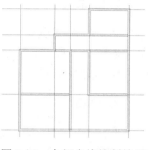

图 3-19　全部多线绘制结果

Step 04　编辑多线。选择"修改"→"对象"→"多线"菜单命令，系统打开"多线编辑工具"对话框，如图 3-20 所示。选择其中的"T 形合并"选项，确认后，命令行提示与操作如下。

命令：MLEDIT↙

选择第一条多线：（选择多线）

选择第二条多线：（选择多线）

选择第一条多线或 [放弃(U)]：（选择多线）

……

选择第一条多线或 [放弃(U)]：↙

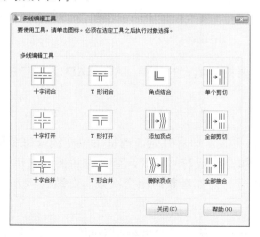

图 3-20　"多线编辑工具"对话框

利用相同的方法继续进行多线编辑，编辑的最终结果如图 3-15 所示。

3.4 图案填充

当用户需要用一个重复的图案填充一个区域时，可以使用 BHATCH 命令建立一个相关联的填充阴影对象，然后指定相应的区域进行填充，即所谓的图案填充。

3.4.1 基本概念

1. 图案边界

当进行图案填充时，首先要确定填充图案的边界。定义边界的对象只能是直线、双向射线、单向射线、多段线、样条曲线、圆弧、圆、椭圆、椭圆弧、面域等对象或用这些对象定义的块，而且作为边界的对象在当前屏幕上必须全部可见。

2. 孤岛

在进行图案填充时，将位于总填充域内的封闭区域称为孤岛，如图 3-21 所示。在利用 BHATCH 命令填充时，AutoCAD 允许用户以选取点的方式确定填充边界，即在希望填充的区域内任意选取一点，AutoCAD 将自动确定出填充边界，同时也确定该边界内的孤岛。如果用户是以选取对象的方式确定填充边界的，则必须确切地选取这些岛。

（a）　　　　　　　　　　　　　　（b）

图 3-21　孤岛

3. 填充方式

在进行图案填充时，需要控制填充的范围，AutoCAD 为用户提供了 3 种填充方式，以实现对填充范围的控制。

（1）普通方式

如图 3-22（a）所示，该方式从边界开始，由每条填充线或每个填充符号的两端向里绘制，遇到内部对象与之相交时，填充线或符号断开，直到遇到下一次相交时再继续绘制。采用这种方式时，要避免剖面线或符号与内部对象的相交次数为奇数。该方式为系统内部的默认方式。

（2）最外层方式

如图 3-22（b）所示，该方式从边界向里绘制剖面符号，只要在边界内部与对象相交，剖面符号便由此断开，而不再继续绘制。

（3）忽略方式

如图 3-22（c）所示，该方式忽略边界内的对象，所有内部结构都被剖面符号覆盖。

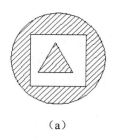 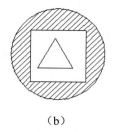 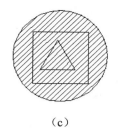

（a）　　　　　　　　　（b）　　　　　　　　　（c）

图 3-22　填充方式

3.4.2　图案填充方法

【执行方式】

命令行：BHATCH。

菜单："绘图"→"图案填充"

工具栏：绘图→图案填充▨或绘图→渐变色▨。

【选项说明】

执行 BHATCH 命令后，系统打开如图 3-23 所示的"图案填充和渐变色"对话框，下面介绍各选项卡中选项的含义。

1．"图案填充"选项卡

此选项卡中的各选项用来确定图案及其参数。打开此选项卡后，可以看到图 3-23 左侧的选项。下面介绍各选项的含义。

（1）类型

此下拉列表框用于确定填充图案的类型及图案。单击右侧的下三角按钮，弹出其下拉列表，如图 3-24 所示。其中，"用户定义"选项表示用户要临时定义填充图案，与命令行方式中的 U 选项作用相同；"自定义"选项表示选用 ACAD.PAT 图案文件或其他图案文件（.pat 文件）中的图案填充；"预定义"选项表示用 AutoCAD 标准图案文件（ACAD.PAT 文件）中的图案填充。

图 3-23　"图案填充和渐变色"对话框

（2）图案

此下拉列表框用于确定标准图案文件中的填充图案。在弹出的下拉列表中，用户可从中选取填充图案。选取所需要的填充图案后，在"样例"框内将显示出该图案。只有用户在"类型"下拉列表框中选择了"预定义"选项，此项才以正常亮度显示，即允许用户从自定义的图案文件中选取填充图案。

如果选择的图案类型是"预定义"，单击"图案"下拉列表框右边的 ⋯ 按钮，弹出如图3-25所示的对话框，该对话框中显示了所选类型所具有的图案，用户可从中确定所需要的图案。

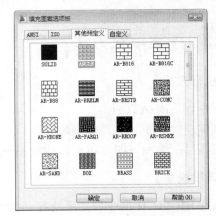

图3-24　填充图案类型　　　　　　　　　图3-25　图案列表

（3）样例

此框用于给出一个样本图案。用户可以通过单击该图像的方式迅速查看或选取已有的填充图案（见图3-25）。

（4）自定义图案

此下拉列表框用于从用户定义的填充图案中进行选取。只有在"类型"下拉列表框中选择"自定义"选项后，该项才以正常亮度显示，即允许用户从自定义的图案文件中选取填充图案。

（5）角度

此下拉列表框用于确定填充图案时的旋转角度。每种图案在定义时的旋转角度为零，用户可在"角度"下拉列表框中输入需要旋转的角度。

（6）比例

此下拉列表框用于确定填充图案的比例值。每种图案在定义时的初始比例为1，用户可以根据需要放大或缩小，方法是在"比例"下拉列表框中输入相应的比例值。

（7）双向

用于确定用户临时定义的填充线是一组平行线或相互垂直的两组平行线。只有当在"类型"下拉列表中选择"用户定义"选项时，该项才可以使用。

（8）相对于图纸空间

确定是否相对于图纸空间单位确定填充图案的比例值。选择此选项，可以按照适合于版面布局的比例方便地显示填充图案。该选项仅适用于图形版面编排。

（9）间距

指定线之间的间距，在"间距"文本框中输入值即可。只有在"类型"下拉列表中选择"用户定义"选项时，该项才可以使用。

（10）ISO 笔宽

根据所选择的笔宽确定与 ISO 有关的图案比例。只有选择了已定义的 ISO 填充图案后，才可确定它的内容。

（11）图案填充原点

控制填充图案生成的起始位置。某些图案填充（如砖块图案）需要与图案填充边界上的一点对齐。在默认情况下，所有图案填充原点都对应于当前的 UCS 原点。用户也可以选择"指定的原点"及下面一级的选项重新指定原点。

2. "渐变色"选项卡

渐变色是指从一种颜色到另一种颜色的平滑过渡。渐变色能产生光的效果，可为图形添加视觉效果。单击该标签，打开如图 3-26 所示的"渐变色"选项卡，其中各选项含义如下。

（1）"单色"单选按钮

单击此单选按钮，系统应用单色对所选择的对象进行渐变填充。其下面的显示框显示出用户所选择的真彩色，单击右边的小按钮，系统打开"选择颜色"对话框，如图 3-27 所示。该对话框在第 4 章将详细介绍，这里不再赘述。

（2）"双色"单选按钮

单击此单选按钮，系统应用双色对所选择的对象进行渐变填充。填充颜色将从颜色 1 渐变到颜色 2。颜色 1 和颜色 2 的选取与单色选取类似。

（3）"渐变方式"样板

在"渐变色"选项卡中有 9 种渐变方式，包括线形、球形和抛物线形等方式。

图 3-26 "渐变色"选项卡

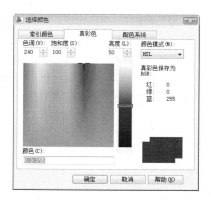

图 3-27 "选择颜色"对话框

（4）"居中"复选框

该复选框决定渐变填充是否居中。

（5）"角度"下拉列表框

在该下拉列表中选择角度，此角度为渐变色倾斜的角度。不同的渐变色填充如图 3-28 所示。

（a）单色线形居中 0 角度渐变填充

（b）双色抛物线形居中 0 角度渐变填充

（c）单色线形居中 45° 渐变填充

（d）双色球形不居中 0 角度渐变填充

图 3-28　不同的渐变色填充

3. 边界

（1）添加：拾取点

以选择点的形式自动确定填充区域的边界。在填充的区域内任意选择一点，AutoCAD 将自动确定出包围该点的封闭填充边界，并且这些边界以高亮度显示，如图 3-29 所示。

选择一点

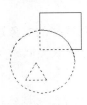

填充区域

填充结果

图 3-29　边界确定

（2）添加：选择对象

以选择对象的方式确定填充区域的边界。用户可以根据需要选择构成填充区域的边界。同样，被选择的边界也会以高亮度显示，如图 3-30 所示。

原始图形

选取边界对象

填充结果

图 3-30　选取边界对象

（3）删除边界

从边界定义中删除以前添加的任何对象，如图 3-31 所示。

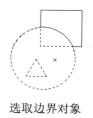

选取边界对象   删除边界   填充结果

图 3-31　删除边界后的新边界

（4）重新创建边界

围绕选定的图案填充或填充对象创建多段线或面域。

（5）查看选择集

观看填充区域的边界。单击该按钮，AutoCAD 将临时切换到绘图屏幕，将所选择的作为填充边界的对象以高亮方式显示。只有单击"添加：拾取点"按钮或"添加：选择对象"按钮选取了填充边界时，"查看选择集"按钮才可以使用。

4. 选项

（1）关联

此复选框用于确定填充图案与边界的关系。若选中此复选框，则填充图案与填充边界保持着关联关系，即图案填充后，当用钳夹功能对边界进行拉伸等编辑操作时，AutoCAD 会根据边界的新位置重新生成填充图案。

（2）创建独立的图案填充

当指定了几个独立的闭合边界时，用来控制创建了单个图案填充对象或多个图案填充对象的，如图 3-32 所示。

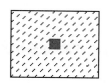

（a）独立，选中时不是一个整体   （b）不独立，选中时是一个整体

图 3-32　独立与不独立

（3）绘图次序

指定图案填充的绘图顺序。图案填充可以放在所有其他对象之后、所有其他对象之前、图案填充边界之后或图案填充边界之前。

5. 继承特性

此按钮的作用具有继承特性，即选用图中已有的填充图案作为当前的填充图案。

6. 孤岛

（1）孤岛检测

确定是否检测孤岛。

（2）孤岛显示样式

该选项组用于确定图案的填充方式。用户可以从中选取所需要的填充方式。默认的填充方式为"普通"。用户也可以在右键快捷菜单中选择填充方式。

7. 边界保留

指定是否将边界保留为对象，并确定应用于这些边界对象的对象类型是多段线还是面域。

8. 边界集

此选项组用于定义边界集。当单击"添加：拾取点"按钮以根据一指定点的方式确定填充区域时，有两种定义边界集的方式：一种方式是将包围所指定点的最近的有效对象作为填充边界，即"当前视口"选项，该选项是系统的默认方式；另一种方式是用户自己选定一组对象来构造边界，即"现有集合"选项，选定对象通过选项组中的"新建"按钮实现，单击该按钮后，AutoCAD 临时切换到作图屏幕，并提示用户选取作为构造边界集的对象，此时若选取"现有集合"选项，AutoCAD 会根据用户指定的边界集中的对象来构造一个封闭边界。

9. 允许的间隙

设置将对象用作图案填充边界时可以忽略的最大间隙。 默认值为 0，此值指定对象必须封闭区域而没有间隙。

10. 继承选项

使用"继承特性"创建图案填充时，控制图案填充原点的位置。

3.4.3　编辑填充的图案

利用 HATCHEDIT 命令可以编辑已经填充的图案。

【执行方式】

命令行：HATCHEDIT。
菜单："修改"→"对象"→"图案填充"。

【操作格式】

执行上述命令后，AutoCAD 将给出以下提示。

选择图案填充对象：

选择填充对象后，系统弹出如图 3-33 所示的"图案填充编辑"对话框。

在"图案填充编辑"对话框中，只有正常显示的选项才可以对其进行操作。该对话框中各项的含义与图 3-23 所示的"图案填充和渐变色"对话框中各项的含义相同。利用该对话框，可以对已选中的图案进行一系列的编辑修改。

图 3-33　"图案填充编辑"对话框

3.5 上机实训——绘制小房子

绘制如图 3-34 所示的小房子，具体操作步骤如下。

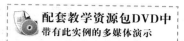

图 3-34　小房子

Step 01 分别利用"矩形"和"直线"命令绘制房屋外框。

命令：REC✓
指定第一个角点或 [倒角(C)/标高(E)/圆角(F)/厚度(T)/宽度(W)]：210,160
指定另一个角点：400,25✓
命令：L✓
指定第一点：210,160✓
指定下一点或 [放弃(U)]：@80<45✓
指定下一点或 [放弃(U)]：@190<0✓
指定下一点或 [闭合(C)/放弃(U)]：@135<-90✓
指定下一点或 [闭合(C)/放弃(U)]：400,25✓
指定下一点或 [闭合(C)/放弃(U)]：✓

利用同样的方法绘制另外两条直线,坐标分别是(400,25)、(@80<45)和(400,160)、(@80<45)。

Step 02 利用"矩形"命令绘制窗户。一个矩形的两个角点坐标为（230，125）和（275，90）。另一个矩形的两个角点坐标为（335，125）和（380，90）。

Step 03 利用多段线命令绘制门。

命令：PL✓
指定起点：288,25✓
当前线宽为 0.0000
指定下一点或 [圆弧(A)/闭合(C)/半宽(H)/长度(L)/放弃(U)/宽度(W)]：288,76✓
指定下一点或 [圆弧(A)/闭合(C)/半宽(H)/长度(L)/放弃(U)/宽度(W)]：A✓
指定圆弧的端点或[角度(A)/圆心(CE)/闭合(CL)/方向(D)/半宽(H)/直线(L)/半径(R)/第二点(S)/放弃(U)/宽度(W)]：A✓（用给定圆弧的包角方式画圆弧）
指定包含角：-180✓（包角值为负，则顺时针画圆弧；反之，则逆时针画圆弧）
指定圆弧的端点或 [圆心(CE)/半径(R)]：322,76✓（给出圆弧端点的坐标值）
指定圆弧的端点或[角度(A)/圆心(CE)/闭合(CL)/方向(D)/半宽(H)/直线(L)/半径(R)/第二点(S)/放弃(U)/宽度(W)]：L✓
指定下一点或 [圆弧(A)/闭合(C)/半宽(H)/长度(L)/放弃(U)/宽度(W)]：@51<-90✓
指定下一点或 [圆弧(A)/闭合(C)/半宽(H)/长度(L)/放弃(U)/宽度(W)]：✓

Step 04 利用"图案填充"命令进行填充。

命令：BHATCH✓ （填充命令，输入该命令后将出现"边界图案填充"对话框，按照如图 3-35 所示进行设置，填充屋顶小草）

选择内部点：（单击"拾取点"按钮，用鼠标在屋顶内选择一点，如图 3-36 所示 1 点）

返回"边界图案填充"对话框，单击"确定"按钮，系统以选定的图案进行填充。

图 3-35　"图案填充和渐变色"对话框（一）

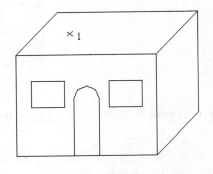

图 3-36　绘制步骤（一）

Step 05　同样，利用"图案填充"命令，按照如图 3-37 所示进行设置，选择如图 3-38 所示 2、3 两个位置的点填充窗户。

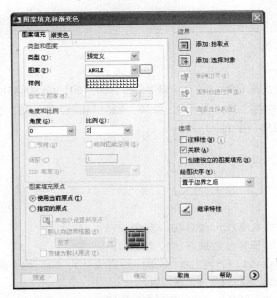

图 3-37　"图案填充和渐变色"对话框（二）

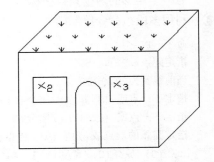

图 3-38　绘制步骤（二）

Step 06　再次利用"图案填充"命令，按照如图 3-39 所示进行设置，选择如图 3-40 所示 4 位置的点填充小屋前面的砖墙。

Step 07　最后利用"图案填充"命令，按照如图 3-41 所示进行设置，选择如图 3-42 所示 5 位置的点填充小屋侧面的砖墙。

最终结果如图 3-34 所示。

图 3-39　"图案填充和渐变色"对话框（三）

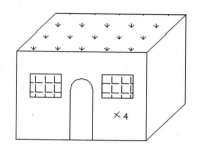

图 3-40　绘制步骤（三）

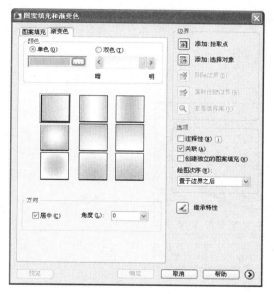

图 3-41　"图案填充和渐变色"对话框（四）

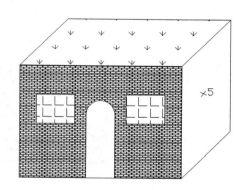

图 3-42　绘制步骤（四）

3.6　本章习题

3.6.1　思考题

1. 可以设置宽度的线是（　　　）。

    A. 构造线   B. 多段线

    C. 样条曲线   D. 射线

2. 利用下面的命令能够绘制出线段或类似线段图形的是（　　　）。

A．LINE   B．SPLINE

C．PLINE   D．ARC

3．指出多段线与样条曲线的异同点。

3.6.2 操作题

1．绘制如图 3-43 所示的滚花零件。

（1）利用"直线"命令绘制零件主体部分。

（2）利用"多段线"命令绘制零件断裂部分示意线。

（3）利用"图案填充"命令填充断面。

（4）利用"图案填充"命令绘制滚花表面。

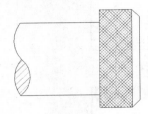

图 3-43　滚花零件

2．利用图案填充绘制如图 3-44 所示的草坪。

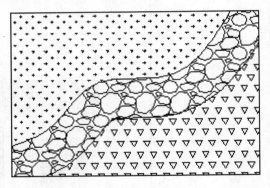

图 3-44　草坪

（1）利用"矩形"和"样条曲线"命令绘制初步轮廓。

（2）利用"图案填充"命令在各个区域填充图案。

第 **4** 章

基本绘图工具

AutoCAD 提供了多种功能强大的辅助绘图工具，包括图层相关工具、绘图定位工具、显示控制工具等。利用这些工具，可以帮助用户方便、快速、准确地进行绘图。

知 识 点

- ◎ 设置图层
- ◎ 设置颜色
- ◎ 设置图层的线型
- ◎ 精确定位工具
- ◎ 对象捕捉
- ◎ 显示控制

4.1 设置图层

图层的概念类似于投影片，即将不同属性的对象分别画在不同的投影片（图层）上。例如，将图形的主要线段、中心线、尺寸标注等分别画在不同的图层上，每个图层可设定不同的线型、线条颜色，然后把不同的图层堆栈在一起成为一张完整的视图，这样可以使视图层次分明、有条理，方便图形对象的编辑与管理。一个完整的图形就是将它所包含的所有图层中的对象叠加在一起，如图 4-1 所示。

在使用图层功能绘图之前，首先要对图层的各项特性进行设置，包括建立和命名图层、设置当前图层、设置图层的颜色和线型、图层是否关闭、图层是否冻结、图层是否锁定以及图层删除等。本节主要对图层的这些相关操作进行介绍。

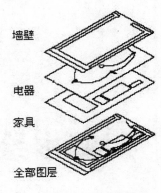

图 4-1 图层效果

4.1.1 利用面板设置图层

AutoCAD 提供了详细直观的"图层特性管理器"面板，用户可以方便地通过对该面板中的各选项及其二级对话框进行设置，实现建立新图层、设置图层颜色及线型等各种操作。

【执行方式】

命令行：LAYER。
菜单："格式"→"图层"。
工具栏：图层→图层特性管理器。

【操作格式】

命令：LAYER↙

执行上述命令后，系统打开如图 4-2 所示的"图层特性管理器"面板。

图 4-2 "图层特性管理器"面板

在"图层特性管理器"面板中，图层列表区显示已有的图层及其特性。若修改某一图层的某一特性，单击对应的图标即可。右击空白区域，利用打开的快捷菜单可以快速选中所有图层。下面介绍列表区中各列的含义。

（1）名称：显示图层的名称。如果要对某层进行修改，首先选中该层，使其逆反显示。

（2）开：控制打开或关闭图层。此项对应的图标是小灯泡，如果灯泡颜色为黄色，即该层是打开的，单击使其变为灰色，表示该层被关闭；如果灯泡颜色为灰色，即该层是关闭的，单击使其变为黄色，表示该层被打开。如图 4-3（a）和（b）所示分别表示尺寸标注图层打开和关闭的状态。

（a）打开　　　　　　　　　　　　　　　（b）关闭

图4-3　打开或关闭尺寸标注图层

（3）冻结：控制图层的冻结与解冻。可控制所有视区中、当前视区中和新建视区中的图层冻结与否。单击某图层所对应的"冻结/解冻"图标，可使其在冻结与解冻之间转换。当前图层不能冻结。

（4）锁定：控制图层的锁定与解锁。在该栏对应的列中，如果某层对应的图标是打开的锁，表示该层是非锁定的，单击图标使其变为锁住的锁，则表示将该层锁定；再次单击图标使其变为打开的锁，则表示将该层解锁。

（5）颜色：显示和改变图层的颜色。如果要改变某一图层的颜色，单击对应的颜色图标，AutoCAD 将打开如图 4-4 所示的"选择颜色"对话框，用户可从中选择需要的颜色。

（6）线型：显示和修改图层的线型。如果要修改某一图层的线型，单击该图层的"线型"项，打开"选择线型"对话框，如图 4-5 所示，其中列出了当前可用的线型，用户可从中选取。有关线型的具体内容将在 4.3 节详细介绍。

图4-4　"选择颜色"对话框

（7）线宽：显示和修改图层的线宽。如果要修改某一图层的线宽，单击该图层的"线宽"项，打开"线宽"对话框，如图 4-6 所示，其中"线宽"列表框显示可以选用的线宽值，包括一些绘图中经常用到的线宽，用户可从中选择需要的线宽。"旧的"显示行显示前面赋予图层的线宽。当建立一个新图层时，采用默认线宽（其值为 0.01inch，即 0.25mm），默认线宽的值由系统变量 LWDEFAULT 设置。"新的"显示行显示赋予图层的新的线宽。

（8）打印样式：修改图层的打印样式。打印样式就是指打印图形时各项属性的设置。

（9）打印：控制所选图层是否可以被打印。如果关闭某层的此开关，该层上的图形对象仍旧可见但不可以打印输出。对于处于开启和解冻状态的图层来说，关闭此开关不影响在屏幕上的可见性，只影响在打印图中的可见性。如果某个图层处于冻结和关状态，即使打开"打印"开关，AutoCAD 也无法把该层打印出来。

图 4-5　"选择线型"对话框

图 4-6　"线宽"对话框

4.1.2　利用工具栏设置图层

AutoCAD 提供了一个"特性"工具栏，如图 4-7 所示。用户可以通过该工具栏中的工具图标快速地查看和改变所选对象的图层、颜色、线型和线宽等特性。"特性"工具栏增强了查看和编辑对象属性的功能。在绘图窗口中选择任何对象都将在工具栏中自动显示它所在的图层、颜色、线型等属性。下面简单介绍"特性"工具栏中各部分的功能。

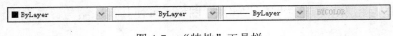

图 4-7　"特性"工具栏

1.　"颜色控制"下拉列表框

单击右侧的下三角按钮，弹出一个下拉列表，用户可从中选择需要的颜色，使之成为当前颜色。如果选择"选择颜色"选项，将打开"选择颜色"对话框，可以选择其他颜色。修改当前颜色之后，不论在哪个图层中绘图都会采用这种颜色，但对各个图层的颜色设置没有影响。

2.　"线型控制"下拉列表框

单击右侧的下三角按钮，弹出一个下拉列表，用户可以从中选择某一线型，使之成为当前线型。修改当前线型之后，不论在哪个图层中绘图都会采用这种线型，但对各个图层的线型设置没有影响。

3.　"线宽控制"下拉列表框

单击右侧的下三角按钮，弹出一个下拉列表，用户可以从中选择一个线宽，使之成为当前线宽。修改当前线宽之后，不论在哪个图层中绘图都会采用这种线宽，但对各个图层的线宽设置没有影响。

4.　"打印类型控制"下拉列表框

单击右侧的下三角按钮，弹出一个下拉列表，用户可以从中选择一种打印样式，使之成为当前打印样式。

4.2 设置颜色

AutoCAD 绘制的图形对象都具有一定的颜色，为使绘制的图形清晰明了，对同一类的图形对象可用相同的颜色绘制，使不同类的对象具有不同的颜色以示区分。为此，需要适当地对颜色进行设置。AutoCAD 允许用户为图层设置颜色，为新建的图形对象设置当前颜色，还可以改变已有图形对象的颜色。

【执行方式】

命令行：COLOR。
菜单："格式"→"颜色"。

【操作格式】

命令：COLOR↙

单击相应的菜单项或在命令行中输入 COLOR 命令后按 Enter 键，AutoCAD 打开如图 4-4 所示的"选择颜色"对话框。也可在图层操作中打开此对话框，具体方法在上节已经讲述。

4.3 设置图层的线型

在国家标准 GB/T4457.4－1984 中，对机械图样中使用的各种图线的名称、线型、线宽以及在图样中的应用做了规定，如表 4-1 所列。其中，常用的图线有 4 种，即粗实线、细实线、细点划线和虚线。图线分为粗、细两种，粗线的宽度 b 应按照图样的大小和图形的复杂程度，在 0.5～2mm 之间选择；细线的宽度约为 b/2。

表 4-1　图线的线型及应用

图线名称	线型	线宽	主要用途
粗实线	——	b	可见轮廓线、可见过渡线
细实线	——	约 b/2	尺寸线、尺寸界线、剖面线、引出线、弯折线、牙底线、齿根线、辅助线等
细点划线	— · —	约 b/2	轴线、对称中心线、齿轮节线等
虚线	- - -	约 b/2	不可见轮廓线、不可见过渡线
波浪线	～～	约 b/2	断裂处的边界线、剖视与视图的分界线
双折线	—／—	约 b/2	断裂处的边界线
粗点划线	— · —	b	有特殊要求的线或面的表示线
双点划线	— ·· —	约 b/2	相邻辅助零件的轮廓线、极限位置的轮廓线、假想投影的轮廓线

4.3.1 在"图层特性管理器"面板中设置线型

打开"图层特性管理器"面板。在图层列表的"线型"栏中单击线型名，打开"选择线型"对话框，见图4-5。"选择线型"对话框中各选项的含义如下。

1. "已加载的线型"列表框

显示在当前绘图中加载的线型，可供用户选择，其右侧显示出线型的外观和说明。

2. "加载"按钮

单击"加载"按钮，打开"加载或重载线型"对话框，如图4-8所示，用户可通过此对话框加载线型并将其添加到线型列表中，但加载的线型必须在线型库（LIN）文件中定义过。标准线型都保存在acad.lin文件中。

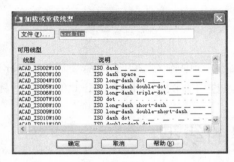

图4-8 "加载或重载线型"对话框

4.3.2 直接设置线型

用户也可以直接设置线型，具体操作如下。

【执行方式】

命令行：LINETYPE。

在命令行输入上述命令后，打开"线型管理器"对话框，如图4-9所示。"线型管理器"对话框与前面讲述的相关知识相同，这里不再赘述。

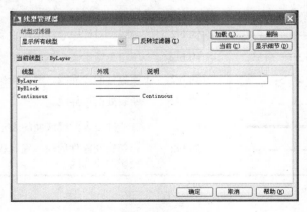

图4-9 "线型管理器"对话框

【例 4-1】　机械零件图

绘制如图 4-10 所示的机械零件图，具体操作步骤如下。

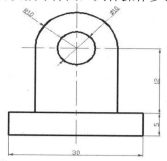

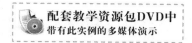

配套教学资源包DVD中
带有此实例的多媒体演示

图 4-10　机械零件图

Step 01 选择"格式"→"图层"菜单命令，打开"图层特性管理器"面板。

Step 02 单击"新建"按钮，创建一个新层，将该层的名称由默认的"图层 1"修改为"中心线"，如图 4-11 所示。

图 4-11　在"图层特性管理器"面板中更改图层名

Step 03 单击"中心线"层对应的"颜色"项，打开"选择颜色"对话框，选择红色为该层颜色，如图 4-12 所示，单击"确定"按钮，返回"图层特性管理器"对话框。

Step 04 单击"中心线"层对应的"线型"项，打开"选择线型"对话框，如图 4-13 所示。

图 4-12　"选择颜色"对话框

图 4-13　"选择线型"对话框

Step 05 在"选择线型"对话框中，单击"加载"按钮，系统打开"加载或重载线型"对话框，选择 CENTER 线型，如图 4-14 所示。单击"确定"按钮退出该对话框。在"选择线型"对话框中选择 CENTER（点划线）为该层线型，确认返回"图层特性管理器"面板。

Step 06 单击"中心线"层对应的"线宽"项，打开"线宽"对话框，选择 0.09 毫米线宽，如图 4-15 所示，单击"确定"按钮退出该对话框。

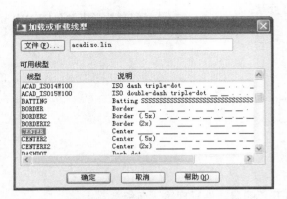

图 4-14 "加载或重载线型"对话框

图 4-15 "线宽"对话框

Step 07 利用相同的方法再建立两个新层，分别命名为"轮廓线"和"尺寸线"。"轮廓线"层的颜色设置为黑色，线型为 Continuous（实线），线宽为 0.30 毫米。"尺寸线"层的颜色设置为蓝色，线型为 Continuous，线宽为 0.09 毫米。并且让 3 个图层均处于打开、解冻和解锁状态，各项设置如图 4-16 所示。

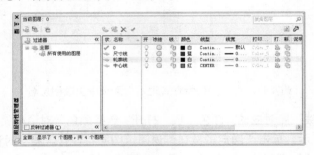

图 4-16 在"图层特性管理器"面板中设置图层

Step 08 选中"中心线"层，单击"置为当前" ✔ 按钮，将其设置为当前层，然后关闭"图层特性管理器"面板。

Step 09 在"中心线"层中绘制图 4-10 中的两条中心线，如图 4-17（a）所示。

Step 10 单击"图层"工具栏中图层下拉列表的下拉按钮，将"轮廓线"层设置为当前层，并在该层中绘制图 4-10 中的主体图形，如图 4-17（b）所示。

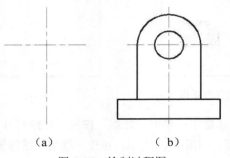

（a） （b）

图 4-17 绘制过程图

Step **11** 将"尺寸线"层设置为当前图层，并在"尺寸线"层中进行尺寸标注。结果如图 4-10 所示。

4.4 精确定位工具

精确定位工具是指能够帮助用户快速准确地定位某些特殊点（如端点、中点、圆心等）和特殊位置（如水平位置、垂直位置）的工具，包括捕捉模式、栅格显示、正交模式、极轴追踪、对象捕捉、对象捕捉追踪、允许/禁止动态 UCS 动态输入显示/隐藏线宽，快捷特性等工具。这些工具主要集中在状态栏中，如图 4-18 所示。本节主要介绍正交模式栅格显示和捕捉模式。

图 4-18 状态栏

4.4.1 正交模式

在绘图过程中，经常需要绘制水平直线和垂直直线，但是用鼠标选择线段的端点时很难保证两个点严格沿水平或垂直方向，为此，AutoCAD 提供了正交功能。当启用正交模式时，绘制线或移动对象时只能沿水平方向或垂直方向移动光标，因此只能绘制平行于坐标轴的正交线段。

【执行方式】

命令行：ORTHO。
状态栏："正交"按钮。
快捷键：F8。

【操作格式】

命令：ORTHO↙
输入模式［开(ON)/关(OFF)］<开>：（设置开或关）

4.4.2 栅格显示

用户可以应用栅格显示工具使绘图区域中出现可见的网格，它是一个形象的绘图工具，类似于传统的坐标纸。本小节主要介绍控制栅格的显示及设置栅格参数的方法。

【执行方式】

菜单："工具"→"草图设置"。
状态栏："栅格显示"▦按钮（仅限于打开与关闭）。
快捷键：F7 键（仅限于打开与关闭）。

【操作格式】

打开"草图设置"对话框中的"捕捉和栅格"选项卡，如图 4-19 所示。

图 4-19 "草图设置"对话框

在"捕捉和栅格"选项卡中，"启用栅格"复选框用于控制是否显示栅格；"栅格 X 轴间距"和"栅格 Y 轴间距"文本框用于设置栅格在水平与垂直方向的间距，如果"栅格 X 轴间距"和"栅格 Y 轴间距"设置为 0，则系统自动将捕捉栅格间距应用于栅格，且其原点和角度总是和捕捉栅格的原点和角度相同。还可以通过 GRID 命令在命令行设置栅格间距，这里不再赘述。

4.4.3　捕捉模式

为了准确地在屏幕中捕捉点，AutoCAD 提供了捕捉工具，可以在屏幕上生成一个隐含的栅格（捕捉栅格），这个栅格能够捕捉光标，约束光标只能落在栅格的某一个节点上，使用户能够高精确度地捕捉和选择栅格中的点。

【执行方式】

菜单："工具"→"草图设置"。
状态栏："捕捉模式"▦按钮（仅限于打开与关闭）。
快捷键：F9 键（仅限于打开与关闭）。

【操作格式】

打开"草图设置"对话框，并打开其中的"捕捉和栅格"选项卡，见图 4-19。

【选项说明】

（1）"启用捕捉"复选框：控制捕捉功能的开关，与 F9 快捷键或状态栏中的"捕捉模式"按钮功能相同。

（2）"捕捉间距"选项组："捕捉 X 轴间距"与"捕捉 Y 轴间距"确定捕捉栅格点在水平和垂直两个方向上的间距。

（3）"捕捉类型"选项组：确定捕捉类型和样式。AutoCAD 提供了两种捕捉栅格的方式，分别是"栅格捕捉"和"极轴捕捉"。"栅格捕捉"是按正交位置捕捉位置点，"极轴捕捉"则可以根据设置的任意极轴角捕捉位置点。"栅格捕捉"又分为"矩形捕捉"和"等轴测捕捉"两种方式。在"矩形捕捉"方式下捕捉栅格是标准的矩形；在"等轴测捕捉"方式下捕捉栅格和光标十字线不再互相垂直，而是成绘制等轴测图时的特定角度，这种方式对于绘制等轴测图十分方便。

（4）"极轴间距"选项组：只有在"极轴捕捉"类型下才可用。可以在"极轴距离"文本框中输入距离值，也可以通过命令行命令 SNAP 设置捕捉有关参数。

4.5　对象捕捉

在绘图时经常要用到一些特殊的点，如圆心、切点、线段或圆弧的端点、中点等。如果仅用鼠标选择，要准确地找到这些点十分困难。为此，AutoCAD 提供了一些识别这些点的工具。通过工具很容易构造出新的几何体，使创建的对象精确地绘制出来，其结果比传统手工绘图更精确并且更容易维护，在 AutoCAD 中称为对象捕捉功能。

4.5.1 捕捉特殊位置点

在绘制 AutoCAD 图形时，有时需要指定一些特殊位置的点，如圆心、端点、中点、平行线上的点等，如表 4-2 所示。可以通过对象捕捉功能来捕捉这些点。

表 4-2　特殊位置点捕捉

特殊位置点	功能
临时追踪点	建立临时追踪点
自	建立一个临时参考点，作为指定后继点的基点
两点之间的中点	捕捉两个独立点之间的中点
点过滤器	由坐标选择点
端点	线段或圆弧的端点
中点	线段或圆弧的中点
交点	线、圆弧或圆等的交点
外观交点	图形对象在视图平面上的交点
延长线	指定对象的延伸线
圆心	圆或圆弧的圆心
象限点	距光标最近的圆或圆弧上可见部分的象限点，即圆周上 0°、90°、180°、270° 位置上的点
切点	最后生成的一个点到选中的圆或圆弧上引切线的切点位置
垂足	在线段、圆、圆弧或它们的延长线上捕捉一个点，使之和最后生成的点的连线与该线段、圆或圆弧正交
平行线	绘制与指定对象平行的图形对象
节点	捕捉用 POINT 或 DIVIDE 等命令生成的点
插入点	文本对象和图块的插入点
最近点	离拾取点最近的线段、圆、圆弧等对象上的点
无	关闭对象捕捉模式
对象捕捉设置	设置对象捕捉

AutoCAD 提供了命令行、工具栏和右键快捷菜单 3 种执行特殊点对象捕捉的方法。

利用命令行执行特殊点对象的方法如下。

【执行方式】

绘图时，当在命令行中提示输入一点时，输入相应的特殊位置点命令，然后根据提示操作即可。

【例 4-2】　特殊位置点捕捉——绘制线段

从图 4-20（a）中线段的中点到圆的圆心绘制一条线段，具体操作步骤如下。

```
命令：LINE↙
指定第一点：MID↙
于：（把十字光标放在线段上，如图 4-20(b)所示，在线段的中点处出现一个三角形的中点捕捉标记，单击鼠标，选择该点）
指定下一点或［放弃(U)］:CEN↙
```

配套教学资源包DVD中
带有此实例的多媒体演示

于：（把十字光标放在圆上，如图 4-20（c）所示，在圆心处出现一个圆形的圆心捕捉标记，单击鼠标，选择该点）

指定下一点或〔放弃(U)〕: ✓

结果如图 4-20（d）所示。

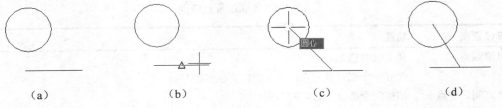

（a）　　　　　　（b）　　　　　　（c）　　　　　　（d）

图 4-20　利用对象捕捉工具绘制线

> **注 意**
>
> 在 AutoCAD 对象捕捉功能中，捕捉垂足（Perpendiculer）和捕捉交点（Intersection）等项有延伸捕捉的功能，即如果对象没有相交，AutoCAD 会假想把线或弧延长，从而找出相应的点。

- 工具栏方式：利用如图 4-21 所示的"对象捕捉"工具栏可以使用户更加方便地实现捕捉点的目的。当命令行提示输入一点时，从"对象捕捉"工具栏中单击相应的按钮（当把鼠标放在某一图标上时，会显示出该图标功能的提示），然后根据提示操作即可。
- 快捷菜单方式：快捷菜单可以通过同时按 Shift 键和右击鼠标来激活，菜单中列出了 AutoCAD 提供的对象捕捉模式，如图 4-22 所示。操作方法与工具栏相似，只要在 AutoCAD 提示输入点时单击快捷菜单中相应的菜单项，然后按提示操作即可。

图 4-21　"对象捕捉"工具栏　　　　　　图 4-22　对象捕捉快捷菜单

【例 4-3】　绘制圆的公切线

绘制圆的公切线，具体操作步骤如下。

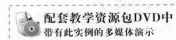
配套教学资源包DVD中
带有此实例的多媒体演示

Step 01　利用"图层"命令新建两个图层。"中心线层"的线型为 CENTER，默认其他属性。"粗实线层"的线宽为 0.30 毫米，默认其他属性。

Step 02　将中心线层设置为当前层，利用"直线"命令绘制适当长度的垂直相交中心线，结果如图 4-23 所示。

Step 03 转换到粗实线层，利用"圆"绘制图形轴孔部分。绘制圆时，分别以水平中心线与竖直中心线交点为圆心，以适当半径绘制两个圆，结果如图4-24所示。

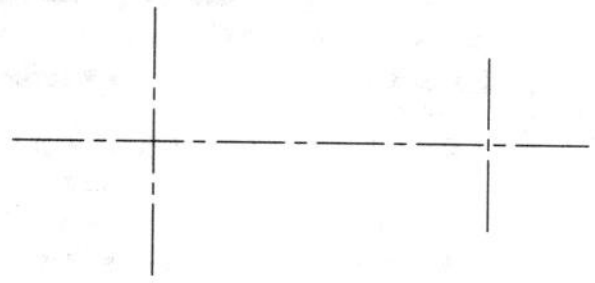

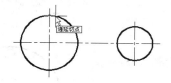

图4-23 绘制中心线

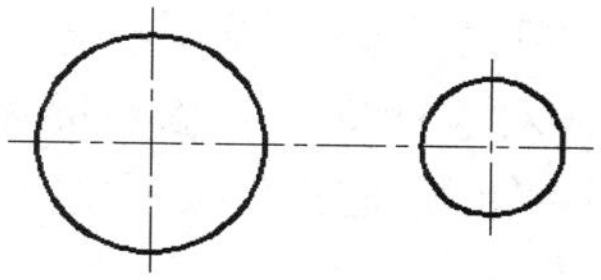

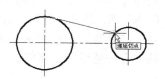

图4-24 绘制圆

Step 04 打开"对象捕捉"工具栏。

Step 05 利用"直线"命令绘制公切线，命令行提示与操作如下。

命令：_LINE
指定第一点：（单击"对象捕捉"工具栏上的"捕捉到切点"按钮 ◎）
_tan 到：（指定左边圆上一点，系统自动显示"递延切点"提示，如图4-25所示）
指定下一点或 [放弃(U)]：（单击"对象捕捉"工具栏上的"捕捉到切点"按钮 ◎）
_tan 到：（指定右边圆上一点，系统自动显示"递延切点"提示，如图4-26所示）
指定下一点或 [放弃(U)]：✓

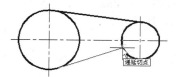

图4-25 捕捉切点（一）

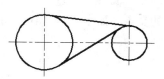

图4-26 捕捉另一切点

Step 06 再次利用"直线"命令绘制公切线。同样利用"捕捉到切点"按钮捕捉切点，图4-27所示为捕捉第二个切点的情形。

Step 07 系统自动捕捉到切点的位置，最终结果如图4-28所示。

图4-27 捕捉切点（二）

图4-28 自动捕捉切点

注意

● ● ●

无论用户指定圆上哪一点作为切点，系统都会自动根据圆的半径和指定的大致位置确定准确的切点，并且根据大致的指定点与内外切点的距离，依据距离趋近原则判断绘制外切线还是内切线。

4.5.2 设置对象捕捉

在利用 AutoCAD 绘图之前，可以根据需要事先设置运行一些对象捕捉模式，绘图时 AutoCAD 能够自动捕捉这些特殊点，从而加快绘图速度，提高绘图质量。

【执行方式】

命令行：DDOSNAP。

菜单："工具"→"草图设置"。

工具栏：对象捕捉→对象捕捉设置 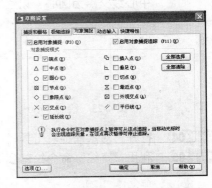。

状态栏："对象捕捉"按钮□（功能仅限于打开与关闭）。

快捷键：F3 键（功能仅限于打开与关闭）。

【操作格式】

命令：DDOSNAP✓

打开"草图设置"对话框中的"对象捕捉"选项卡，如图 4-29 所示。利用该对话框能够设置对象捕捉方式。

图 4-29　"草图设置"对话框中的"对象捕捉"选项卡

【例 4-4】　盘盖

绘制如图 4-30 所示的盘盖，具体操作步骤如下。

Step 01 利用"图层"命令新建两个图层。"中心线层"的线型为 CENTER，颜色为红色，其他属性采用默认值。"粗实线层"的线宽为 0.30 毫米，其他属性采用默认值。

Step 02 将中心线层设置为当前层，利用"直线"命令绘制垂直中心线。

Step 03 选择"工具"→"草图设置"菜单命令，打开"草图设置"对话框中的"对象捕捉"选项卡，单击"全部选择"按钮，选择所有的捕捉模式，并选中"启用对象捕捉"复选框，单击"确定"按钮。

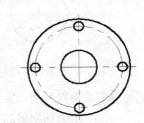

图 4-30　盘盖

Step 04 利用"圆"命令绘制圆形，在指定圆心时，捕捉垂直中心线的交点，如图 4-31（a）所示，结果如图 4-31（b）所示。

（a）　　　　　　　　　　　　　　　（b）

图 4-31　绘制圆形

Step 05 转换到粗实线层，利用"圆"命令绘制盘盖外圆和内孔，在指定圆心时，捕捉垂直中心线的交点，如图 4-32（a）所示，结果如图 4-32（b）所示。

Step 06 利用"圆"命令绘制螺孔，在指定圆心时，捕捉圆形中心线与水平中心线或垂直中心线的交点，如图 4-33（a）所示，结果如图 4-33（b）所示。

Step 07 利用同样的方法绘制其他 3 个螺孔，最终结果如图 4-30 所示。

配套教学资源包DVD中带有此实例的多媒体演示

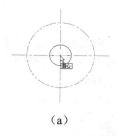

（a）

（b）

图 4-32　绘制同心圆

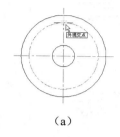

（a）

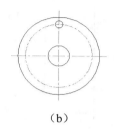

（b）

图 4-33　绘制螺孔

4.6 显示控制

为了便于绘图操作，AutoCAD 还提供了一些控制图形显示的命令，一般这些命令只能改变图形在屏幕中的显示方式，可以按操作者所期望的位置、比例和范围进行显示，以便于观察，但不会使图形产生实质性的改变，既不改变图形的实际尺寸，也不影响实体之间的相对关系。

4.6.1 图形的缩放

视图必须有特定的放大倍数、位置及方向。改变视图的一般方法是利用"缩放"和"平移"命令在绘图区域放大或缩小图像显示，或者改变观察位置。

缩放并不改变图形的绝对大小，只是在图形区域中改变视图的大小。AutoCAD 提供了多种缩放视图的方法，下面以动态缩放为例介绍缩放的操作方法。

【执行方式】

命令行：ZOOM。

菜单："视图"→"缩放"→"动态"。

工具栏：标准→缩放→动态缩放⬚ 。

【操作格式】

命令：ZOOM✓

指定窗口的角点，输入比例因子（nX 或 nXP），或者[全部(A)/中心(C)/动态(D)/范围(E)/上一个(P)/比例(S)/窗口(W)/对象(O)] <实时>：D✓

执行上述命令后，系统弹出一个图框。选取动态缩放前的画面呈绿色点线。如果动态缩放的图形显示范围与选取动态缩放前的范围相同，则此框与边线重合而不可见。重生成区域的四周有一个蓝色虚线框，用来标记虚拟屏幕。

这时，如果线框中有一个"×"，如图 4-34（a）所示，就可以拖动线框并将其平移到另外一个区域。如果要放大图形到不同的放大倍数，单击鼠标，"×"就会变成一个箭头，如图 4-34（b）所示。这时左右拖动边界线就可以重新确定视口的大小，缩放后的图形如图 4-34（c）所示。

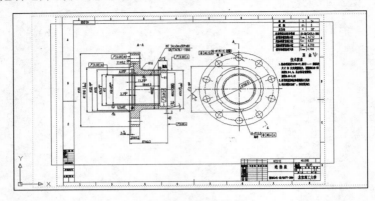

（a）带"×"的线框

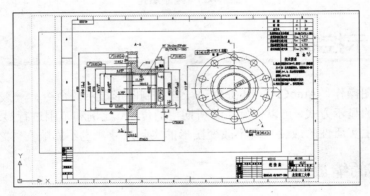

（b）带箭头的线框

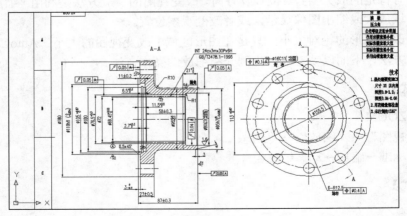

（c）缩放后的图形

图 4-34 动态缩放

另外，还有实时缩放、窗口缩放、比例缩放、中心缩放、全部缩放、缩放对象、缩放上一个和范围缩放，操作方法与动态缩放类似，这里不再赘述。

4.6.2 图形的平移

【执行方式】

命令：PAN。

菜单："视图"→"平移"→"实时"。

工具栏：标准→实时平移 🖑⁺。

执行上述命令后，单击鼠标，然后移动手形光标即可平移图形。当移动到图形的边沿时，光标呈三角形显示。

另外，在 AutoCAD 中为显示控制命令设置了一个右键快捷菜单，如图 4-35 所示。在该菜单中，用户可以在显示命令执行的过程中透明地进行切换。

图 4-35　右键快捷菜单

4.7 上机实训——绘制三环旗

本例绘制如图 4-36 所示的三环旗，可以根据三环旗的不同部分建立 4 个图层来绘制该图形，最后通过特性选项板来修改三环的颜色，具体操作步骤如下。

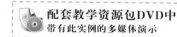
配套教学资源包DVD中
带有此实例的多媒体演示

Step 01 新建 4 个图层。

命令：LAYER✓　（或者选择"格式"→"图层"菜单命令，或者单击图层工具栏命令图标 🗇）

按 Enter 键后，弹出"图层特性管理器"面板（或者单击标准工具栏中的"图层特性管理器" 🗇 图标），如图 4-37 所示。

单击"新建" 按钮，创建新图层，新图层的特性将继承 0 层的特性或继承已选择的某一图层的特性。新图层的默认名称为"图层 1"，显示在中间的图层列表中，将其更名为"旗尖"，然后重复上述方

图 4-36　三环旗

法，再建立一个新图层"图层 2"，并将其更名为"旗杆"。利用相同方法，建立"旗面"层和"三环"层。这样就建立了 4 个新图层，此时，选中"旗尖"层，单击"颜色"下的色块形图标，弹出"选择颜色"对话框，如图 4-38 所示。单击灰色色块，单击"确定"按钮，返回"图层特性管理器"面板，此时，"旗尖"层的颜色变为灰色。

图 4-37　"图层特性管理器"面板（一）

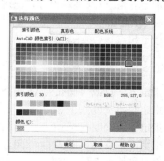

图 4-38　"选择颜色"对话框

选中"旗杆"层，利用同样的方法将颜色改为红色，单击"线宽"下的线宽值，弹出"线宽"对话框，如图4-39所示，单击"0.4毫米"的线宽，单击"确定"按钮后，返回"图层特性管理器"面板。利用同样的方法将"旗面"层的颜色设置为黑色，线宽设置为默认值，将"三环"层的颜色设置为蓝色。整体设置如下。

- 旗尖层：线型为Continous，颜色为灰色，线宽为默认值。
- 旗杆层：线型为Continous，颜色为红色，线宽为0.4毫米。
- 旗面层：线型为Continous，颜色为黑色，线宽为默认值。
- 三环层：线型为Continous，颜色为蓝色，线宽为默认值。

设置完成的"图层特性管理器"面板如图4-40所示。

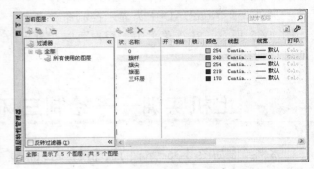

图4-39 "线宽"对话框　　　　图4-40 "图层特性管理器"面板（二）

Step 02　绘制辅助作图线。

命令：L✓
指定第一点：（在绘图窗口中单击，指定一点）
指定下一点或 [放弃(U)]：（拖动鼠标到合适位置，单击指定另一点，绘出一条倾斜直线，作为辅助线）
指定下一点或 [放弃(U)]：✓

Step 03　绘制灰色的旗尖。

命令：LA✓ （图层命令LAYER的缩写名。在弹出的"图层特性管理器"面板中选择"旗尖"层，单击"置为当前" ✓ 按钮，将其设置为当前层）
命令：Z✓ （显示缩放命令ZOOM的缩写名）
指定窗口角点，输入比例因子 (nX 或 nXP)，或[全部(A)/中心点(C)/动态(D)/范围(E)/上一个(P)/比例(S)/窗口(W)] <实时>：W✓（指定一个窗口，把窗口内的图形放大到全屏）
指定第一个角点：（用鼠标单击指定窗口的左上角点）
指定对角点：（拖动鼠标，出现一个动态窗口，单击指定窗口的右下角点）
命令：PL✓
指定起点：（单击状态栏中的"对象捕捉" ▢ 按钮）
_nea 到（将光标移至直线上，单击一点）
当前线宽为 0.0000
指定下一点或 [圆弧(A)/闭合(C)/半宽(H)/长度(L)/放弃(U)/宽度(W)]：W✓ （设置线宽）
指定起始宽度 <0.0000>：
指定终止宽度 <0.0000>：8✓
指定下一点或 [圆弧(A)/闭合(C)/半宽(H)/长度(L)/放弃(U)/宽度(W)]：（单击状态栏中的"对象捕捉" ▢ 按钮）

_nea 到（将光标移至直线上，单击一点）

指定下一点或 [圆弧(A)/闭合(C)/半宽(H)/长度(L)/放弃(U)/宽

度(W)]：↙

命令：MI↙（镜像命令 MIRROR 的缩写名）

选择对象：（选择所画的多段线）

选择对象：↙

指定镜像线的第一点：（单击状态栏中的"对象捕捉" 按钮）

_endp 于（捕捉所画多段线的端点）

指定镜像线的第二点：（用鼠标单击，指定第二点）

要删除源对象？[是(Y)/否(N)] <N>：↙

图 4-41　灰色的旗尖

结果如图 4-41 所示。

Step 04　绘制红色的旗杆。

命令:LA↙（方法同上，将"旗杆"层设置为当前层）

命令：Z↙

指定窗口角点，输入比例因子 (nX 或 nXP)，或[全部(A)/中心点(C)/动态(D)/范围(E)/上

一个(P)/比例(S)/窗口(W)] <实时>：P↙（恢复前一次显示）

命令：<Lineweight On>（单击状态栏中的"线宽"按钮，打开线宽显示功能）

命令：L↙

指定第一点：（单击状态栏中的"对象捕捉" 按钮）

_endp 于（捕捉所画旗尖的端点）

指定下一点或 [放弃(U)]：（单击状态栏中的"对象捕捉"

按钮）

_nea 到（将光标移至直线上，单击一点）

指定下一点或 [放弃(U)]：↙

命令：E↙

选择对象：（用鼠标单击绘图辅助线）

选择对象：↙

图 4-42　绘制红色的旗杆后的图形

绘制完此步骤后的图形如图 4-42 所示。

Step 05　绘制黑色的旗面。

命令:LA↙　（方法同上，将"旗面"层设置为当前层）

命令：PL↙

指定起点：（单击状态栏中的"对象捕捉" 按钮）

_endp 于（捕捉所画旗杆的端点）

当前线宽为 0.0000

指定下一点或 [圆弧(A)/闭合(C)/半宽(H)/长度(L)/放弃(U)/宽度(W)]:A↙

指定圆弧的端点或[角度(A)/圆心(CE)/闭合(CL)/方向(D)/半宽(H)/直线(L)/半径(R)/第

二点(S)/宽度(W)]：S↙

指定圆弧的第二点：（单击一点，指定圆弧的第二点）

指定圆弧的端点：（单击一点，指定圆弧的端点）

指定圆弧的端点或[角度(A)/圆心(CE)/闭合(CL)/方向(D)/半宽(H)/直线(L)/半径(R)/第

二点(S)/放弃(U)/宽度(W)]：（单击一点，指定圆弧的端点）

指定圆弧的端点或[角度(A)/圆心(CE)/闭合(CL)/方向(D)/半宽(H)/直线(L)/半径(R)/第

二点(S)/放弃(U)/宽度(W)]：↙

利用相同的方法绘制另一条旗面边线。

注 意

有一个更简单的命令 COPY 可以完成此步操作，请注意体会。

命令:L↙

指定第一点:（单击状态栏中的"对象捕捉" □ 按钮）

_endp 于（捕捉所画旗面上边的端点）

指定下一点或 [放弃(U)]:（单击状态栏中的"对象捕捉" □ 按钮）

_endp 于（捕捉所画旗面下边的端点）

指定下一点或 [放弃(U)]：↙

绘制完此步骤后的图形如图 4-43 所示。

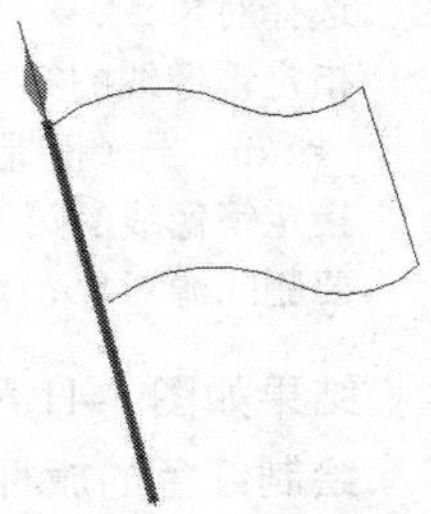

图 4-43　绘制红色的旗面后的图形

Step 06　绘制 3 个蓝色的圆环。

命令:LA↙　（方法同上，将"三环"层设置为当前层）

命令：DO↙　（绘制圆环命令 DONUT 的缩写名）

指定圆环的内径 <10.0000>：30↙

指定圆环的外径 <20.0000>：40↙

指定圆环的中心点 <退出>：（在旗面内单击一点，确定第一个圆环中心坐标值）

指定圆环的中心点 <退出>：（在旗面内单击一点，确定第二个圆环中心坐标值）

……

（利用同样的方法确定剩余 2 个圆环的圆心，使所绘制出的 3 个圆环排列为一个三环形状）

指定圆环的中心点 <退出>：↙

Step 07　将绘制的 3 个圆环分别修改为 3 种不同的颜色。单击第二个圆环。

命令:DDMODIFY↙　（或者单击标准工具栏中的 图标）

按 Enter 键后，系统打开"特性"面板，如图 4-44 所示，其中列出了该圆环所在的图层、颜色、线型、线宽等基本特性及几何特性，单击"颜色"选项，在表示颜色的色块后出现一个 按钮，单击此按钮，弹出颜色下拉列表，从中选择洋红色，如图 4-45 所示。连续按两次 Esc 键退出。利用同样的方法，将另一个圆环的颜色修改为绿色。

图 4-44　"特性"面板

图 4-45　单击"颜色"选项

最终绘制的结果如图 4-36 所示。

4.8 本章习题

4.8.1 思考题

1. 以下选项中可以新建图层的方法是（　　）。
   - A. 命令行：LAYER
   - B. 菜单："格式"→"图层"
   - C. 工具栏：图层→图层特性管理器
   - D. 命令行：COLOR
2. 设置或修改图层颜色的方法是（　　）。
   - A. 命令行：LAYER
   - B. 菜单："格式"→"图层"
   - C. 菜单："格式"→"颜色"
   - D. 工具栏：图层→图层特性管理器
   - E. 工具栏：对象特性→颜色控制下拉列表框
3. 试分析如果在绘图时不设置图层将会给绘图带来怎样的后果？
4. 试分析图层的三大控制功能（打开/关闭、冻结/解冻和锁定/解锁）的不同之处。
5. 什么是对象捕捉？对象捕捉可以捕捉哪些特殊位置点？
6. 执行对象捕捉的方式有哪些？简要说明这些捕捉方式。
7. 绘制图形时，需要一种前面没有用到过的线型，试给出具体解决步骤。

4.8.2 操作题

1. 利用"图层"命令绘制如图 4-46 所示的螺栓。
   步骤提示如下。
   （1）设置两个新图层。
   （2）绘制中心线。
   （3）绘制螺栓轮廓线。
   （4）绘制螺纹牙底线。
2. 利用极轴追踪的方法绘制如图 4-47 所示的方头平键。

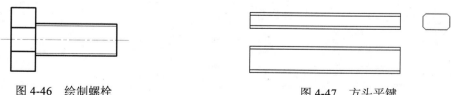

图 4-46　绘制螺栓　　　　　　　　　图 4-47　方头平键

步骤提示如下。
（1）利用"矩形"命令绘制主视图外形。
（2）利用"直线"命令绘制主视图棱线。

（3）同时打开状态栏中的"对象捕捉"和"对象追踪"按钮，启动对象捕捉追踪功能，打开"草图设置"对话框中的"极轴追踪"选项卡，将"增量角"设置为 90，将"对象捕捉追踪设置"设置为"仅正交追踪"。

（4）利用"矩形"命令绘制俯视图外形。

（5）利用"直线"命令结合基点捕捉功能绘制俯视图棱线。

（6）利用"构造线"命令绘制左视图构造线。

（7）利用"矩形"命令绘制左视图。

（8）删除构造线。

3．利用缩放工具查看如图 4-48 所示的零件图的细节。

步骤提示如下。

（1）利用平移工具移动图形到一个合适位置。

（2）利用"缩放"工具栏中的各种缩放工具对图形各个局部进行缩放。

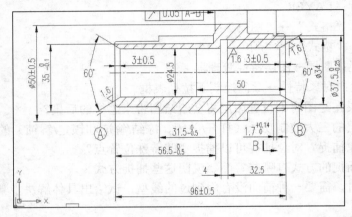

图 4-48 零件图

基本二维图形编辑命令

图形编辑是对已有的图形进行修改、移动、复制和删除等操作。AutoCAD 2009 为用户提供了 30 多种图形编辑命令，在实际绘图中绘图命令与编辑命令交替使用，可节省大量绘图时间。

- 选择对象
- 删除及恢复
- 图形的复制、镜像和修剪
- 图形的阵列、偏移与缩放
- 图形的移动和旋转

本章将详细介绍图形编辑的各种方法。这些编辑命令的菜单操作主要集中在"修改"菜单中，如图 5-1 所示；工具栏操作主要集中在"修改"工具栏，如图 5-2 所示。

图 5-1 "修改"菜单

图 5-2 "修改"工具栏

5.1 选择对象

编辑对象时，首先要选择对象，本节将讲述选择对象的各种方法。

当用户执行某个编辑命令时，命令行提示如下。

选择对象：

等待用户以某种方式选择对象作为回答。AutoCAD 提供多种选择方式，可以输入"？"查看这些选择方式。选择该选项后，出现如下提示。

需要点或窗口(W)/上一个(L)/窗交(C)/框(BOX)/全部(ALL)/栏选(F)/圈围(WP)/圈交(CP)/编组(G)/添加(A)/删除(R)/多个(M)/前一个(P)/放弃(U)/自动(AU)/单个(SI)/子对象/对象

选择对象：

其中各选项含义如下。

（1）点

点选是系统默认的一种对象选择方式，用拾取框直接选择对象，选中的目标以高亮显示。选中一个对象后，命令行提示仍然是"选择对象："，用户可以继续选择。选择完成后按 Enter 键，以结束对象的选择。

（2）窗口（W）

利用由两个对角顶点确定的矩形窗口选取位于其范围内部的所有图形，与边界相交的对象不会被选中。指定对角顶点时应该按照从左向右的顺序，如图 5-3 所示。

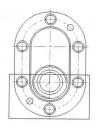
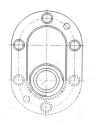

（a）图中下部方框为选择框 　　　　　　　　（b）选择后的图形

图 5-3　窗口对象选择方式

（3）窗交（C）

该方式与上述"窗口"方式类似，区别在于它不但选择矩形窗口内部的对象，也选中与矩形窗口边界相交的对象。选择的对象如图 5-4 所示。

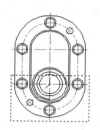
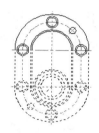

（a）图中下部虚线框为选择框 　　　　　　　（b）选择后的图形

图 5-4　"窗交"对象选择方式

（4）框（BOX）

使用时，系统根据用户在屏幕中给出的两个对角点的位置而自动引用"窗口"或"窗交"选择方式。若从左向右指定对角点，为"窗口"方式；否则，为"窗交"方式。

（5）栏选（F）

用户临时绘制一些直线，这些直线不必构成封闭图形，凡是与这些直线相交的对象均被选中。执行结果如图 5-5 所示。

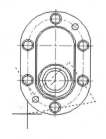
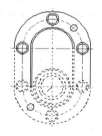

（a）图中虚线为选择栏 　　　　　　　　　　（b）选择后的图形

图 5-5　"栏选"对象选择方式

（6）圈围（WP）

使用一个不规则的多边形来选择对象。根据提示，用户依次输入构成多边形所有顶点的坐标，直到最后按 Enter 键作出空回答结束操作，系统将自动连接第一个顶点与最后一个顶点形成封闭的多边形。凡是被多边形围住的对象均被选中（不包括边界）。结果如图 5-6 所示。

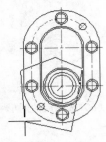 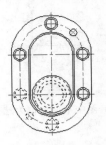

（a）图中十字线所拉出深色多边形为选择窗口　　　　　　（b）选择后的图形

图 5-6　"圈围"对象选择方式

（7）圈交（CP）

类似于"圈围"方式，在提示后输入 CP，后续操作与 WP 方式相同。区别在于与多边形边界相交的对象也被选中，如图 5-7 所示。

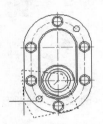 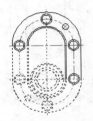

（a）图中十字线所拉出多边形为选择框　　　　　　（b）选择后的图形

图 5-7　"圈交"对象选择方式

其他选择方式与上面类似，不再赘述。

> **说明**
>
> 若矩形框从左向右定义，即第一个选择的对角点为左侧的对角点，矩形框内部的对象被选中，框外部及与矩形框边界相交的对象不会被选中。若矩形框从右向左定义，矩形框内部及与矩形框边界相交的对象都会被选中。

5.2　删除与恢复

不需要的图形在选中后可以删除，如果删除有误，还可以利用有关命令进行恢复。

5.2.1　删除命令

【执行方式】

命令行：ERASE。

菜单："修改"→"删除"。

工具栏：修改→删除 ✎。

右键快捷菜单：删除。

【操作格式】

先选择对象，选择"删除"命令；或者先选择"删除"命令，再选择对象。选择对象时可以使用前面介绍的各种选择对象的方法。

当选择多个对象时，多个对象都被删除；若选择的对象属于某个对象组，则该对象组的所有对象都被删除。

【例 5-1】 删除中心线

删除中心线的具体操作步骤如下。

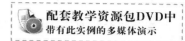

Step 01 用快速选择方式选择要删除的对象，如图 5-8（a）所示。

Step 02 单击"修改"工具栏中的"删除"按钮，结果如图 5-8（b）所示。

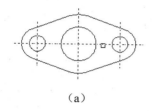
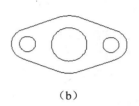

（a） （b）

图 5-8　删除

也可以先选择"删除"命令，再选择对象，选中的对象高亮显示，如图 5-8（a）所示。其他的修改命令的执行过程与此类似，可以先选择对象，再修改；也可以先执行修改命令，再选择对象。

5.2.2　恢复命令

若误删除了图形，可以使用恢复命令 OOPS 恢复误删除的对象。

【执行方式】

命令行：OOPS 或 U。
工具栏："标准"→"放弃"。
快捷键：Ctrl+Z。

【操作格式】

在命令行中输入 OOPS，按 Enter 键。

5.2.3　清除命令

此命令与"删除"命令的功能完全相同。

【执行方式】

菜单："编辑"→"清除"。
快捷键：Del。

【操作格式】

用菜单或快捷键输入上述命令后，系统提示如下。

选择对象：（选择要清除的对象，按 Enter 键执行清除命令）

5.3 图形的复制、镜像和修剪

本节将介绍复制、镜像和修剪 3 个主要的编辑命令，并通过实例加以深入阐述。

5.3.1 复制图形

【执行方式】

命令行：COPY（或 CO）。
菜单："修改" → "复制"。
工具栏：修改→复制 ⅗。

【操作格式】

命令：COPY↙
选择对象：（选择要复制的对象）

利用前面介绍的对象选择方法选择一个或多个对象，按 Enter 键结束选择操作。系统继续提示如下。

当前设置： 复制模式 = 多个
指定基点或 [位移(D)/模式(O)] <位移>指定基点或[位移(D)]<位移>：（指定基点或位移）

【选项说明】

（1）指定基点：指定一个坐标点后，AutoCAD 2009 把该坐标点作为复制对象的基点，并提示如下。

指定第二个点或 <使用第一点作为位移>：

指定第二个点后，系统将根据这两个点确定的位移矢量把选择的对象复制到第二点处。如果此时直接按 Enter 键，即选择默认的"用第一点作位移"，则第一个点被当作相对于 X、Y、Z 的位移。例如，如果指定基点为（2，3）并在下一个提示下按 Enter 键，则该对象从它当前的位置开始在 X 方向上移动 2 个单位，在 Y 方向上移动 3 个单位。

复制完成后，系统会继续提示如下。

指定第二个点或 [退出(E)/放弃(U)] <退出>：（指定要复制到的位置）

这时，可以不断指定新的第二点，实现多重复制，如图 5-9 所示。

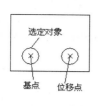
（a）单一复制

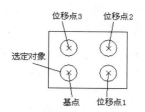
（b）多重复制

图 5-9　复制图形

（2）位移：直接输入位移值，表示以选择对象时的拾取点为基准，以拾取点坐标为移动方向纵横比移动指定位移后确定的点为基点。例如，选择对象时拾取点坐标为（2，3），输入位移为 5，则表示以（2，3）点为基准，沿纵横比为 3∶2 的方向移动 5 个单位所确定的点为基点。

（3）模式：控制是否自动重复该命令。选择该项后，系统提示如下。

输入复制模式选项〔单个(S)/多个(M)〕<当前>：

可以设置复制模式是单个或多个。

【例 5-2】　办公桌

绘制如图 5-10 所示的办公桌。具体操作步骤如下。

配套教学资源包DVD中
带有此实例的多媒体演示

Step 01　利用"矩形"命令，在合适的位置绘制矩形，如图 5-11 所示。
Step 02　利用"矩形"命令，在合适的位置绘制一系列的矩形，结果如图 5-12 所示。
Step 03　利用"矩形"命令，在合适的位置绘制一系列的矩形，结果如图 5-13 所示。

图 5-10　办公桌

图 5-11　绘制矩形（一）　　　图 5-12　绘制矩形（二）　　　图 5-13　绘制矩形（三）

Step 04　利用"矩形"命令在合适的位置绘制一个矩形，结果如图 5-14 所示。

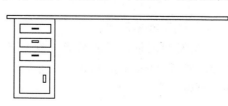

图 5-14　绘制矩形（四）

Step 05 利用"复制"命令，将办公桌左边的一系列矩形复制到右边，完成办公桌的绘制。命令行提示如下。

命令：COPY✓（或选择"修改"→"复制"菜单命令，或者单击修改工具栏中的命令图标 ）

选择对象：（选取左边的一系列矩形）

选择对象：✓

当前设置：复制模式 = 多个

指定基点或 [位移(D)] <位移>：（选取左边的一系列矩形任意指定一点）

指定第二个点或 <使用第一个点作为位移>：（打开状态栏上的"正交"开关，指定适当位置一点）

指定第二个点或 <使用第一个点作为位移>：✓

结果如图 5-10 所示。

5.3.2　镜像图形

【执行方式】

命令行：MIRROR（或 MI）。

菜单："修改"→"镜像"。

工具栏：修改→镜像 。

【操作格式】

命令：MIRROR✓

选择对象：（选定要复制的对象）

选择对象：（按 Enter 键，结束选择）

指定镜像线的第一点：（指定镜像线上的一点，如图 5-15 所示 1 点）

指定镜像线的第二点：（指定镜像线上的另一点，如图 5-15 所示 2 点）

要删除源对象吗？[是(Y)/否(N)] <N>：（确定是否删除原图形。默认为不删除原图形，如图 5-15 所示）

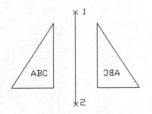
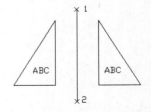

（a）文本完全镜像　　　　　　　　　　　　　　（b）文本可读镜像

图 5-15　文本镜像

提示

（1）镜像线是一条临时的参考线，镜像后不保留。

（2）对文本做镜像后，文本变为反写和倒排，不便阅读，如图 5-15（a）所示。如果在调用镜像命令前，把系统变量 MIRRTEXT 的值设置为 0，则镜像时，文本只做文本框的镜像，而文本仍可读，如图 5-15（b）所示。

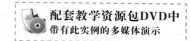
【例5-3】 压盖

绘制如图5-16所示的压盖，具体操作步骤如下。

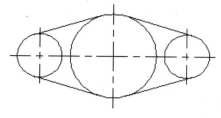

图5-16 压盖

Step 01 利用"图层"命令设置如下图层：第一图层命名为"轮廓线"，线宽属性为0.3毫米，默认其他属性；第二图层名称设为"中心线"，颜色设为红色，线型加载为CENTER，默认其他属性。

Step 02 绘制中心线。设置"中心线"层为当前层，在屏幕中适当位置指定直线端点坐标，绘制一条水平中心线和两条竖直中心线，如图5-17所示。

Step 03 将粗实线图层设置为当前层，利用"圆"命令，分别捕捉两中心线交点为圆心，指定适当的半径绘制两个圆，如图5-18所示。

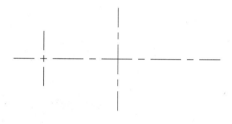

图5-17 绘制中心线

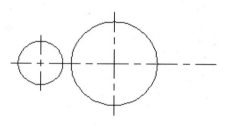

图5-18 绘制圆

Step 04 利用"直线"命令，结合对象捕捉功能，绘制一条切线，如图5-19所示。

Step 05 利用"镜像"命令，以水平中心线为对称线镜像刚绘制的切线。命令行操作如下。

命令：MIRROR✓
选择对象：（选择切线）
选择对象：✓
指定镜像线的第一点：指定镜像线的第二点：（在中间的中心线上选择两点）
要删除源对象吗？[是(Y)/否(N)] <N>：✓

结果如图5-20所示。

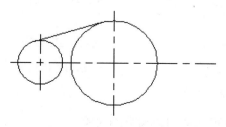

图5-19 绘制切线

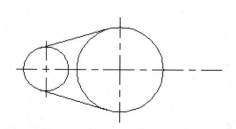

图5-20 镜像切线

Step 06 同样利用"镜像"命令以中间竖直中心线为对称线，选择对称线左边的图形对象，进行镜像，结果如图 5-16 所示。

5.3.3 修剪图形

【执行方式】

命令行：TRIM（或 TR）。
菜单："修改"→"修剪"。
工具栏：修改→修剪 -/--。

【操作格式】

命令:TRIM✓
当前设置:投影=UCS，边=无
选择剪切边……
选择对象或 <全部选择>： 找到 1 个
选择对象:
选择要修剪的对象，或按住 Shift 键选择要延伸的对象，或[栏选(F)/窗交(C)/投影(P)/边(E)/删除(R)/放弃(U)]:（继续选择，按 Enter 键结束修剪，如图 5-21 所示）

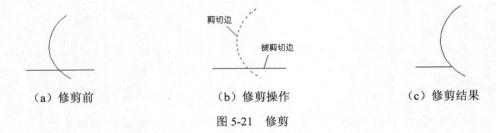

（a）修剪前   （b）修剪操作   （c）修剪结果

图 5-21　修剪

【选项说明】

（1）在选择对象时，如果按住 Shift 键，系统自动将"修剪"命令转换为"延伸"命令，"延伸"命令将在下一小节介绍。

（2）选择"边"选项时，可以选择对象的修剪方式。

- 延伸（E）：延伸边界进行修剪，在此方式下，如果剪切边没有与要修剪的对象相交，系统会延伸剪切边直至与对象相交，然后再修剪，如图 5-22 所示。

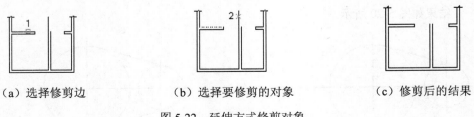

（a）选择修剪边   （b）选择要修剪的对象   （c）修剪后的结果

图 5-22　延伸方式修剪对象

- 不延伸（N）：不延伸边界修剪对象，只修剪与剪切边相交的对象。

（3）选择"栏选（F）"选项时，系统以栏选的方式选择被修剪的对象，如图 5-23 所示。

  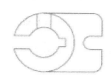

（a）选择剪切边　　　　　（b）选择要修剪的对象　　　　（c）修剪后的结果

图 5-23　栏选修剪对象

（4）选择"窗交(C)"选项时，系统以窗交方式选择被修剪对象，如图 5-24 所示。

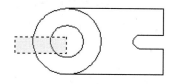  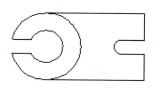

（a）选择剪切边　　　　　（b）选择要修剪的对象　　　　（c）修剪后的结果

图 5-24　窗交选择修剪对象

提 示

（1）剪切边可以选择多段线、直线、圆、圆弧、椭圆、X 直线、射线、样条曲线和文本等，被剪切边可以选择多段线、直线、圆、圆弧、椭圆、射线、样条曲线等。

（2）被选择的对象可以互为边界和被修剪对象，此时系统会在选择的对象中自动判断边界，如图 5-25 所示。

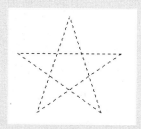 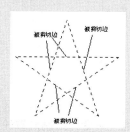 

（a）选择剪切边　　　　　（b）选择被剪切边　　　　　（c）修剪结果

图 5-25　修剪五角星

【例 5-4】　落地灯

绘制如图 5-26 所示的落地灯，具体操作步骤如下。

Step 01　利用"矩形"命令，绘制轮廓线。利用"镜像"命令使轮廓线左右对称，如图 5-27 所示。

Step 02　利用"圆弧"和"偏移"命令，绘制两条圆弧，端点分别捕捉到矩形的角点，其中绘制的下面的圆弧中间一点捕捉到中间矩形上边的中点，如图 5-28 所示。

Step 03　利用"圆弧"和"直线"命令，绘制灯柱上的结合点，如图 5-29 所示的轮廓线。

Step 04　利用"修剪"命令修剪多余图线。单击"修改"工具栏中的"修剪" 按钮，或运行其他"修剪"命令执行方式后，根据命令行提示进行操作。

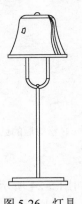

图 5-26　灯具

图 5-27　绘制矩形

图 5-28　绘制圆弧

命令：_TRIM↙

当前设置：投影=UCS，边=延伸

选择修剪边……

选择对象或<全部选择>：（选择修剪边界对象，如图 5-29 所示）↙

选择对象：（选择修剪边界对象）↙

选择对象：↙

选择要修剪的对象，或按住 Shift 键选择要延伸的对象，或 [投影(P)/边(E)/放弃(U)]：（选择修剪对象，如图 5-29 所示）↙

修剪结果如图 5-30 所示。

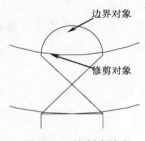

图 5-29　绘制多线段

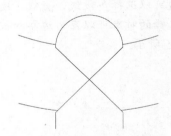

图 5-30　修剪图形

Step 05 利用"样条曲线"和"镜像"命令，绘制灯罩轮廓线，如图 5-31 所示。

Step 06 利用"直线"命令，补齐灯罩轮廓线，直线端点捕捉对应样条曲线端点，如图 5-32 所示。

Step 07 利用"圆弧"命令，绘制灯罩顶端的凸起，如图 5-33 所示。

Step 08 利用"样条曲线"命令，绘制灯罩上的装饰线，最终结果如图 5-26 所示。

图 5-31　绘制样条曲线

图 5-32　绘制直线

图 5-33　绘制圆弧

5.4 图形的阵列、偏移与缩放

本节将介绍阵列、偏移和缩放 3 个主要的编辑命令，并通过实例加以深入阐述。

5.4.1 阵列图形

【执行方式】

命令行：ARRAY（或 AR）。
菜单："修改"→"阵列"。
工具栏：修改→阵列  。

【操作格式】

命令：ARRAY↙

系统自动执行该命令，弹出如图 5-34 所示的"阵列"对话框。该对话框包括两种阵列方式，分别是"矩形阵列"和"环形阵列"。其中"选择对象"按钮允许用户选择要进行阵列的对象；"预览"按钮允许用户预览阵列后的效果，若不满意可以直接返回进行修改。下面分别介绍这两种阵列方式。

图 5-34　"阵列"对话框

（1）矩形阵列：通过设置行、列的数目以及行、列偏移量控制复制的效果，如图 5-34 所示。其中行、列的数目可以直接输入；行、列的偏移量既可以直接输入，也可以通过文本框旁边的"拾取"按钮进行鼠标拾取。矩形阵列的效果如图 5-35 所示。

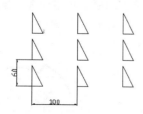

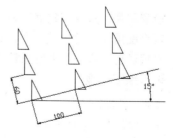

（a）行间距 100，列间距 60，阵列角度为 0°　　　（b）行间距 100，列间距 60，阵列角度为 15°

图 5-35　矩形阵列

（2）环形阵列：通过设置阵列中心、阵列数目和角度控制复制的效果。单击"环形阵列"单选按钮，对话框变为如图 5-36 所示的形式。

其中各选项含义如下。

● 中心点：用于设置环形阵列的中心坐标，可以直接输入或者用鼠标选择。

- "方法"选项组：包含"项目总数和填充角度"、"项目总数和项目间的角度"和"填充角度和项目间的角度"3 个选项，对应这 3 个选项进一步对下面的"项目总数"、"填充角度"、"项目间的角度"进行设置，后两项既可以直接输入也可以用鼠标选择。

- "复制时旋转项目"复选框：选中该复选框，则阵列后对象按照一定角度旋转复制，反之则不旋转，如图 5-37 所示。

图 5-36　"阵列"对话框

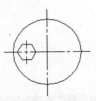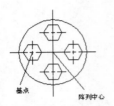

（a）阵列前　　（b）项目总数为 4，不旋转　　（c）填充角度为 180°，夹角为 90°，旋转

图 5-37　环形阵列

提示

环形阵列时，阵列图形基点的选择将影响复制图形的布局。

【例 5-5】　密封垫

配套教学资源包DVD中
带有此实例的多媒体演示

本实例绘制的密封垫，如图 5-38 所示。主要应用了绘图辅助命令中的设置图形界限命令 LIMITS、图形缩放命令 ZOOM、设置图层命令 LAYER 及对象捕捉功能，并且使用了圆命令 CIRCLE、直线命令 LINE、修剪命令 TRIM 和阵列命令 ARRAY。具体操作步骤如下。

Step 01　设置图层。选择"格式"→"图层"菜单命令，或单击图层工具栏中命令图标，新建两个图层，"轮廓线"层，设置线宽属性为 0.3 毫米，默认其他属性；"中心线"层，设置颜色为红色，线型加载为 CENTER，默认其他属性。

Step 02　设置绘图环境。

命令：LIMITS✓
重新设置模型空间界限：
指定左下角点或 [开(ON)/关(OFF)] <0.0000,0.0000>：
✓（按 Enter 键，图纸左下角点坐标取默认值）
指定右上角点 <420.0000,297.0000>：297,210✓（设置图纸右上角点坐标值）
命令：ZOOM✓
指定窗口角点，输入比例因子 (nX 或 nXP)，或[全部(A)/中心(C)/动态(D)/范围(E)/上一个(P)/比例(S)/窗口(W)/对象(O)] <实时>：A✓　（进行全部缩放操作，显示

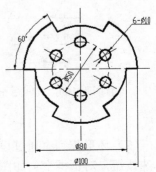

图 5-38　密封垫

全部图形）

正在重生成模型

Step 03 绘制图形的对称中心线。将"中心线"层设置为当前层。

命令：L✓
LINE 指定第一点：50,100✓
指定下一点或 [放弃(U)]：160,100✓
指定下一点或 [放弃(U)]：✓

同样，利用 LINE 命令绘制线段，端点坐标为（100，50）和（100，160）。

命令：C✓
CIRCLE 指定圆的圆心或 [三点(3P)/两点(2P)/相切、相切、半径(T)]：_INT 于（捕捉中心线的交点作为圆心）
指定圆的半径或 [直径(D)]：D✓
指定圆的直径：50✓

结果如图 5-39 所示。

Step 04 绘制图形的主要轮廓线。 将"中心线"层设置为当前层。 利用 CIRCLE 命令，捕捉中心线的交点作为圆心，指定直径为 80 绘制圆；捕捉中心线的交点作为圆心，指定直径为 100 绘制圆；捕捉中心线圆与竖直中心线的交点作为圆心，指定直径为 10 绘制圆。

命令：_LINE
指定第一点：_INT 于（捕捉 Φ80 圆与水平对称中心线的交点）
指定下一点或 [放弃(U)]：_INT 于（捕捉 Φ100 圆与水平对称中心线的交点）
指定下一点或 [放弃(U)]：✓

结果如图 5-40 所示。

图 5-39 绘制中心线

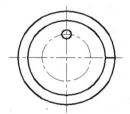

图 5-40 绘制主要轮廓线

Step 05 阵列操作。在命令行输入命令 ARRAY，或者选择"修改"→"阵列"菜单命令，或者单击修改工具栏命令图标，系统打开"阵列"对话框，单击状态栏中的"捕捉对象"按钮，再单击"拾取中心点"按钮，选择同心圆，圆心为中心点，设置"项目总数"为 6，"填充上角标角度"为 360°，选中"复制时旋转项目"复选框，如图 5-41 所示，然后单击"选择对象"按钮，选择绘制的圆与直线。确认退出，绘制的图形如图 5-42 所示。

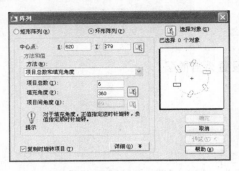

图 5-41　"阵列"对话框

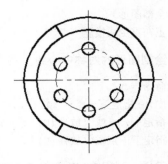

图 5-42　阵列结果

Step 06 最后利用修剪命令 TRIM 对所绘制的图形进行修剪。

命令：TRIM✓（剪去多余的线段）
当前设置：投影=UCS，边=无
选择剪切边……
选择对象或 <全部选择>：（分别选择 6 条直线，如图 5-43 所示）
……
找到 1 个，总计 6 个
选择要修剪的对象，按住 Shift 键选择要延伸的对象，或[栏选(F)/窗交(C)/投影(P)/边(E)/删除(R)/放弃(U)]：（分别选择要修剪的圆弧）

最终结果如图 5-38 所示。

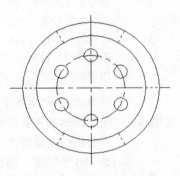

图 5-43　选择修剪界线

5.4.2　偏移图形

【执行方式】

命令行：OFFSET（或 O）。
菜单："修改"→"偏移"。
工具栏：修改→偏移 ⬚。

【操作格式】

命令：OFFSET✓
当前设置：删除源=否　图层=源　OFFSETGAPTYPE=0
指定偏移距离或 [通过(T)/删除(E)/图层(L)] <通过>：10✓（给定偏移的距离）
选择要偏移的对象，或 [退出(E)/放弃(U)] <退出>：（选择要偏移的对象，如图 5-44（a）所示）
指定要偏移的那一侧上的点，或 [退出(E)/多个(M)/放弃(U)]<退出>：（通过指定一点来确定在哪一侧画等距线，并完成等距线的绘制，如图 5-44（b）所示）
选择要偏移的对象，或 [退出(E)/放弃(U)] <退出>：（继续进行偏移操作，按 Enter 键结束）

【选项说明】

选择"通过（T）"时，系统要求用户指定等距线经过的点来绘制等距线，如图 5-44（c）所示。

（a）偏移前

（b）指定偏移距离10，进行偏移

（c）指定通过点1，进行偏移

图 5-44　偏移

【例 5-6】　套圈

绘制如图 5-45 所示的套圈，操作步骤如下。

配套教学资源包DVD中
带有此实例的多媒体演示

Step 01　绘制椭圆。

命令：ELLIPSE↙
指定椭圆的轴端点或 [圆弧(A)/中心点(C)]:（指定端点）
指定轴的另一个端点:（指定另一端点）
指定另一条半轴长度或 [旋转(R)]:（用鼠标拉出另一条半轴的长度）
命令：OFFSET↙ (选择"修改"→"偏移"菜单命令，或者单击修改工具栏命令图标)
当前设置：删除源=否　图层=源　OFFSETGAPTYPE=0
指定偏移距离或 [通过(T)/删除(E)/图层(L)] <3.0000>: 6↙
选择要偏移的对象，或 [退出(E)/放弃(U)] <退出>:（选择绘制的椭圆）
指定通过点或 [退出(E)/多个(M)/放弃(U)] <退出>:（指定一点）
选择要偏移的对象，或 [退出(E)/放弃(U)] <退出>:↙

绘制结果如图 5-46 所示。

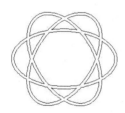

图 5-45　套圈

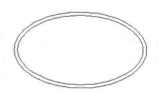

图 5-46　绘制椭圆并偏移

Step 02　阵列对象。

在命令行输入命令 ARRAY，或者选择"修改"→"阵列"菜单命令，或者单击修改工具栏命令图标，系统打开"阵列"对话框，单击状态栏中的"捕捉对象"按钮，再单击"拾取中心点"按钮，选择椭圆圆心为中心点，设置"项目总数"为 3，"填充角度"为 360°，选中"复制时旋转项目"复选框，如图 5-47 所示，然后单击"选择对象"按钮，框选绘制的两个椭圆。确认退出，绘制的图形如图 5-48 所示。

Step 03　修剪对象。

命令：TRIM↙ (或选择"修改"→"剪切"菜单命令，或者单击修改工具栏命令图标)
当前设置：投影=UCS，边=无
选择剪切边……
选择对象或 <全部选择>:↙
选择要修剪的对象，或按住 Shift 键选择要延伸的对象，或[栏选(F)/窗交(C)/投影(P)/边

(E)/删除(R)/放弃(U)]：（选择两椭圆环的交叉部分）

选择要修剪的对象，或按住 Shift 键选择要延伸的对象，或[栏选(F)/窗交(C)/投影(P)/边

(E)/删除(R)/放弃(U)]：（选择两椭圆环的交叉部分）

选择要修剪的对象，或按住 Shift 键选择要延伸的对象，或 [投影(P)/边(E)/放弃(U)]：✓

如此重复修剪，最终图形如图 5-45 所示。

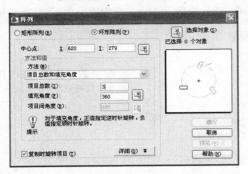

图 5-47　"阵列"对话框

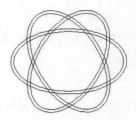

图 5-48　阵列对象

5.4.3　比例缩放图形

【执行方式】

命令行：SCALE（或 SC）。

菜单："修改"→"缩放"。

工具栏：修改→缩放。

【操作格式】

命令:SCALE✓

选择对象：找到 1 个（选择要缩放的对象）

选择对象：（继续选择，按 Enter 键结束对象选择）

指定基点：（指定基准点，即比例缩放的中心点）

指定比例因子或 [复制(C)/参照(R)] <1.0000>：（输入比例因子）

【选项说明】

（1）复制（C）：如果选择了 C，所缩放和缩放后的图形都存在，如图 5-49 所示。

（2）参照（R）：如果用户不能确定对象缩放的比例，可以选择"参照（R）"选项来指定参照长度，确定最后缩放的效果。

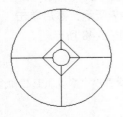

（a）缩放前

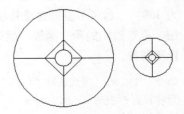

（b）缩放后

图 5-49　复制缩放

【例 5-7】 紫荆花

绘制如图 5-50 所示的紫荆花图案，操作步骤如下。

Step 01 绘制花瓣外框。

命令：PLINE↙
指定起点：(指定一点)
当前线宽为 0.0000,指定下一个点或 [圆弧(A)/半宽(H)/长度
(L)/放弃(U)/宽度(W)]：A↙
指定圆弧的端点或[角度(A)/圆心(CE)/方向(D)/半宽(H)/直线
(L)/半径(R)/第二个点(S)/放弃(U)/宽度(W)]：S↙
指定圆弧上的第二个点：(指定第二点)
指定圆弧的端点：(指定端点)
指定圆弧的端点或[角度(A)/圆心(CE)/闭合(CL)/方向(D)/半宽
(H)/直线(L)/半径(R)/第二个点(S)/放弃(U)/宽度(W)]：S↙
指定圆弧上的第二个点：(指定第二点)
指定圆弧的端点：(指定端点)
指定圆弧的端点或[角度(A)/圆心(CE)/闭合(CL)/方向(D)/半宽(H)/直线(L)/半径(R)/第二
个点(S)/放弃(U)/宽度(W)]：D↙
指定圆弧的起点切向：(指定起点切向)
指定圆弧的端点：(指定端点)
指定圆弧的端点或[角度(A)/圆心(CE)/闭合(CL)/方向(D)/半宽(H)/直线(L)/半径(R)/第
二个点(S)/放弃(U)/宽度(W)]：(指定端点)
指定圆弧的端点或[角度(A)/圆心(CE)/闭合(CL)/方向(D)/半宽(H)/直线(L)/半径(R)/第
二个点(S)/放弃(U)/宽度(W)]：↙
命令：ARC↙
指定圆弧的起点或 [圆心(C)]：(指定刚绘制的多段线下端点)
指定圆弧的第二个点或 [圆心(C)/端点(E)]：(指定第二点)
指定圆弧的端点：(指定端点)

图 5-50 紫荆花

绘制结果如图 5-51 所示。

Step 02 绘制五角星。

命令：POLYGON↙
输入边的数目 <4>：5↙
指定正多边形的中心点或 [边(E)]：(指定中心点)
输入选项 [内接于圆(I)/外切于圆(C)] <I>：↙
指定圆的半径：(指定半径)

图 5-51 花瓣外框

然后利用"直线"命令连接正五边形的各个顶点，绘制结果如图 5-52 所示。

Step 03 编辑五角星。

命令：ERASE↙
选择对象：(选择正五边形)
找到 1 个选择对象：↙

结果如图 5-53 所示。

利用 TRIM 命令，将五角星内部线段进行修剪，结果如图 5-54 所示。

命令：SCALE↙

选择对象：(框选修剪的五角星)

指定对角点：

找到 10 个

选择对象：↙

指定基点：(指定五角星斜下方凹点)

指定比例因子或 [复制(C)/参照(R)] <1.0000>：0.5↙

图 5-52　绘制五角星

图 5-53　删除正五边形

图 5-54　修剪五角星

结果如图 5-55 所示。

Step 04 阵列花瓣。

在命令行输入命令 ARRAY，系统打开"阵列"对话框，选择"环形阵列"单选按钮，项目总数为 5，填充角度为 360°，选择花瓣下端点外一点为中心，选择绘制的花瓣为对象，如图 5-56 所示。单击"确定"按钮，绘制出的紫荆花图案如图 5-50 所示。

图 5-55　缩放五角星

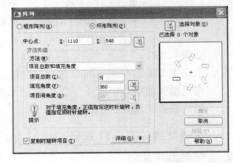
图 5-56　"阵列"对话框

5.5 图形的移动和旋转

本节将介绍移动和旋转两个主要的编辑命令，并通过实例加以深入阐述。

5.5.1 移动图形

【执行方式】

命令行：MOVE（或 M）。

菜单："修改"→"移动"。

工具栏：修改→移动 ✛。

【操作格式】

命令:MOVE↙

选择对象: 指定对角点: 找到 0 个

选择对象: 指定对角点: 找到 1 个，总计 1 个（利用窗口选择要移动的对象）

选择对象: （继续选择，按 Enter 键结束选择）

指定基点或 [位移(D)] <位移>:

指定第二个点或 <使用第一个点作为位移>:

【选项说明】

（1）指定对角点：选择对象的时候利用窗口选择，两次单击分别为窗口的两个对角点。

（2）指定基点：图形在基点的基础上移动。

（3）位移：移动后的图形相对于移动前图形的距离。

【例 5-8】　轴承座

本例将图 5-57（a）中的左图移至右图上，左图的圆心与右图中心线对正，具体操作步骤如下。

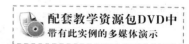

Step 01　打开源文件\第 5 章\轴承座操作图.DWG 文件。

Step 02　在"修改"工具栏中单击"移动"按钮。命令行操作如下。

命令:MOVE↙

选择对象: 指定对角点: 找到 0 个

选择对象: 指定对角点: 找到 1 个，总计 1 个（图 5-57(a)中的左图）

选择对象: （继续选择，按 Enter 键结束选择）

指定基点或 [位移(D)] <位移>: （捕捉圆心作为移动的基点）

指定第二个点或 <使用第一个点作为位移>: （捕捉图 5-57(a)中右图中心线的交点，以指定第二个位移点）

结果如图 5-57（b）所示。

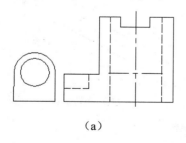　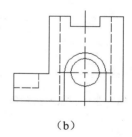

（a）　　　　　　　　　　　　　　　　（b）

图 5-57　移动

5.5.2　旋转图形

【执行方式】

命令行：ROTATE（或 RO）。

菜单："修改"→"旋转"。

工具栏：修改→旋转 ○。

【操作格式】

命令:ROTATE↙
UCS 当前的正角方向: ANGDIR=逆时针 ANGBASE=0
选择对象:（选择要旋转的对象,如图 5-58（a）所示）
选择对象:（继续选择,按 Enter 键结束选择）
指定基点:（指定旋转的中心点,如图 5-58（a）所示）
指定旋转角度,或［复制(C)/参照(R)］<0>:30↙（给定旋转的角度,旋转所选图形,逆时针为正,
如图 5-58（b）所示）

（a）选择对象、指定基点

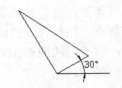

（b）旋转后（旋转角为 30°）

图 5-58 旋转

【选项说明】

（1）参照（R）:如图 5-59 所示,要将矩形绕 2 点旋转到三角形斜边上,可是不知道旋转角度,此时,即可通过该选项,指定参考角,来确定实际的转角。选择该项,系统提示如下。

指定参照角 <上一个参照角度>: （输入参考方向角。如图 5-59（a）所示,通过指定 1、2 点来确定该角）
指定新角度或［点 P］<上一个新角度 >:（输入参考方向角旋转后的新角度。如图 5-59（b）所示,通过指定 3 点来确定该角）

此时矩形绕 2 点旋转到三角形斜边上。

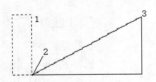

（a）选择参照角及新角度

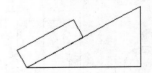

（b）旋转后

图 5-59 设置参照角旋转

（2）复制（C）:选择该项,旋转对象的同时,保留原对象,如图 5-60 所示。

（a）旋转前

（b）旋转后

图 5-60 复制旋转

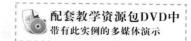

【例 5-9】 曲柄

绘制如图 5-61 所示的曲柄，操作步骤如下。

Step 01 设置绘图环境。

利用 LIMITS 命令设置图幅：297×210。利用 LAYER 命令创建图层 CSX 及 XDHX。

Step 02 将 XDHX 设置为当前层，绘制对称中心线。

命令行操作如下。

命令：LA✓ （将当前图层设置为 XDHX）
命令：L✓ （绘制水平对称中心线）
_LINE 指定第一点：100,100✓
指定下一点或 ［放弃(U)］：180,100✓
指定下一点或 ［放弃(U)］：✓

利用同样的方法绘制竖直对称中心线，端点坐标值为{（120，120）、（120，80）}，结果如图 5-62 所示。

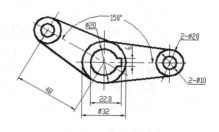

图 5-61 曲柄

Step 03 对所绘制的竖直对称中心线进行偏移操作。

命令行操作如下。

命令：O✓ （OFFSET 的简写命令）
当前设置：删除源=否 图层=源 OFFSETGAPTYPE=0
指定偏移距离或 ［通过(T)/删除(E)/图层(L)］ <通过>:48✓ （输入偏移距离）
选择要偏移的对象，或 ［退出(E)/放弃(U)］ <退出>：（选择竖直对称中心线）
指定要偏移的那一侧上的点，或 ［退出(E)/多个(M)/放弃(U)］ <退出>：（在所选择的竖直对称中心线右侧任一点单击）
选择要偏移的对象，或 ［退出(E)/放弃(U)］ <退出>：✓

结果如图 5-63 所示。

图 5-62 绘制中心线 　　　　　　　　　图 5-63 偏移中心线

Step 04 将 CSX 设置为当前层，绘制同心圆。

命令行操作如下。

命令：LA✓ （将当前图层设置为 CSX）
命令：CIRCLE✓ （绘制 φ32 圆）
_circle 指定圆的圆心或 ［三点(3P)/两点(2P)/相切、相切、半径(T)］：_int 于（捕捉左端对称中心线的交点）
指定圆的半径或 ［直径(D)］：D✓
指定圆的直径：32✓

利用同样的方法，捕捉左端对称中心线的交点为圆心，绘制左端 φ20 的圆；捕捉右端对称中心线的交点为圆心，绘制右端 φ20 的圆；捕捉右端对称中心线的交点为圆心，绘制右端 φ10 的圆，结果如图 5-64 所示。

Step 05 绘制切线。

命令行操作如下。

命令：LINE↙（绘制左端 φ32 圆与右端 φ20 圆的切线）

_line 指定第一点：_TAN 到（捕捉右端 φ20 圆上部的切点）

指定下一点或 [放弃(U)]：_TAN （捕捉左端 φ32 圆上部的切点）

指定下一点或 [放弃(U)]：↙

命令：MIRROR↙（镜像所绘制的切线）

_mirror 选择对象：（利用窗口选择方式，指定窗口角点，选择右端的多段线与中心线）

指定镜像线的第一点：_ENDP 于（捕捉水平对称中心线的左端点）

指定镜像线的第二点：_ENDP 于（捕捉水平对称中心线的右端点）

要删除源对象吗？[是(Y)/否(N)] <N>：↙

结果如图 5-65 所示。

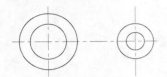

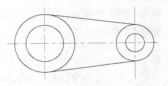

图 5-64　绘制同心圆　　　　　　　　　　　图 5-65　绘制切线

Step 06 利用"偏移"命令将左边竖直中心线向右偏移 12.8，将水平中心线分别向上向下偏移 3，结果如图 5-66 所示。

Step 07 绘制键槽。

命令行操作如下。

命令：LINE↙（绘制中间的键槽）

_line 指定第一点：_INT 于（捕捉上部水平对称中心线与小圆的交点）

指定下一点或 [放弃(U)]：_INT 于（捕捉上部水平对称中心线与竖直对称中心线的交点）

指定下一点或 [放弃(U)]：_INT 于（捕捉下部水平对称中心线与竖直对称中心线的交点）

指定下一点或 [闭合(C)/放弃(U)]：_INT 于（捕捉下部水平对称中心线与小圆的交点）

指定下一点或 [闭合(C)/放弃(U)]：↙（结果如图 5-67 所示）

命令：ERASE↙（删除偏移的对称中心线）

选择对象：（分别选择偏移的 3 条对称中心线）

……

找到 1 个，总计 3 个

选择对象：↙

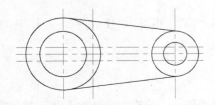

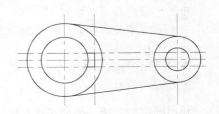

图 5-66　偏移对称中心线　　　　　　　　　图 5-67　绘制键槽

命令：TRIM↙（剪去多余的线段）

当前设置：投影=UCS，边=无

选择剪切边...

选择对象或<全部选择>：（分别选择键槽的上下边）

......

找到 1 个，总计 2 个

选择对象：↙

选择要修剪的对象，按住 Shift 键选择要延伸的对象，或 [投影(P)/边(E)/放弃(U)]：（选择键槽中间的圆弧，结果如图 5-68 所示）

Step 08 复制旋转。

命令行操作如下。

命令：ROTATE↙（旋转命令，旋转复制的图形）

UCS 当前的正角方向： ANGDIR=逆时针 ANGBASE=0

选择对象：（选择图形对象，如图 5-69 所示）

......

找到 1 个，总计 6 个

选择对象：↙

指定基点：_INT 于（捕捉左边中心线的交点）

指定旋转角度，或 [复制(C)/参照(R)] <0>:C↙

旋转一组选定对象

指定旋转角度，或 [复制(C)/参照(R)] <0>: 150↙

结果如图 5-61 所示。

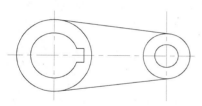

图 5-68　图形的水平部分

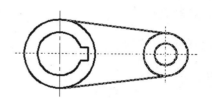

图 5-69　选择复制对象

5.6 上机实训——缩紧螺母

　　本实例绘制的锁紧螺母如图 5-70 所示。主要应用了绘图辅助命令中的设置图形界限命令 LIMITS、图形缩放命令 ZOOM、设置图层命令 LAYER，以及对象捕捉功能，并且使用了圆命令 CIRCLE、直线命令 LINE、修剪命令 TRIM、镜像命令 MIRROR 及阵列命令 ARRAY。

配套教学资源包DVD中
带有此实例的多媒体演示

　　具体操作步骤如下。

1. 设置绘图环境

Step 01 利用 LIMITS 命令设置图幅：297×210。

Step 02 利用 LAYER 命令创建图层"中心线"、"粗实线"及"细实线"。

2. 绘制螺母的中心线

将当前层设置为中心线层。

命令：

指定第一点：60,170↙

指定下一点或 [放弃(U)]：@120,0↙

指定下一点或 [放弃(U)]：↙

命令：

指定第一点：110,115↙

指定下一点或 [放弃(U)]：@0,120↙

指定下一点或 [放弃(U)]：↙

结果如图 5-71 所示。

图 5-70　锁紧螺母　　　　　　　　　　　图 5-71　绘制的中心线

3. 绘制螺母

将当前层设置为粗实线层。

Step 01　绘制圆。
命令行操作如下。

命令：

指定圆的圆心或 [三点(3P)/两点(2P)/相切、相切、半径(T)]：(在对象捕捉模式下利用鼠标拾取图 5-71 中两条中心线的交点)

指定圆的半径或 [直径(D)]:50↙

利用同样方法以图 5-71 中两条中心线的交点为圆心，分别以 44 和 36 为半径绘制圆，结果如图 5-72 所示。

Step 02　绘制螺纹牙底圆。将细实线图层设置为当前图层。

命令行操作如下。

命令：

指定圆的圆心或 [三点(3P)/两点(2P)/相切、相切、半径(T)]：(在对象捕捉模式下利用鼠标拾取图 5-71 中两条中心线的交点)

指定圆的半径或 [直径(D)]:34↙

结果如图 5-73 所示。

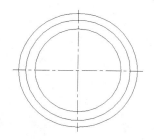

图 5-72　绘制的圆轮廓和牙顶圆

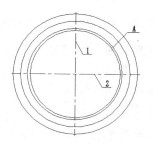

图 5-73　绘制螺纹牙底圆后的图形

Step 03 修剪螺纹牙底圆。

命令行操作如下。

命令：

当前设置：投影=UCS，边=无

选择剪切边……

选择对象或<全部对象>：（依次用鼠标拾取图 5-73 中的中心线 1 和 2）

选择对象：✓

选择要修剪的对象，或按住 Shift 键选择要延伸的对象，或 [投影(P)/边(E)/放弃(U)]：（用鼠标拾取图 5-73 中圆 A 处）

选择要修剪的对象，或按住 Shift 键选择要延伸的对象，或 [投影(P)/边(E)/放弃(U)]：✓

结果如图 5-74 所示。

Step 04 绘制圆螺母边缘的缺口。将粗实线图层设置为当前图层。

命令行操作如下。

命令：

指定第一点：115,170✓

指定下一点或 [放弃(U)]：（在对象捕捉模式下选择与图 5-75 中外圆的交点）

结果如图 5-75 所示。

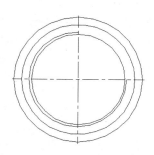

图 5-74　修剪螺纹牙底圆后的图形

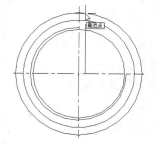

图 5-75　绘制直线后的图形

Step 05 镜像上一步绘制的直线。

命令行操作如下。

命令：

选择对象：（用鼠标选择图 5-76 中的直线 1）

选择对象：✓

指定镜像线的第一点：（选择竖直中心线上的一点）

指定镜像线的第二点：（选择竖直中心线上的另一点）

要删除源对象吗？［是(Y)/否(N)］<N>:✓

结果如图 5-76 所示。

Step 06 修剪圆弧。

命令行操作如下。

命令：-/--

当前设置:投影=UCS，边=无

选择剪切边......

选择对象或<全部对象>: (依次选择图 5-76 中的直线 1 和 2)

选择对象:✓

选择要修剪的对象，或按住 Shift 键选择要延伸的对象，或 ［投影(P)/边(E)/放弃(U)］: (依次选择图 5-76 中圆弧 AB 和圆弧 CD)

选择要修剪的对象，或按住 Shift 键选择要延伸的对象，或 ［投影(P)/边(E)/放弃(U)］:✓

结果如图 5-77 所示。

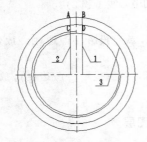

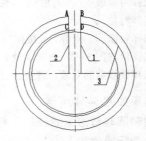

图 5-76　镜像直线后的图形　　　　　　图 5-77　修剪圆弧后的图形

Step 07 绘制直线。将粗实线图层设置为当前图层。

命令行操作如下。

命令：✓

指定第一点: (在对象捕捉模式下用鼠标拾取图 5-77 中的点 C)

指定下一点或 ［放弃(U)］: (在对象捕捉模式下用鼠标拾取图 5-77 中的点 D)

结果如图 5-78 所示。

Step 08 修剪直线。

命令行操作如下。

命令：-/--

当前设置:投影=UCS，边=无

选择剪切边......

选择对象或<全部对象>: (选择图 5-77 中的圆 3)

选择对象:✓

选择要修剪的对象，或按住 Shift 键选择要延伸的对象，或 ［投影(P)/边(E)/放弃(U)］: (选择图 5-77 圆 3 内部的直线 1)

选择要修剪的对象，或按住 Shift 键选择要延伸的对象，或 ［投影(P)/边(E)/放弃(U)］: (选择图 5-77 圆 3 内部的直线 2)

选择要修剪的对象，或按住 Shift 键选择要延伸的对象，或 ［投影(P)/边(E)/放弃(U)］:✓

结果如图 5-79 所示。

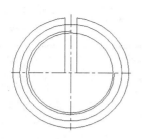

图 5-78 绘制直线后的图形

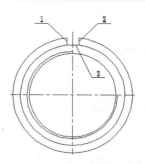

图 5-79 修剪后的图形

Step 09 阵列圆螺母边缘的缺口。

在命令行中输入命令 ARRAY 或选择"修改"→"阵列"菜单命令,AutoCAD 弹出如图 5-80 所示的"阵列"对话框,按照图示进行设置后,单击"拾取中心点"按钮,返回绘图区域,利用鼠标选择图 5-79 中的两条中心线的交点,此时 AutoCAD 返回"阵列"对话框,然后再单击"选择对象"按钮,使用窗口选择方式选择图 5-79 中的标号为 1、2 和 3 的三条直线,然后按 Enter 键返回该对话框,单击"确定"按钮。结果如图 5-81 所示。

图 5-80 设置好的"阵列"对话框

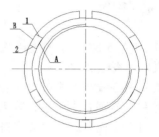

图 5-81 阵列后的图形

Step 10 修剪圆弧。

命令行操作如下。

命令: -/---
当前设置:投影=UCS,边=无
选择剪切边......
选择对象或<全部对象>:(依次选择图 5-81 中的直线 1 和直线 2)
选择对象:↙
选择要修剪的对象,或按住 Shift 键选择要延伸的对象,或
[投影(P)/边(E)/放弃(U)]: (选择图 5-81 中圆 A 处)
选择要修剪的对象,或按住 Shift 键选择要延伸的对象,或
[投影(P)/边(E)/放弃(U)]: (选择图 5-81 中圆 B 处)
选择要修剪的对象,或按住 Shift 键选择要延伸的对象,或
[投影(P)/边(E)/放弃(U)]:↙

结果如图 5-82 所示。依次使用该命令修剪阵列圆螺母边缘缺口处,结果如图 5-70 所示。

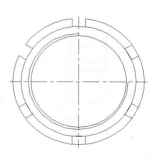

图 5-82 修剪圆弧后的图

5.7 本章习题

5.7.1 思考题

1. 以下能够改变一条线段长度的是（　　　）。
   A. LENGTHEN
   B. TRIM
   C. STRETCH
   D. SCALE
   E. MOVE

2. 以下能够将物体的某部分进行大小不变的复制的命令是（　　　）。
   A. MIRROR
   B. COPY
   C. ROTATE
   D. ARRAY

3. 以下命令中能够在选择物体时必须采取交叉窗口或交叉多边形窗口进行选择的是
（　　　）。
   A. LENGTHEN
   B. STRETCH
   C. ARRAY
   D. MIRROR

5.7.2 操作题

1. 绘制如图 5-83 所示的连接盘。
   （1）设置新图层。
   （2）绘制中心线和左视图基本轮廓。
   （3）对左视图同心小圆进行阵列编辑。
   （4）利用主左视图之间"高平齐"尺寸关系绘制主视图基本轮廓。
   （5）进行偏移编辑，产生连接盘厚度。
   （6）进行剪切操作，修剪掉多余的图线。
   （7）进行图案填充操作，填充剖面线。

2. 绘制如图 5-84 所示的餐桌布置图。
   （1）利用直线、圆弧、复制等命令绘制椅子。
   （2）利用圆、偏移等命令绘制桌子。
   （3）利用旋转、移动、复制、阵列等命令布置桌椅。

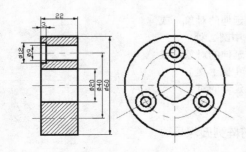

图 5-83　连接盘

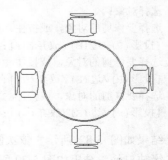

图 5-84　餐桌布置图

高级二维图形编辑命令

在第 5 章中，已经讲述了一些简单的编辑命令，本章将继续讲述一些相对复杂的编辑命令，包括延伸、圆角、倒角、面域、夹点编辑等。

通过对本章的学习，帮助读者完善基本的二维绘图功能知识，达到能够初步绘制完整和复杂的二维图形的目的。

◎ 图形的打断和延伸

◎ 圆角和倒角

◎ 图形的拉长和拉伸

◎ 分解和合并图形

◎ 使用夹点功能进行编辑

6.1 图形的打断和延伸

6.1.1 打断图形

【执行方式】

命令行：BREAK（或 BR）。

菜单："修改"→"打断"。

工具栏：修改→打断 ⊏⊐ 或打断于点 ⊏⊐。

【操作格式】

命令：BREAK↙

选择对象：（指定要打断的对象，如图 6-1（a）所示 1 点）

指定第二个打断点或［第一点(F)］：（指定断开点，如图 6-1（a）所示 2 点，则自动在 1、2 点间将对象断开。相当于单击图标 ⊏⊐）

【选项说明】

第一点（F）：选择该选项，系统提示如下。

指定第一个打断点：（指定第一个断点，如图 6-1（b）所示 1 点）

指定第二个打断点：

（a）两点间打断　　　　　　　　　　　　　（b）打断于一点

图 6-1　打断

此时，如果输入"@"，则在指定的第一个断点处，将一个选定对象切断为两个对象，相当于单击图标 ⊏⊐；如果指定第二个断点，则将选定对象在指定的两个断点处断开。

提示 ● ● ●

如果指定的第二断点在所选对象的外部，则又分为两种情况，第一种情况是如果所选对象为直线或圆弧，则对象的该端被切掉，如图 6-2（a）、（b）所示；第二种情况是如果所选对象为圆，则从第一断点逆时针方向到第二断点的部分被切掉，如图 6-2（c）所示。

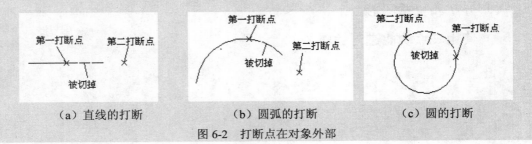

（a）直线的打断　　　　　　　（b）圆弧的打断　　　　　　　（c）圆的打断

图 6-2　打断点在对象外部

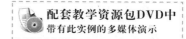

【例6-1】 修剪过长中心线

将图6-3（a）中过长的中心线删除，具体操作步骤如下。

Step 01 打开源文件\第6章\修剪过长中心线操作图.DWG文件。

Step 02 执行"打断"命令。

命令行操作如下。

命令:BREAK↙
选择对象:（选择过长的中心线需要打断的地方，如图6-3（a）所示，这时被选中的中心线高亮显示，如图6-3（b）所示）
指定第二个打断点或 [第一点(F)]:（指定断开点，在中心线的延长线上选择第二点，多余的中心线被删除）

结果如图6-3（c）所示。

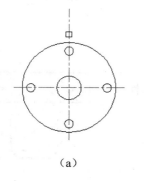
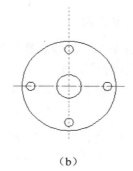
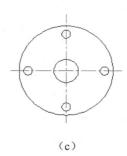

（a）   （b）   （c）

图6-3 打断对象

6.1.2 延伸图形

【执行方式】

命令行：EXTEND（或EX）。
菜单："修改"→"延伸"。
工具栏：修改→延伸-/--。

【操作格式】

命令：EXTEND↙
当前设置:投影=UCS,边=无
选择边界的边……
选择对象或<全部选择>:（选择要延伸到的边界对象，如图6-4（a）所示）
选择对象:（继续选择，按Enter键结束选择）
选择要延伸的对象，或按住 Shift 键选择要修剪的对象，或 [栏选(F)/窗交(C)/投影(P)/边(E)/放弃(U)]:（选择要延伸的对象，如图6-4（a）所示）
选择要延伸的对象，或按住 Shift 键选择要修剪的对象，或[栏选(F)/窗交(C)/投影(P)/边(E)/放弃(U)]:（继续选择、改变延伸模式或取消当前操作。按Enter键结束命令）

【选项说明】

该命令的提示选项与修剪命令 TRIM 的含义类似。

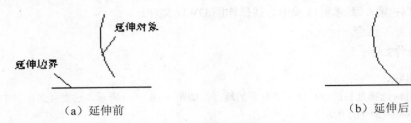

（a）延伸前　　　　　　　　　　　　　　（b）延伸后

图 6-4　延伸

【例 6-2】 螺钉

绘制如图 6-5 所示的螺钉，操作步骤如下。

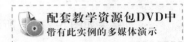
配套教学资源包DVD中
带有此实例的多媒体演示

Step 01 利用"图层"命令，创建 3 个新图层。

- "粗实线"层：线宽 0.3 毫米，其他属性为默认值。
- "细实线"层：所有属性为默认值。
- "中心线"层：颜色红色，线型为 CENTER，其他属性
  为默认值。

Step 02 设置"中心线"层为当前层，利用"直线"命令绘制中心线。
设置坐标分别为{（930，460）、（930，430）}和{（921，445）、
（921，457）}，结果如图 6-6 所示。

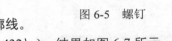

图 6-5　螺钉

Step 03 将当前层转换为"粗实线"层，利用"直线"命令绘制轮廓线。
设置坐标分别为{（930，455）、（916，455）、（916，432）}，结果如图 6-7 所示。

Step 04 利用"偏移"命令，绘制初步轮廓，将刚绘制的竖直轮廓线分别向左偏移 3、7、8 和 9.25，
将刚绘制的水平轮廓线分别向下偏移 4、8、11、21 和 23，如图 6-8 所示。

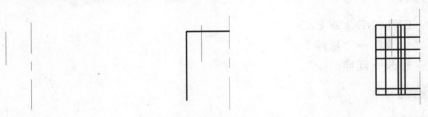

图 6-6　绘制中心线　　　　　　图 6-7　绘制轮廓线　　　　　　图 6-8　偏移轮廓线

Step 05 分别选取适当的界线和对象，利用"修剪"命令，修剪偏移产生的轮廓线，结果如图 6-9
所示。

Step 06 利用"倒角"命令，对螺钉端部进行倒角（"倒角"将在 6.2.2 节介绍）。
命令行提示与操作如下。

命令：_CHAMFER✓
（"修剪"模式）当前倒角距离 1 = 0.0000，距离 2 = 0.0000
选择第一条直线或 [放弃(U)/多段线(P)/距离(D)/角度(A)/修剪(T)/方式(E)/多个(M)]:d✓
指定第一个倒角距离 <0.0000>: 2✓

指定第二个倒角距离 <2.0000>：↙

选择第一条直线或 [放弃(U)/多段线(P)/距离(D)/角度(A)/修剪(T)/方式(E)/多个(M)]：
（选择图 6-9 最下边的直线）

选择第二条直线，或按住 Shift 键选择要应用角点的直线：（选择与其相交的侧面直线）

结果如图 6-10 所示。

Step 07 利用"直线"命令绘制螺孔底部。

命令行操作如下。

命令：LINE↙
指定第一点：919,451↙
指定下一点或 [放弃(U)]：@10<-30↙
命令：↙
LINE 指定第一点：923,451↙
指定下一点或 [放弃(U)]：@10<210↙
指定下一点或 [放弃(U)]：↙

结果如图 6-11 所示。

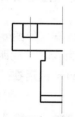

图 6-9 绘制螺孔和螺柱初步轮廓

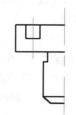

图 6-10 倒角处理

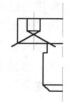

图 6-11 绘制螺孔底部

Step 08 利用"剪切"命令进行编辑处理。

命令行提示与操作如下。

命令：_TRIM↙
当前设置：投影=UCS，边=延伸
选择修剪边……
选择对象或<全部选择>：（选择刚绘制的两条斜线）↙
选择对象：（选择刚绘制的两条斜线）↙
选择对象：↙
选择要修剪的对象，或按住 Shift 键选择要延伸的对象，或[栏选(F)/窗交(C)/投影(P)/边(E)/删除(R)/放弃(U)]：（选择刚绘制的两条斜线的下端）↙

修剪结果如图 6-12 所示。

Step 09 将当前层转换到"细实线"层，利用"直线"命令，绘制两条螺纹牙底线，如图 6-13 所示。

Step 10 利用"延伸"命令将牙底线延伸至倒角处。

命令行提示与操作如下。

命令：_EXTEND
当前设置：投影=UCS，边=无
选择边界的边……

选择对象或<全部选择>：（选择倒角生成的斜线）

找到 1 个

选择对象：↙

选择要延伸的对象，或按住 Shift 键选择要延伸的对象，或[栏选(F)/窗交(C)/投影(P)/边(E)/放弃(U)]：（选择刚绘制的细实线）

选择要延伸的对象，或按住 Shift 键选择要延伸的对象，或[栏选(F)/窗交(C)/投影(P)/边(E)/放弃(U)]：↙

结果如图 6-14 所示。

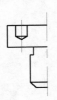

图 6-12　修剪螺孔底部图线　　　图 6-13　绘制螺纹牙底线　　　图 6-14　延伸螺纹牙底线

Step 11 利用"镜像"命令对图形进行镜像处理，以长中心线为轴，该中心线左边所有的图线为对象进行镜像，结果如图 6-15 所示。

Step 12 利用"图案填充"命令绘制剖面，打开"图案填充和渐变色"对话框，如图 6-16 所示。在"图案填充"选项卡中选择"类型"为"用户定义"，"角度"为 45，"间距"为 1.5，单击"添加:拾取点"按钮，在图形中要填充的区域拾取点，按 Enter 键后在"图案填充和渐变色"对话框中单击"确定"按钮，最终结果如图 6-5 所示。

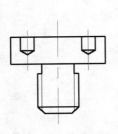

图 6-15　镜像对象

图 6-16　"图案填充和渐变色"对话框

6.2 圆角和倒角

6.2.1 圆角操作

【执行方式】

命令行：FILLET（或 F）。

菜单："修改"→"圆角"。

工具栏：修改→圆角◻。

【操作格式】

命令：FILLET↙
当前设置：模式 = 修剪，半径 = 0.0000（默认的修剪模式及圆角半径）
选择第一个对象或 [放弃(U)/多段线(P)/半径(R)/修剪(T)/多个(M)]：R↙
指定圆角半径 <5.0000>：50↙
选择第一个对象或 [放弃(U)/多段线(P)/半径(R)/修剪(T)/多个(M)]：
选择第一个对象或 [放弃(U)/多段线(P)/半径(R)/修剪(T)/多个(M)]：
选择第二个对象，或按住 Shift 键选择要应用角点的对象：

【选项说明】

（1）多线段（P）：选择该选项，系统提示为"选择二维多段线："，此时用户可以选择一条多段线，对其进行倒圆角操作。该选项只能在多段线的直线段间倒圆角，如果两直线段间有圆弧段，则该圆弧段被忽略，如图 6-17 所示。

倒圆角前　　　　　　　　　　　　　　　　　　倒圆角后

图 6-17　对多段线倒圆角

（2）半径（R）：重新设置圆角的半径（圆角半径为 0 时，将使两边相交），也可以通过系统变量 FILLETRAD 设置。

（3）修剪（T）：控制修剪模式。选择该选项，系统提示如下。

输入修剪模式选项 [修剪(T)/不修剪(N)] <修剪>：

如图 6-18 所示，如果选择"不修剪（N）"，则作倒圆角操作后，将保留原线段，既不修剪，也不延伸。反之，则对原线段进行修剪或延伸。也可以通过系统变量 TRIMMODE 设置。

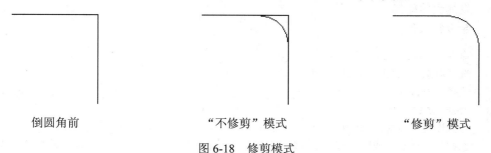

倒圆角前　　　　　　　　"不修剪"模式　　　　　　　　"修剪"模式

图 6-18　修剪模式

提示　　　　　　　　　　　　　　　　　　　　　　● ● ●

（1）如果在圆之间作圆角，则不修剪圆，而且选取点的位置不同，圆角的位置也不同，系统将根据选取点与切点相近的原则来判断倒圆角的位置，如图 6-19 所示。

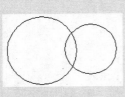
操作前

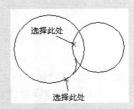
倒圆角后，不修剪

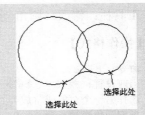
不同的选择点，不同的圆角位置

图 6-19　圆的倒圆角

（2）在平行直线间作圆角时，将忽略当前圆角半径，系统自动计算两平行线的距离来确定圆角半径，并从第一线段的端点处作半圆，而且半圆优先出现在较长的一端，如图 6-20 所示。

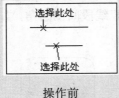
操作前

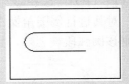
倒圆角

图 6-20　平行线间的圆角

（3）如果倒圆角的两个对象具有相同的图层、线型和颜色，则创建的圆角对象也相同。否则，圆角对象采用当前的图层、线型和颜色。

【例 6-3】 沙发

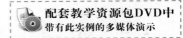
配套教学资源包DVD中带有此实例的多媒体演示

绘制如图 6-21 所示的沙发，具体操作步骤如下。

Step 01 利用"矩形"命令绘制圆角为 10，第一角点坐标为（20，20），长度、宽度分别为 140、100 的矩形沙发的外框。

Step 02 利用"直线"命令绘制连续线段，设置坐标分别为（40，20）、（@0，80）、（@100，0）、（@0，-80），绘制结果如图 6-22 所示。

Step 03 利用"分解"、"圆角"、"延伸"和"修剪"命令绘制沙发的大体轮廓。

命令行操作如下。

命令：EXPLODE✓
选择对象：（选择外部倒圆矩形）
选择对象：✓
命令：FILLET✓
当前设置：模式 = 修剪，半径 = 6.0000
选择第一个对象或 [放弃(U)/多段线(P)/半径(R)/修剪(T)/多个(M)]：（选择内部四边形左边的竖直线）
选择第二个对象，或按住 Shift 键选择要应用角点的对象：（选择内部四边形上边的水平线）
选择第一个对象或 [放弃(U)/多段线(P)/半径(R)/修剪(T)/多个(M)]：（选择内部四边形右边的竖直线）
选择第二个对象，或按住 Shift 键选择要应用角点的对象：（选择内部四边形下边的水平线）
选择第一个对象或 [放弃(U)/多段线(P)/半径(R)/修剪(T)/多个(M)]：✓

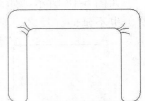
图 6-21　沙发

Step 04 利用同样的方法执行 FILLET 命令，或选择"修改"→"圆角"菜单命令，或者单击"修改"工具栏中的⌀图标，对内部四边形的左下角进行倒角，如图 6-23 所示，进行圆角处理。

图 6-22 绘制初步轮廓

图 6-23 绘制倒圆

命令行操作如下。

命令：EXTEND↙
当前设置：投影=UCS，边=无
选择边界的边...
选择对象或 <全部选择>：（选择右下角的圆弧）
选择对象：↙
选择要延伸的对象，或按住 Shift 键选择要修剪的对象，或[栏选(F)/窗交(C)/投影(P)/边(E)/放弃(U)]：（选择图 6-23 左端的短水平线）
选择要延伸的对象，或按住 Shift 键选择要修剪的对象，或[栏选(F)/窗交(C)/投影(P)/边(E)/放弃(U)]：↙

Step 05 执行 FILLET 命令，或选择"修改"→"圆角"菜单命令，或者单击"修改"工具栏中的⌀图标，对内部四边形的右下端进行圆角处理。

Step 06 执行 TRIM 命令，或选择"修改"→"修剪"菜单命令，或单击"修改"工具栏中的⸍图标，以刚倒出的圆角圆弧为边界，对内部四边形的右下端进行修剪，然后利用"直线"命令绘制沙发底边，绘制结果如图 6-24 所示。

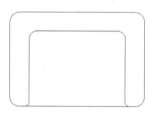

图 6-24 完成倒圆角

Step 07 利用"圆弧"命令绘制沙发皱纹。在沙发拐角位置绘制 6 条圆弧，结果如图 6-21 所示。

6.2.2 倒角操作

【执行方式】

命令行：CHAMFER（或 CHA）。
菜单："修改"→"倒角"。
工具栏：修改→倒角⌀。

【操作格式】

命令：CHAMFER↙
（"修剪"模式）当前倒角距离 1 = 10.0000，距离 2 = 10.0000
选择第一条直线或 [放弃(U)/多段线(P)/距离(D)/角度(A)/修剪(T)/方式(E)/多个(M)]：d↙

指定第一个倒角距离 <10.0000>: 10↙
指定第二个倒角距离 <10.0000>: 20↙
选择第一条直线或 [放弃(U)/多段线(P)/距离(D)/角度(A)/修剪(T)/方式(E)/多个(M)]:
选择第二条直线，或按住 Shift 键选择要应用角点的直线:

【选项说明】

（1）多线段（P）：在二维多线段的直线边之间进行倒角（忽略圆弧段）。当线段长度小于倒角距离时，则不作倒角，如图 6-25 所示 1 点处。

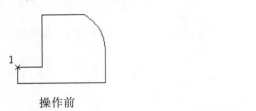

操作前   倒棱角后

图 6-25　对多段线倒棱角

（2）距离（D）：重新设置倒角距离。也可以通过系统变量 CHAMFERA、CHAMFERB 设置，如图 6-26（a）所示。

（3）角度（A）：利用"角度"方式确定倒角参数，即通过给定第一条直线的倒角距离和倒角角度进行倒角操作，如图 6-26（b）所示。也可以通过系统变量 CHAMFERC、CHAMFERD 设置倒角距离和角度值。

（a）"距离"方式   （b）"角度"方式

图 6-26　倒棱角方式

（4）修剪（T）：选择修剪模式，意义与圆角命令 FILLET 相同。如果选择"不修剪（N）"则保留倒角前的原线段，既不修剪，也不延伸。也可以通过系统变量 TRIMMODE 设置。

（5）方式（E）：选择倒棱角的方式，即"距离"方式还是"角度"方式。也可以通过系统变量 CHAMMODE 设置。

提　示

（1）倒角为 0 时，CHAMFER 命令将使两边相交。
（2）如果倒圆角的两条直线具有相同的图层、线型和颜色，则创建的倒角边也相同。否则，倒角边采用当前的图层、线型和颜色。

【例 6-4】　油杯

绘制如图 6-27 所示的油杯，具体操作步骤如下。

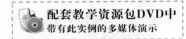

配套教学资源包DVD中
带有此实例的多媒体演示

Step 01 设置图层。

利用"图层特性管理器" 按钮，新建 3 个图层。

- 第一图层命名为"轮廓线"，线宽属性为 0.3 毫米，默认其他属性。
- 第二图层命名为"中心线"，颜色设置为红色，线型加载为 CENTER，默认其他属性。
- 第三图层名称设为"细实线"，颜色设置为蓝色，默认其他属性。

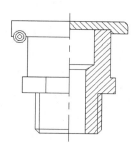

Step 02 绘制中心线与辅助直线。

将"中心线"层设置为当前层。利用"直线"命令，绘制竖直中心线。将"轮廓线"层设置为当前层。重复上述命令绘制水平辅助直线，结果如图 6-28 所示。

图 6-27　油杯

Step 03 偏移处理。

利用"偏移"命令，分别将竖直中心线向左偏移 14、12、10 和 8，向右偏移 14、10、8、6 和 4，再将水平辅助直线向上偏移 2、10、11、12、13 和 14，向下偏移 4 和 14，结果如图 6-29 所示。

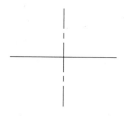

图 6-28　绘制辅助直线

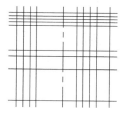

图 6-29　偏移处理

Step 04 修剪处理。

利用"修剪"命令，修剪相关图线，结果如图 6-30 所示。

Step 05 倒圆角。

命令行操作如下。

命令：FILLET✓（或者单击功能区中"常用"选项卡中的"修改"面板下的 按钮）
当前设置：模式 = 修剪，半径 = 0.0000
选择第一个对象或 [放弃(U)/多段线(P)/半径(R)/修剪(T)/多个(M)]：R✓
指定圆角半径 <0.0000>：1.2✓
选择第一个对象或 [放弃(U)/多段线(P)/半径(R)/修剪(T)/多个(M)]：（选择线段1）
选择第二个对象，或按住 Shift 键选择要应用角点的对象：（选择线段2）

结果如图 6-31 所示。

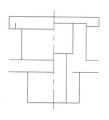

图 6-30　修剪处理

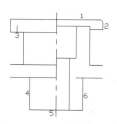

图 6-31　倒圆角

Step 06 绘制圆。

命令行操作如下。

命令：CIRCLE✓（或者单击功能区中"常用"选项卡中的"绘图"面板下的 ⊙ 按钮）

指定圆的圆心或 [三点(3P)/两点(2P)/相切、相切、半径(T)]：（选择点 3）

指定圆的半径或 [直径(D)]：0.5✓

重复上述命令，分别绘制半径为 1 和 1.5 的同心圆，结果如图 6-32 所示。

Step 07 倒角处理。

命令行操作如下。

命令：CHAMFER✓（或者单击功能区中"常用"选项卡中的"修改"面板下的 ◻ 按钮）

（"修剪"模式）当前倒角距离 1 = 0.0000，距离 2 = 0.0000

选择第一条直线或 [放弃(U)/多段线(P)/距离(D)/角度(A)/修剪(T)/方式(E)/多个(M)]：D✓

指定第一个倒角距离 <0.0000>：1✓

指定第二个倒角距离 <1.0000>：✓

选择第一条直线或 [放弃(U)/多段线(P)/距离(D)/角度(A)/修剪(T)/方式(E)/多个(M)]：

（选择线段 4）

选择第二条直线：（选择线段 5）

重复上述命令，选择线段 5 和线段 6 进行倒角处理，结果如图 6-33 所示。

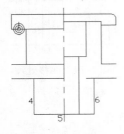

图 6-32　绘制圆

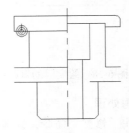

图 6-33　倒角处理

Step 08 绘制直线。

利用 LINE 命令，在倒角处绘制直线，结果如图 6-34 所示。

Step 09 修剪处理。

利用"修剪"命令，修剪相关图线，结果如图 6-35 所示。

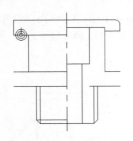

图 6-34　绘制直线（一）

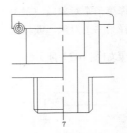

图 6-35　修剪处理（一）

Step 10 绘制正多边形。

命令行操作如下。

命令：POLYGON↙（或者单击功能区中"常用"选项卡中的"绘图"面板下的◯按钮）

输入边的数目 <4>：6↙

指定正多边形的中心点或 [边(E)]：（选择点 7）

输入选项 [内接于圆(I)/外切于圆(C)] <I>：↙

指定圆的半径：11.2↙

结果如图 6-36 所示。

Step 11 绘制直线。

利用 LINE 命令绘制直线，结果如图 6-37 所示。

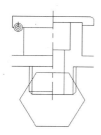

图 6-36　绘制正多边形

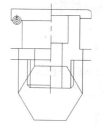

图 6-37　绘制直线（二）

Step 12 修剪处理。

利用"修剪"命令，修剪相关图线，结果如图 6-38 所示。

Step 13 删除线段。

执行 ERASE 命令，删除多余直线，结果如图 6-39 所示。

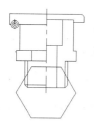

图 6-38　修剪处理（二）

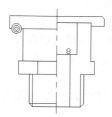

图 6-39　删除结果

Step 14 绘制直线。

利用"直线"命令，绘制直线，起点为点 8，终点坐标为（@5<30）。再绘制过其与相临竖直线交点的水平直线，结果如图 6-40 所示。

Step 15 修剪处理。

利用"修剪"命令，修剪相关图线，结果如图 6-41 所示。

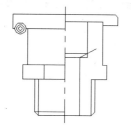

图 6-40　绘制直线（三）

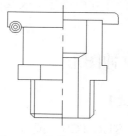

图 6-41　修剪处理（三）

Step 16 图案填充。

将"细实线"层设置为当前层。执行 BHATCH 命令，打开"图案填充和渐变色"对话框，选择"用户定义"类型，分别选择角度为 45°和 135°，间距为 3；选择相应的填充区域。两次填充后，结果如图 6-27 所示。

6.3 图形的拉长和拉伸

6.3.1 拉长图形

【执行方式】

命令行：LENGTHEN（或 LEN）。

菜单："修改"→"拉长"。

【操作格式】

命令：LENGTHEN↙

选择对象或 [增量(DE)/百分数(P)/全部(T)/动态(DY)]：（选定对象）

当前长度：30.5001（给出选定对象的长度，如果选择圆弧则还将给出圆弧的包含角）

选择对象或 [增量(DE)/百分数(P)/全部(T)/动态(DY)]：DE↙（选择拉长或缩短的方式。例如，选择"增量（DE）"方式）

输入长度增量或 [角度(A)] <0.0000>：10↙（输入长度增量数值。如果选择圆弧段，则可输入选项 A 给定角度增量）

选择要修改的对象或 [放弃(U)]：（选定要修改的对象，进行拉长操作）

选择要修改的对象或 [放弃(U)]：（继续选择，按 Enter 键结束命令）

【选项说明】

（1）增量（DE）：给出增量的具体数值控制直线段与圆弧段的伸缩。正值为拉长，负值为缩短。

（2）百分数（P）：用原值的百分数控制直线段与圆弧段的伸缩。必须输入正数，输入值大于 100%时为拉长，反之则缩短。

（3）全部（T）：用总长或总张角来控制直线段与圆弧段的伸缩。

（4）动态（DY）：进入拖动模式，拖动选定对象的一端进行拉长或者缩短操作。

提示 ● ● ●

直线段只能沿原方向进行拉长或缩短；圆弧段拉长或缩短后，只改变弧长，而不会改变圆心位置及半径。

6.3.2 拉伸图形

【执行方式】

命令行：STRETCH（或 S）。

菜单："修改"→"拉伸"。

工具栏：修改→拉伸。

【操作格式】

命令:STRETCH↙

以交叉窗口或交叉多边形选择要拉伸的对象......

选择对象:C↙（以交叉窗口方式选取对象）

指定第一个角点：（指定选取区域的第一角点，如图 6-42（a）所示 1 点）

指定对角点：（指定选取区域的第二角点，如图 6-42（a）所示 2 点）

找到 X 个

选择对象：（继续选择，按 Enter 键结束选择）

指定基点或位移：（指定基点，如图 6-42（a）所示右边圆的圆心）

指定位移的第二个点或 <用第一个点作位移>：（指定基点要拉伸到的位置点，如图 6-42（b）所示）

如图 6-42（a）所示，以交叉窗口方式选取对象后，左边图形没有被选中，右边小圆和矩形被选中。其中矩形与选择区域边界相交，右边小圆完全在选择区域内。因此，如图 6-42（b）所示，执行拉伸操作后，右边小圆被移动，矩形发生拉伸变化，而左边图形没有变化。

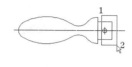 

（a）选取对象   （b）拉伸后

图 6-42　拉伸

【例 6-5】　螺栓

绘制如图 6-43 所示的螺栓零件图，具体操作步骤如下。

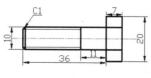

图 6-43　螺栓

Step 01　图层设置。

选择"格式"→"图层"菜单命令，或者单击图层工具栏中的命令图标，新建 3 个图层，名称及属性如下。

- "粗实线"图层：线宽为 0.5 毫米，默认其他属性。
- "细实线"图层：线宽为 0.3 毫米，默认所有属性。
- "中心线"图层：线宽为 0.3 毫米，线型为 CENTER，颜色设置为红色，默认其他属性。

Step 02　图形缩放。

命令行操作如下。

命令：ZOOM↙

指定窗口角点，输入比例因子（nX 或 nXP），或[全部(A)/中心点(C)/动态(D)/范围(E)/上

一个(P)/比例(S)/窗口(W)] <实时>: C✓

指定中心点: 25,0✓

输入比例或高度 <31.9572>: 40✓

Step 03 绘制中心线。

将"中心线"层设置为当前层。

命令行操作如下。

命令: LINE✓

指定第一点: -5,0✓

指定下一点或 [放弃(U)]: @30,0✓

指定下一点或 [放弃(U)]: ✓

Step 04 绘制初步轮廓线。

将"粗实线"层设置为当前层。使用同样的方法,利用 LINE 命令绘制 4 条线段或连续线段,设置端点坐标分别为{ (0,0)、 (@0,5)、 (@20,0) }、{ (20,0)、 (@0, 10)、 (@-7,0)、 (@0,-10) }、{ (10,0)、 (@0,5) }、{ (1,0)、 (@0, 5) }。

Step 05 绘制螺纹牙底线。

将"细实线"层设置为当前层。使用同样的方法,利用 LINE 命令绘制线段,端点坐标为{ (0,4)、 (@10,0) },绘制如图 6-44 所示。

Step 06 倒角处理。

命令行操作如下。

命令: CHAMFER✓

("修剪"模式) 当前倒角距离 1 = 0.0000,距离 2 = 0.0000

选择第一条直线或[放弃(U)/多段线(P)/距离(D)/角度(A)/修剪(T)/方式(E)/多个(M)]:D✓

指定第一个倒角距离 <0.0000>: 1✓

指定第二个倒角距离 <1.0000>:✓

选择第一条直线或 [放弃(U)/多段线(P)/距离(D)/角度(A)/修剪(T)/方式(E)/多个(M)]: ✓

选择第二条直线,或按住 Shift 键选择要应用角点的直线:(选择图 6-45 中 A 点处的两条直线)

结果如图 6-45 所示。

Step 07 镜像处理。

命令行操作如下。

命令: MIRROR✓

选择对象: (选择所有绘制的对象)

选择对象: ✓

指定镜像线的第一点:(选择螺栓的中心线上的一点)

指定镜像线的第二点:(选择螺栓的中心线上的另一点)

要删除源对象吗? [是(Y)/否(N)] <N>:✓

绘制如图 6-46 所示。

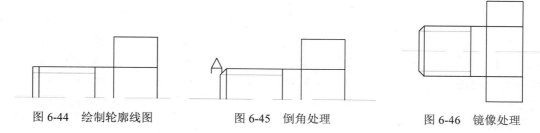

图 6-44　绘制轮廓线图　　　　图 6-45　倒角处理　　　　图 6-46　镜像处理

Step **08**　拉伸处理。

命令行操作如下。

命令：STRETCH↙
以交叉窗口或交叉多边形选择要拉伸的对象......
选择对象：（选择如图 6-47 所示的虚框所显示的范围）
选择对象：↙
指定基点或 [位移(D)] <位移>:指定图中任意一点)
指定第二个点或 <使用第一个点作为位移>：@-8,0↙

绘制结果如图 6-48 所示。

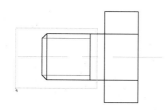

图 6-47　拉伸操作

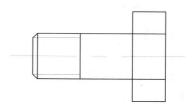

图 6-48　拉伸图形

命令：STRETCH↙
以交叉窗口或交叉多边形选择要拉伸的对象......
选择对象：（选择如图 6-49 所示的虚框所显示的范围）
选择对象：↙
选择要延伸的对象，或按住 Shift 键选择要修剪的对象，或
[栏选(F)/窗交(C)/投影(P)/边(E)/放弃(U)]:（指定图中任意一点）
选择要延伸的对象，或按住 Shift 键选择要修剪的对象，或[栏选(F)/窗交(C)/投影(P)/边
(E)/放弃(U)]：@-15,0↙

绘制如图 6-50 所示。

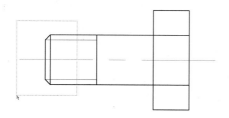

图 6-49　拉伸操作

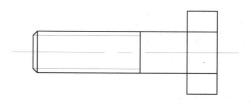

图 6-50　拉伸螺栓

选择"修改"→"拉伸"菜单命令选择拉伸的对象和拉伸的两个角点。AutoCAD 可拉伸与选择窗口相交的圆弧、椭圆弧、直线、多段线线段、二维实体、射线、宽线和样条曲线。STRETCH 移动窗口内的端点，而不改变窗口外的端点。STRETCH 还移动窗口内的宽线和二维实体的顶点，而不改变窗口外的宽线和二维实体的顶点。多段线的每一段都被当作简单的直线或圆弧分开处理。

6.4 分解和合并图形

6.4.1 分解图形

【执行方式】

命令行：EXPLODE（或 X）。
菜单："修改"→"分解"。
工具栏：修改→分解 🗗。

【操作格式】

命令:EXPLODE（或 X）✓
选择对象：（选择要分解的对象）
选择对象：（继续选择对象，按 Enter 键结束选择）

对于不同的组合对象，分解后有丢失信息的现象。例如，多段线分解后将失去线宽和切线方向的信息；对于等宽多段线，分解后的直线段或圆弧段沿其中心线位置，如图 6-51 所示。

分解前   分解后

图 6-51 等宽多段线的分解

6.4.2 合并图形

可将直线、圆、椭圆弧和样条曲线等独立的线段合并为一个对象，如图 6-52 所示。

【执行方式】

命令行：JOIN。

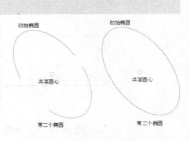

图 6-52 合并对象

【操作格式】

命令: JOIN↙

选择源对象: (选择一个对象)

选择要合并到源的直线: (选择另一个对象)

找到 1 个

选择要合并到源的直线: ↙

已将 1 条直线合并到源

6.5 利用夹点功能进行编辑

利用夹点功能可以方便地进行移动、旋转、缩放、拉伸等编辑操作,这是编辑对象非常方便和快捷的方法。

在使用"先选择后编辑"方式选择对象时,用户可选择欲编辑的对象,或按住鼠标左键拖动出一个矩形框,框住欲编辑的对象。释放鼠标后,所选择的对象上就出现若干个小正方形,同时对象高亮显示。这些小正方形称为夹点,如图 6-53 所示。夹点表示了对象的控制位置。夹点的大小及颜色可以在"选项"对话框中调整。

图 6-53 夹点

若要移除夹点,可按 Esc 键。要从夹点选择集中移去指定对象,在选择对象时按住 Shift 键即可。

使用夹点功能编辑对象需要选择一个夹点作为基点,方法是将十字光标的中心对准夹点,单击鼠标,此时夹点即成为基点,并且显示为红色小方块。利用夹点进行编辑的模式有"拉伸"、"移动"、"旋转"、"比例"或"镜像"。可以用空格键、Enter 键或快捷菜单(右击鼠标,弹出快捷菜单)循环切换这些模式。

下面以图 6-54 所示的图形为例说明使用夹点进行编辑的方法,具体操作步骤如下。

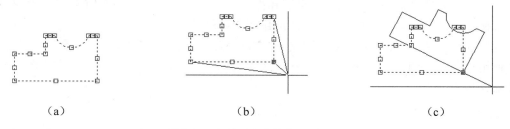

(a)　　　　　　　　　　(b)　　　　　　　　　　(c)

图 6-54 利用夹点编辑图形

Step 01 选择图形,显示夹点,如图 6-54 (a) 所示。

Step 02 单击图形右下角夹点,命令行提示如下。

指定拉伸点或[基点（B）/复制(c)/放弃（U）/退出（X）]:

移动鼠标拉伸图形，如图 6-54（b）所示。

Step 03 右击鼠标，在弹出的快捷菜单中选择"旋转"命令，将编辑模式从"拉伸"切换到"旋转"，如图 6-54（c）所示。

Step 04 单击鼠标并按 Enter 键，即可使图形旋转。

【例 6-6】 花瓣

在夹点的旋转模式下进行多重复制的操作，具体操作步骤如下。

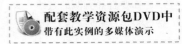
配套教学资源包DVD中
带有此实例的多媒体演示

Step 01 绘制一个椭圆形，如图 6-55（a）所示。

Step 02 选择要旋转的椭圆。

Step 03 将椭圆最下端的夹点作为基点。

Step 04 按空格键，切换到旋转模式。

Step 05 输入 C 并按 Enter 键。

Step 06 将对象旋转到一个新位置并单击。该对象被复制，并围绕基点旋转，如图 6-55（b）所示。

Step 07 继续旋转并单击以便复制多个对象，按 Enter 键结束操作，结果如图 6-55（c）所示。

（a）　　　　　　　　（b）　　　　　　　　（c）

图 6-55　夹点状态下的旋转复制

6.6 上机实训——绘制泵轴

本节将通过泵轴实例将前面所学的平面图形编辑功能进行综合演练，帮助读者对所学知识进行巩固和提高。

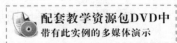
配套教学资源包DVD中
带有此实例的多媒体演示

本例制作的泵轴如图6-56所示，主要应用了绘图辅助命令中的设置图形界限命令LIMITS及图形缩放命令ZOOM；图层命令LAYER。并且在绘图过程中，除了使用一些二维图形绘制及编辑命令外，还要借助于对象捕捉及追踪功能，完成图形的绘制，具体操作步骤如下。

Step 01 设置图层。

选择"格式"→"图层"菜单命令或者单击图层工具栏命令图标，新建 3 个图层。

- 第一图层名称设为"轮廓线"，线宽属性为 0.3 毫米，默认其他属性。
- 第二图层名称设为"中心线"，颜色设置为红色，线型加载为 CENTER，默认其他属性。

● 　第三图层名称设为"细实线"，颜色设置为蓝色，默认其他属性。

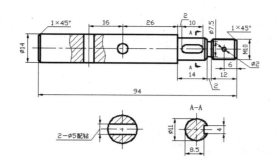

图 6-56　泵轴

Step 02　设置绘图环境。

在命令行输入 LIMITS，设置图纸幅面为 297×210。单击"标准"工具栏中的全部缩放 🔍图标，或者选择"视图"→"缩放"→"全部"菜单命令，显示全部图形。

Step 03　绘制泵轴 ϕ14 轴段。

将"轮廓线"层设置为当前层。单击状态栏中的"线宽"按钮，显示线宽。
命令行操作如下。

命令：LINE✓（或者单击"绘图"工具栏中的 ✐ 按钮）
指定第一点：（在绘图窗口中任意指定一点）
指定下一点或 [放弃(U)]：@0,7✓
指定下一点或 [放弃(U)]：@66,0✓
指定下一点或 [闭合(C)/放弃(U)]：@0,-7✓
指定下一点或 [闭合(C)/放弃(U)]：✓

Step 04　绘制泵轴 ϕ11 轴段。
命令行操作如下。

命令：✓（按 Enter 键，继续执行绘制直线命令）
指定第一点：<对象捕捉 开>（单击状态栏中的"对象捕捉"按钮，打开对象捕捉功能）
_from 基点：（单击"对象捕捉"工具栏中的"捕捉自"按钮 ❒，如图 6-57 所示，捕捉直线端点 1）
<偏移>：@0,5.5✓
指定下一点或 [放弃(U)]：@14,0✓
指定下一点或 [放弃(U)]：@0,-5.5✓
指定下一点或 [闭合(C)/放弃(U)]：✓

图 6-57　捕捉自直线端点 1

Step 05　绘制泵轴 ϕ7 轴段。
命令行操作如下。

命令：✓（按 Enter 键，继续执行绘制直线命令）

指定第一点：（单击"对象捕捉"工具栏中的 按钮）

_from 基点：（方法同上，捕捉刚刚绘制的直线端点）

<偏移>：@0,3.5✓

指定下一点或 [放弃(U)]：@2,0✓

指定下一点或 [放弃(U)]：@0,-3.5✓

指定下一点或 [闭合(C)/放弃(U)]：✓

Step 06 绘制泵轴 φ10 轴段。

命令行操作如下。

命令：✓（按 Enter 键，继续执行绘制直线命令）

指定第一点：（捕捉刚刚绘制的直线端点）

指定下一点或 [放弃(U)]： @0,5✓

指定下一点或 [放弃(U)]：@12,0✓

指定下一点或 [放弃(U)]： @0,-5✓

指定下一点或 [闭合(C)/放弃(U)]：✓

Step 07 绘制泵轴轴线。

将"中心线"层设置为当前层。

命令行操作如下。

命令：LINE✓（或者单击"绘图"工具栏中的 按钮）

指定第一点：（单击"对象捕捉"工具栏中的 按钮）

_from 基点：（如图 6-58 所示，捕捉泵轴左端点 1）

<偏移>：@-5,0✓

指定下一点或 [放弃(U)]：（单击"对象捕捉"工具栏中的 按钮）

_from 基点：（如图 6-58 所示，捕捉泵轴右端点 2）

<偏移>：@5,0✓

指定下一点或 [闭合(C)/放弃(U)]：✓

Step 08 绘制 M10 螺纹小径。

在命令行输入 OFFSET，或者单击"修改"工具栏中的 按钮，选取 M10 轴段上边线，将其向下偏移 0.75。单击"标准"工具栏中的"实时缩放"按钮 ，按住鼠标左键，向上拖动，结果如图 6-59 所示。

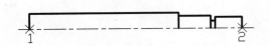

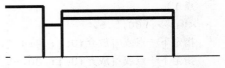

图 6-58　绘制轴线　　　　　　　　　　　图 6-59　偏移直线

命令行操作如下。

命令：DDMODIFY✓（或者单击"标准"工具栏中的 按钮）

弹出如图 6-60 所示的"特性"面板，选择偏移后的直线，将其所在层修改为 0 层。

结果如图 6-61 所示。

图 6-60　"特性"面板

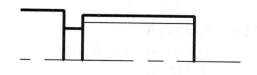

图 6-61　修改特性后的直线

Step 09 绘制倒角及直线。

在命令行输入 CHAMFER，或者单击"修改"工具栏中的 ◻ 按钮，对泵轴进行倒角操作，倒角距离为 1，结果如图 6-62 所示。将"轮廓线"层设置为当前层。

命令行操作如下。

命令：LINE↙（或者单击"绘图"工具栏中的 ⌁ 按钮）
指定第一点：（如图 6-63 所示，捕捉倒角线的端点 1）
指定下一点或 [放弃(U)]：（如图 6-63 所示，捕捉轴线的垂足点 2）
指定下一点或 [闭合(C)/放弃(U)]：↙

......

利用同样的方法，绘制另外的倒角线。

图 6-62　倒角操作

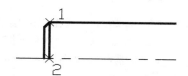

图 6-63　绘制直线

Step 10 修剪螺纹小径。

在命令行输入 TRIM，或者单击"修改"工具栏中的 ⌁ 按钮，对 M10 螺纹小径的细实线进行修剪，结果如图 6-64 所示。

Step 11 镜像泵轴外轮廓线。

命令行操作如下。

命令：MIRROR↙（或者单击"修改"工具栏中的 ⚏ 按钮）
选择对象：（用窗口选择方式，选择除轴线外的所有图形，然后按 Enter 键）
指定镜像线的第一点：（捕捉轴线的左端点）
指定镜像线的第二点：（捕捉轴线的右端点）
是否删除源对象？[是(Y)/否(N)] <N>：↙

结果如图 6-65 所示。

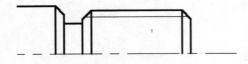

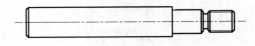

图 6-64　修剪直线　　　　　　　　　　　图 6-65　镜像操作后的图形

Step 12　绘制中心线。

将"中心线"层设置为当前层。

命令行操作如下。

命令：LINE↙（或者单击"绘图"工具栏中的 ✎ 按钮）

指定第一点：（单击"对象捕捉"工具栏中的 ✓ 按钮）

_from 基点：（如图 6-66 所示，捕捉端点 1）

<偏移>：@-26,0↙

指定下一点或 [放弃(U)]：（如图 6-66 所示，捕捉垂足点 2）

指定下一点或 [闭合(C)/放弃(U)]：↙

单击"修改"工具栏中的 ⊿ 按钮，选取绘制的中心线，分别将其向右偏移 48，向左偏移 16。

结果如图 6-66 所示。

Step 13　绘制圆及直线。

将"轮廓线"层设置为当前层。单击"绘图"工具栏中的 ⊘ 按钮，分别捕捉中心线与轴线的交点，绘制直径为 2 和 5 的圆。

命令行操作如下。

命令：LINE↙（或者单击"绘图"工具栏中的 ✎ 按钮）

指定第一点：（单击"对象捕捉"工具栏中的 ✓ 按钮）

_from 基点：（如图 6-67 所示，捕捉中心线与直线的交点 1）

<偏移>：@2.5,0↙

指定下一点或 [放弃(U)]：（如图 6-67 所示，捕捉垂足点 2）

指定下一点或 [闭合(C)/放弃(U)]：↙

图 6-66　绘制中心线　　　　　　　　　　图 6-67　绘制圆及直线

单击"修改"工具栏中的 ⊿ 按钮，选择绘制的直线，将其向左偏移 5。单击"修改"工具栏中的 ⁄ 按钮，对直线进行修剪，结果如图 6-68 所示。

Step 14　绘制圆弧。

命令行操作如下。

命令：ARC ↙（或者单击"绘图"工具栏中的 ⌒ 按钮）

指定圆弧的起点或 [圆心(C)]：（如图 6-69 所示，捕捉直线交点 1）

指定圆弧的第二个点或 [圆心(C)/端点(E)]：E↙

指定圆弧的端点：（如图 6-69 所示，捕捉直线交点 2）

指定圆弧的圆心或 [角度(A)/方向(D)/半径(R)]:R✓
指定圆弧的半径:7✓

单击"修改"工具栏中的⚮按钮,将绘制的圆弧以轴线为镜像线,进行镜像操作。

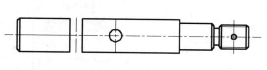

图6-68 修剪直线

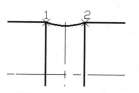

图6-69 绘制圆弧

Step 15 绘制键槽。

命令行操作如下。

命令:LINE✓(或者单击"绘图"工具栏中的✐按钮)
指定第一点:(单击"对象捕捉"工具栏中的✐按钮)
_from 基点:(如图6-70所示,捕捉中心线与直线的交点1)
<偏移>:@4,2✓
指定下一点或 [放弃(U)]:@6,0✓
指定下一点或 [闭合(C)/放弃(U)]:✓

单击"修改"工具栏中的⚎按钮,选择绘制的直线,将其向下偏移4。
单击"修改"工具栏中的◁按钮,对偏移后的直线进行圆角操作。
结果如图6-71所示。

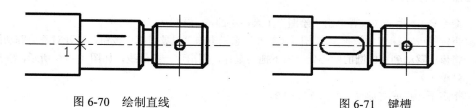

图6-70 绘制直线

图6-71 键槽

Step 16 绘制波浪线。

将"细实线"层设置为当前层。单击"绘图"工具栏中的∿按钮,绘制波浪线。结果如图6-72所示。

Step 17 绘制剖面线。

在命令行输入BHATCH,或者单击"绘图"工具栏中的▨按钮。在弹出的"图案填充和渐变色"对话框中进行设置,结果如图6-73所示。
单击"拾取点"按钮,在绘图窗口中需要绘制剖面线的区域,如图6-74所示,单击鼠标。拾取完成后,右击鼠标,在弹出的快捷菜单中,选择"确定"选项,返回对话框,单击"确定"按钮。
结果如图6-75所示。

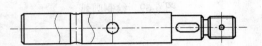

图 6-72 绘制波浪线   图 6-73 "图案填充和渐变色"对话框

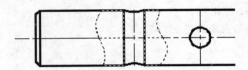

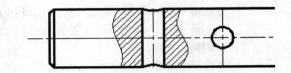

图 6-74 拾取填充区域   图 6-75 填充剖面线

Step 18 绘制圆孔剖面图中心线。

将"中心线"层设置为当前层。

命令行操作如下。

命令：LINE↙（或者单击"绘图"工具栏中的 ✏ 按钮）

指定第一点：<对象捕捉追踪 开>（单击状态栏中的"对象追踪"按钮，打开对象追踪功能。此时将鼠标移动到 $\phi 5$ 圆的圆心处，向下拖动鼠标，则出现一条虚线，如图 6-76 所示，在适当位置处单击）

指定下一点或 [放弃(U)]：@0,-18↙

指定下一点或 [闭合(C)/放弃(U)]：↙

命令：↙

指定第一点：（单击"对象捕捉"工具栏中的 ✒ 按钮）

_from 基点：（捕捉刚刚绘制的中心线的中点）

<偏移>：@-9,0↙

指定下一点或 [放弃(U)]：@18,0↙

指定下一点或 [闭合(C)/放弃(U)]：↙

Step 19 绘制圆孔剖面图。

将"轮廓线"层设置为当前层。单击"绘图"工具栏中的 ⊘ 按钮，捕捉中心线的交点为圆心，绘制 $\phi 14$ 的圆。

命令行操作如下。

命令：XLINE↙（或者单击"绘图"工具栏中的 ✎ 按钮）

指定点或 [水平(H)/垂直(V)/角度(A)/二等分(B)/偏移(O)]：<正交 开>（单击状态栏中的"正交"按钮，打开正交功能，然后单击"对象捕捉"工具栏中的 ✒ 按钮）

_from 基点：（捕捉 $\phi 14$ 圆心）

<偏移>：@0,2.5↙
指定通过点：（单击一点，绘制一条水平线）

单击"修改"工具栏中的 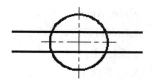 按钮，选择绘制的构造线，将其向下偏移5。结果如图6-77
所示。

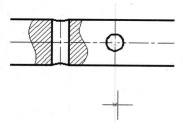

图6-76　设置对象追踪　　　　　　　　　　图6-77　绘制构造线

单击"修改"工具栏中的 按钮，对直线进行修剪。
将"细实线"层设置为当前层。单击"绘图"工具栏中的 按钮，利用相同的方法，绘制剖面线。
结果如图6-78所示。

Step 20 绘制键槽剖面图中心线。

将"中心线"层设置为当前层。利用对象捕捉及追踪功能，绘制键槽剖面图中心线。

Step 21 绘制键槽剖面图。

利用同样的方法，利用绘制圆命令CIRCLE、构造线命令XLINE以及修剪命令TRIM，
绘制键槽剖面图轮廓线，并利用填充命令BHATCH绘制剖面线。结果如图6-79所示。

图6-78　圆孔剖面图　　　　　　　　　　图6-79　键槽剖面图

Step 22 调整中心线。

命令行操作如下。

命令：LENGTHEN↙（或者单击"修改"工具栏中的 按钮）
选择对象或 [增量(DE)/百分数(P)/全部(T)/动态(DY)]：DY↙
选择要修改的对象或 [放弃(U)]：<对象捕捉 关>（单击状态栏中的"对象捕捉"按钮，或者按
F3键，关闭对象捕捉功能，选取要调整长度的中心线，适当调整其长度）
……

结果如图6-56所示。

6.7 本章习题

6.7.1 思考题

1. 将下列命令与其命令名连线。

　　CHAMFER　　　　　　　　　　拉伸
　　LENGTHEN　　　　　　　　　　圆角
　　FILLET　　　　　　　　　　　加长
　　STRETCH　　　　　　　　　　倒角

2. 什么是夹点？如何改变夹点的大小及颜色？
3. 修剪和打断在功能上有何相似之处和不同之处？
4. 倒角与圆角在功能上有何相似之处和不同之处？

6.7.2 操作题

1. 绘制如图 6-80 所示的圆头平键。
   （1）设置新图层。
   （2）利用"矩形"命令绘制主视图与俯视图基本轮廓。
   （3）利用"倒角"和"圆角"命令分别对主视图和俯视图进行倒角和圆角处理。
2. 绘制如图 6-81 所示的轴承座。

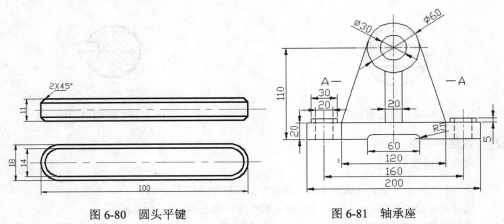

图 6-80　圆头平键　　　　　　　图 6-81　轴承座

（1）利用"图层"命令设置 3 个图层。
（2）利用"直线"命令绘制中心线。
（3）利用"直线"命令和"圆"命令绘制部分轮廓线。
（4）利用"圆角"命令进行圆角处理。
（5）利用"直线"命令绘制螺孔线。
（6）利用"镜像"命令对左端局部结构进行镜像。

3. 绘制如图 6-82 所示的挂轮架。

（1）利用"图层"命令设置图层。

（2）利用"直线"、"圆"、"偏移"以及"修剪"命令绘制中心线。

（3）利用"直线"、"圆"以及"偏移"命令绘制挂轮架的中间部分。

（4）利用"圆弧"、"圆角"以及"剪切"命令继续绘制挂轮架中部图形。

（5）利用"圆弧"、"圆"命令绘制挂轮架右部。

（6）利用"修剪"、"圆角"命令修剪与倒圆角。

（7）利用"偏移"、"圆"命令绘制 R30 圆弧。在这里为了找到 R30 圆弧圆心，需要以 23 为距离向右偏移竖直对称中心线，并捕捉图 6-83 上边第二条水平中心线与竖直中心线的交点为圆心，绘制 R26 辅助圆，以所偏移中心线与辅助圆交点为 R30 圆弧圆心。

偏移距离为 23 的原因是半径为 30 的圆弧的圆心在中心线左右各 30- ϕ14/2 处的平行线上。而绘制辅助圆的目的是找到 R30 圆弧的具体圆心位置点，因为 R30 圆弧与 R4 圆弧内切，根据相切的几何关系，R30 圆弧的圆心应在以 R4 圆弧的圆心为圆心，30-4 为半径的圆上，该辅助圆与上面偏移复制平行线的交点即为 R30 圆弧的圆心。

（8）利用"删除"、"修剪"、"镜像"、"圆角"等命令绘制把手图形部分。

（9）利用"打断"、"拉长"和"删除"命令对图形中的中心线进行整理。

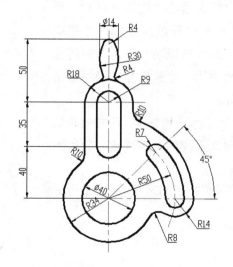

图 6-82　挂轮架

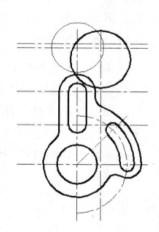

图 6-83　绘制圆

第 7 章

文字和表格

在一幅完整的工程图纸中，图形只能表达物体的形状结构，而物体的真实大小和各部分的相对位置则必须通过尺寸标注才能确定。另外，图样中还要有必要的文字，如注释说明、技术要求以及标题栏等，只有文字、尺寸和图形配合使用，才能完整准确地表达设计思想，在工程图样中发挥重要作用。

AutoCAD提供了强大的文字输入、尺寸标注和文字、尺寸编辑功能，而且支持多种字体，并允许用户定义不同的文字样式，以达到多种多样的文字注释效果。

本章将详细介绍如何利用AutoCAD对图样中的文字、尺寸进行标注和编辑。

知 识 点

文字样式 ◉
创建文字 ◉
编辑文字 ◉
表格 ◉

7.1 文字样式

在工程图样中，不同位置的文字注释需要采用不同的字体，即使采用相同的字体也可能需要使用不同的样式。例如，有的需要字大一些，有的需要字小一些，又有水平、垂直或者倾斜一定角度等不同的排列方式，这些文字注释的效果都可以通过定义不同的文字样式来实现。

7.1.1 基本概念

文字样式可以理解为定义了一定的字体、大小、排列方式、显示效果等一系列特征的文字。

AutoCAD 使用的字体是由一种形（SHAPE）文件定义的矢量化字体，它存放在 FONTS 文件夹中，如 txt.shx、romans.shx、isocp.shx 等。由一种字体文件，采用不同的大小、高宽比、字体倾斜角度等可定义多种字样。系统默认使用的字样名为 STANDARD，它根据字体文件 txt.shx 定义生成。

AutoCAD 还允许用户使用 Windows 提供的包括宋体、仿宋体、隶书、楷体等 True Type 字体和特殊字符。

7.1.2 设置文字样式

【执行方式】

命令行：STYLE 或 DDSTYLE。
菜单："格式" → "文字样式"。

【操作格式】

命令:STYLE↙

系统自动执行该命令，打开如图 7-1 所示的"文字样式"对话框，利用该对话框，用户可以建立或修改文字样式。

图 7-1 "文字样式"对话框

该对话框中包含 4 个区域，下面分别对其说明。

（1）"样式"区域：用于样式的建立、重命名和删除操作。其中的下拉列表中列出当前图形中已定义的文字样式名称，用户可以从中选择一种作为当前的文字样式；"新建"按钮用于创建新的文字样式，单击该按钮将打开"新建文字样式"对话框，如图 7-2 所示，此时用户可以输入新建样式的名称；"删除"按钮用于将不使用的文字样式删除。

图 7-2　"新建文字样式"对话框

（2）"字体"区域：用于字体的选择和字体大小的设定。其中"字体名"下拉列表中给出了可以选用的字体名称，包括 SHX 类型的矢量字体和 True Type 字体，分别以名称前面的 和 加以区别。当选用 True Type 字体时，允许用户在"字体样式"中选择常规、粗体、粗斜体、斜体等样式；当选用矢量字体时，"使用大字体"复选框可以被选中，选中后可以在"字体样式"中选择大字体的样式。"高度"文本框用于确定文字的高度，默认值为 0，表示字体高度可以变动，即在每次执行输入文字命令时，系统都提示用户确定字高，如果输入一个非零数值，则该字样就采用输入的值作为固定的字高，在执行输入文字命令时系统不再提示用户确定字高。

（3）"大小"区域：用于更改文字的大小。其中"注释性"指定文字为注释性。其中包括"使文字方向与布局匹配"是指定图纸空间视口中的文字方向与布局方向匹配。如果清除"注释性"选项，则该选项不可用。"高度"文本框为：根据输入的值设置文字高度。输入大于 0.0 的高度将自动为此样式设置文字高度。如果输入 0.0，则文字高度将默认为上次使用的文字高度，或使用存储在图形样板文件中的值。在相同的高度设置下，TrueType 字体显示的高度可能会小于 SHX 字体。 如果选择了注释性选项，则输入的值将设置图纸空间中的文字高度。

（4）"效果"区域：其中的"颠倒"、"反向"、"垂直"复选框用于确定文字特殊放置效果；"宽度因子"文本框用于确定文字的宽度和高度的比例，值为 1 时保持字体文件中定义的比例，值小于 1 时字体变宽，反之变窄；"倾斜角度"文本框用于确定文字的倾斜角度，值为 0 时不倾斜，正值表示右斜，负值表示左斜。

（5）"预览"区域：用于观察定义的文字样式的显示效果。

提 示

（1）如果用户要使用不同于系统默认样式 STANDARD 的文字样式，最好的方法是自己建立一个新的文字样式，而不要对默认样式进行修改。

（2）系统默认样式为 STANDARD，并且不允许删除或重命名。

（3）"大字体"是针对中文、韩文、日文等符号文字的专用字体。若要在单行文字中使用汉字，必须将"字体"设置为"大字体"，并选择对应的汉字大字体。

7.2　创建文字

AutoCAD 提供了两种创建文字的工具，即创建单行文字命令和创建多行文字命令。这两种命令在创建文字时对文字的控制方式不一样，功能也不一样。下面分别介绍这两种创建文字命令。

7.2.1　创建单行文字

【执行方式】

命令行：TEXT。
菜单："绘图"→"文字"→"单行文字"。

【操作格式】

命令:TEXT↙
当前文字样式：Standard 当前文字高度：2.5000
指定文字的起点或［对正(J)/样式(S)］:（指定文字的起始点）
指定高度 <2.5000>:（指定文字的高度）
指定文字的旋转角度 <0>:（指定文字的倾斜角度）

在适当的位置输入文字。

【选项说明】

（1）对正（J）：用于设定输入文字的对正方式，即文字的哪一部分与所选的起始点对齐。选择该选项，系统提示如下。

输入选项
［对齐(A)/调整(F)/中心(C)/中间(M)/右(R)/左上(TL)/中上(TC)/右上(TR)/左中(ML)/正中(MC)/
右中(MR)/左下(BL)/中下(BC)/右下(BR)］:

AutoCAD 提供了基于水平文字行定义的顶线、中线、基线和底线以及 12 个对齐点的 14种对正方式，用户可以根据文字书写外观布置要求，选择一种适合的文字对正方式。
（2）样式（S）：用于确定当前使用的文字样式。

7.2.2　创建多行文字

【执行方式】

命令行：MTEXT。
菜单："绘图"→"文字"→"多行文字"。
工具栏：绘图→多行文字 **A**。

【操作格式】

命令:MTEXT↙
当前文字样式:STANDARD 当前文字高度:2.5
指定第一角点:（指定代表文字位置的矩形框左上角点）
指定对角点或［高度(H)/对正(J)/行距(L)/旋转(R)/样式(S)/宽度(W)］:（指定矩形框右下角点）

在指定矩形框右下角点时，屏幕中动态显示一个矩形框，文字按默认的左上角对正方式排列，矩形框内有一个箭头，表示文字的扩展方向。指定完该角点后，系统弹出多行文字的文字格式编辑器，如图 7-3 所示。该编辑器与 Windows 文字处理程序类似，可以灵活方便地对文字进行输入和编辑。

图 7-3　"文字格式"工具栏和多行文字编辑器

"文字格式"工具栏用来控制文字的显示特性。用户可以在输入文字之前设置文字的特性，也可以改变已输入文字的特性。要改变已有文字的显示特性，首先应选中要修改的文字，选择文字有以下 3 种方法。

- 将光标定位到文字开始处，然后拖动光标至文字末尾。
- 双击某一个字，则该字被选中。
- 三次单击鼠标，则选中全部内容。

1. "文字格式"工具栏

（1）"文字高度"下拉列表框：用于确定文字的字符高度，用户可在其中直接输入新的字符高度，也可以从下拉列表中选择已设定过的高度。

（2）**B** 和 *I* 按钮：这两个按钮用来设置粗体和斜体效果。这两个按钮只对 True Type 字体有效。

（3）"下划线" U 与 "上划线" Ō 按钮 ：这两个按钮用于设置或取消上（下）划线。

（4）"堆叠"按钮：该按钮为层叠/非层叠文字按钮，用于层叠所选的文字，也就是创建分数形式。当文字中某处出现 "/"、"^" 和 "#" 这 3 种层叠符号之一时可层叠文字，方法是选中需层叠的文字，然后单击此按钮，则符号左边文字作为分子，右边文字作为分母。AutoCAD 提供了 3 种分数形式，如果选中 abcd/efgh 后单击此按钮，得到如图 7-4（a）所示的分数形式；如果选中 abcd^efgh 后单击此按钮，则得到图 7-4（b）所示的形式，此形式多用于标注极限偏差；如果选中 abcd # efgh 后单击此按钮，则创建斜排的分数形式，如图 7-4（c）所示。如果选中已经层叠的文字对象后单击此按钮，则文字恢复到非层叠形式。

abcd abcd abcd/efgh
efgh efgh

（a） （b） （c）

图 7-4　文字层叠

（5）"倾斜角度"微调框 0/：用于设置文字的倾斜角度。

提　示

倾斜角度与斜体效果是两个不同的概念，前者可以设置任意倾斜角度，后者是在任意倾斜角度的基础上设置斜体效果。如图 7-5 所示，第一行倾斜角度为 0°，非斜体；第二行倾斜角度为 12°，非斜体；第三行倾斜角度为 12°，斜体。

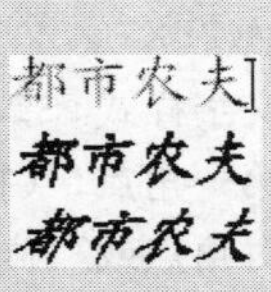

都市农夫
都市农夫
都市农夫

图 7-5　倾斜角度与斜体效果

（6）"符号"按钮 @：用于输入各种符号。单击该按钮，系统打开符号列表，如图 7-6 所示，用户可以从中选择符号输入到文字中。

（7）"插入字段"按钮：插入一些常用或预设字段。单击该按钮，系统打开"字段"对话框，如图 7-7 所示，用户可以从中选择字段插入到标注文字中。

（8）"追踪"微调框 **a·b**：增大或减小选定字符之间的距离。1.0 设置是常规间距，设置为大于 1.0 可增大间距，设置为小于 1.0 可减小间距。

（9）"宽度比例"微调框 **○**：扩展或收缩选定字符。1.0 设置代表此字体中字母的常规宽度，用户可以增大该宽度或减小该宽度。

图 7-6　符号列表

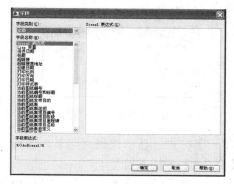

图 7-7　"字段"对话框

2．"选项"菜单

在"文字格式"工具栏中单击"选项" 按钮，系统打开"选项"菜单，如图 7-8 所示。其中许多选项与 Word 中相关选项类似，这里只对其中比较特殊的选项简单介绍一下。

（1）不透明背景：设置文字编辑框的背景是否透明。

（2）符号：在光标位置插入列出的符号或不间断空格，也可以手动插入符号。

（3）输入文字：单击该选项，显示"选择文件"对话框，如图 7-9 所示。选择任意 ASCII 或 RTF 格式的文件，输入的文字保留原始字符格式和样式特性，但可以在多行文字编辑器中编辑和格式化输入的文字。选择要输入的文字文件后，可以在文字编辑框中替换选定的文字或全部文字，或在文字边界内将插入的文字附加到选定的文字中。输入文字的文件必须小于 32kB。

图 7-8　"选项"菜单

图 7-9　"选择文件"对话框

（4）背景遮罩：用设定的背景对标注的文字进行遮罩。选择该命令，系统打开"背景遮罩"

对话框，如图 7-10 所示。

（5）删除格式：清除选定文字的粗体、斜体或下划线格式。

（6）堆叠/非堆叠：如果选定的文字中包含待堆叠字符则堆叠文字；如果选择的是堆叠文字则取消堆叠。该选项只有在文字中有堆叠文字或待堆叠文字时才显示。

（7）堆叠特性：显示"堆叠特性"对话框，如图 7-11 所示。

图 7-10　"背景遮罩"对话框　　　　图 7-11　"堆叠特性"对话框

（8）字符集：显示代码页菜单。选择一个代码页并将其应用到选定的文字。

【例 7-1】　插入符号

在标注文字时，插入"±"，具体操作步骤如下。

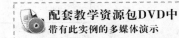
配套教学资源包DVD中带有此实例的多媒体演示

Step 01　在"文字格式"工具栏中单击"选项"按钮，打开"选项"菜单，在"符号"级联菜单中选择"其他"命令，如图 7-12 所示，打开"字符映射表"对话框，其中包含当前字体的整个字符集，如图 7-13 所示。

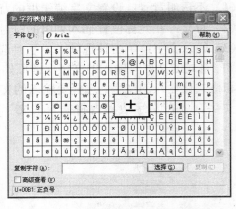

图 7-12　级联菜单　　　　　　　　图 7-13　"字符映射表"对话框

Step 02　选中要插入的字符，然后单击"选择"按钮。

Step 03　选择要使用的所有字符，然后单击"复制"按钮。

Step 04　在多行文字编辑器中右击鼠标，然后在弹出的快捷菜单中选择"粘贴"命令。

7.3 编辑文字

用户可以对已创建的文字对象进行编辑，AutoCAD 2009 提供了两个文字编辑命令，即 DDEDIT 和 DDMODIFY（或 PROPERTIES），其中 DDEDIT 命令只能修改单行文字的内容和多行文字的内容及格式，而 DDMODIFY（或 PROPERTIES）命令则不仅可以修改文字的内容，还可以改变文字的位置、倾斜角度、样式和字高等属性。

7.3.1 利用 DDEDIT 命令编辑文字

【执行方式】

命令行：DDEDIT。
菜单："修改"→"对象"→"文字"。

【操作格式】

命令：DDEDIT↙
选择注释对象或［放弃(U)］：（选择要编辑的文字对象）

选择文字后，弹出如图 7-3 所示的"文字格式"工具栏，在该对话框中可以实现文字内容的修改。

7.3.2 利用 DDMODIFY 命令编辑文字

命令行：DDMODIFY 或 PROPERTIES。
菜单："修改"→"特性"。

【操作格式】

命令：DDMODIFY↙

图 7-14 "特性"面板

系统自动执行该命令，打开如图 7-14 所示的"特性"面板，其中列出了所选对象的基本特性和几何特性的设置，用户可以根据需要进行相应的修改。

该面板中的各项内容说明如下。

（1）"选择对象"按钮：用于选择对象。每选择一个对象，"特性"面板中的内容就会发生相应的变化。

（2）"快速选择"按钮：用于构造快速选择集。

（3）"常规"选项卡：显示对象的基本特性。

（4）"打印样式"选项卡：显示对象的打印特性。

（5）"视图"选项卡：显示对象的几何特性和 UCS 坐标特性。

提 示

选择要修改特性的对象，可以采用以下 3 种方式。
（1）在调用特性修改命令之前，用夹点选中对象。
（2）调用特性修改命令打开"特性"面板之后，用夹点选择对象。
（3）单击"特性"面板中的"快速选择"按钮，打开"快速选择"对话框，构造一个选择集。

7.4 表格

AutoCAD 2009 提供了快速高效的表格绘制功能。有了该功能，创建表格就变得非常容易。用户可以直接插入设置好样式的表格，而不用绘制由单独的图线组成的栅格。

7.4.1 创建表格

【执行方式】

命令行：TABLE。
菜单："绘图"→"表格"。
工具栏：绘图→表格▦。

【操作格式】

命令：TABLE✓

【选项说明】

执行上述命令后，系统打开"插入表格"对话框，如图 7-15 所示。下面介绍该对话框中各选项的含义。

1."表格样式"选项组

用户可以在"表格样式"下拉列表中选择一种表格样式，也可以单击后面的按钮▣ 新建或修改表格样式。

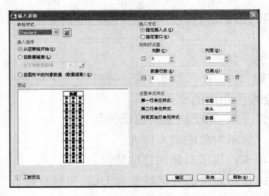

图 7-15 "插入表格"对话框

2."插入方式"选项组

（1）"指定插入点"单选按钮：指定表左上角的位置。用户可以使用定点设备，也可以在命令行输入坐标值。如果表样式将表的方向设置为由下而上读取，则插入点位于表的左下角。

（2）"指定窗口"单选按钮：指定表的大小和位置。用户可以使用定点设备，也可以在命令行输入坐标值。选择此选项时，行数、列数、列宽和行高取决于窗口的大小以及列和行设置。

3. "列和行设置"选项组

指定列和行的数目以及列宽与行高。

提 示 ● ● ●

在"插入方式"选项组中选择"指定窗口"单选按钮后，列与行设置的两个参数中只能指定一个，另外一个由指定窗口大小自动等分指定。

在"插入表格"对话框中进行相应设置后，单击"确定"按钮，系统在指定的插入点或窗口自动插入一个空表格，并显示多行文字编辑器，用户可以逐行逐列输入相应的文字或数据，如图7-16所示。

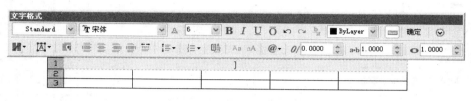

图7-16　多行文字编辑器

提 示 ● ● ●

在插入后的表格中选择某一个单元格，单击后出现钳夹点，通过移动钳夹点可以改变单元格的大小，如图7-17所示。

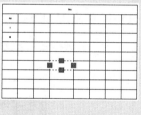

图7-17　改变单元格大小

7.4.2　编辑表格

【执行方式】

命令行：TABLEDIT。

快捷菜单：选定表和一个或多个单元后，右击弹出快捷菜单，如图7-18所示，然后选择其中的"编辑文字"命令。

【操作格式】

命令：TABLEDIT✓

系统打开如图7-16所示的多行文字编辑器，用户可以对指定表格单元的文字进行编辑。

在AutoCAD中，可以在表格中插入简单的公式，用于计算总计、计数和平均值，以及定义简单的算术表达式。要在选定的表格单元格中插入公

图7-18　快捷菜单

式，可以右击鼠标，然后选择“插入公式”命令，选择其中一个公式，如图 7-19 所示；也可以使用在位文字编辑器来输入公式。选择一个公式项后，系统提示如下。

选择表单元范围的第一个角点：(在表格内指定一点)
选择表单元范围的第二个角点： (在表格内指定另一点)

指定单元范围后，系统对范围内的单元格的数值进行指定公式计算，给出最终计算值，如图 7-20 所示。

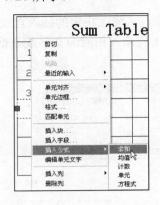

图 7-19 插入公式

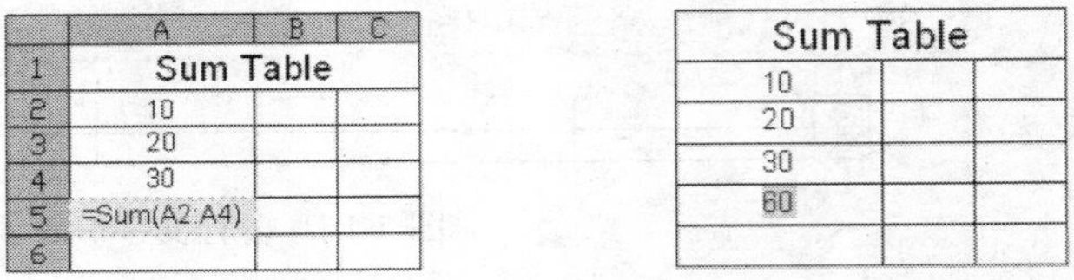

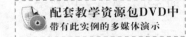

显示公式　　计算结果

图 7-20 进行计算

【例 7-2】 明细表

配套教学资源包DVD中
带有此实例的多媒体演示

绘制如图 7-21 所示的明细表，具体操作步骤如下。

Step 01 定义表格样式。选择“格式”→“表格样式”菜单命令，打开“表格样式”对话框，如图 7-22 所示。

11	hu11	橡胶密封圈	1	
10	hu10	橡胶密封圈	1	
9	hu9	卡环	1	
8	hu8	卡环	1	
7	hu7	离合器压板	1	
6	hu6	外齿摩擦片	7	
5	hu5	弹簧	20	
4	hu4	离合器活塞	1	
3	hu3	CNL离合器缸体	1	
2	hu2	弹簧座总成	1	
1	hu1	内齿摩擦片总成	7	
序号	代　号	名　称	数量	备 注

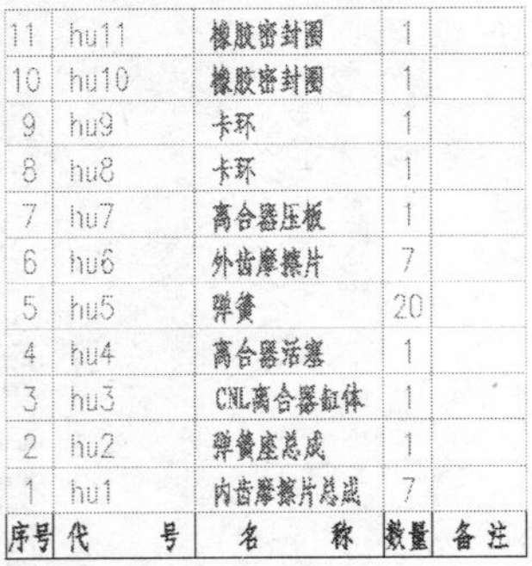

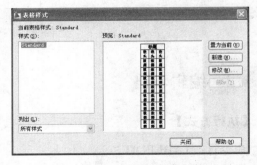

图 7-21 明细表

图 7-22 “表格样式”对话框

Step 02 单击“修改”按钮，系统打开“修改表格样式”对话框，如图 7-23 所示。在该对话框中进行如下设置：数据单元中设置文字样式为 Standard，文字高度为 5，文字颜色为“红色”，填充颜色为“无”，对齐方式为“左中”，边框颜色为“绿色”；标题单元中设置文字样式为 Standard，文字高度为 5，文字颜色为“蓝色”，填充颜色为“无”，对齐方式为“正中”，边框颜色为“黑色”，表格方向为“向上”，水平单元边距和垂直单元边距都为 1.5 的表格样式。

Step 03 文字样式设置完成后，单击“确定”按钮退出该对话框。

Step 04 创建表格。选择"绘图"→"表格"菜单命令，打开"插入表格"对话框，如图 7-24 所示，设置插入方式为"指定插入点"，行和列设置为 11 行和 5 列，列宽为 10，行高为 1，设置单元样式的第二行单元样式为数据。确定后，在绘图平面指定插入点，则插入如图 7-25 所示的空表格，并显示多行文字编辑器，不输入文字，直接在多行文字编辑器中单击"确定"按钮退出。

图 7-23 "修改表格样式：Standard"对话框

图 7-24 "插入表格"对话框

Step 05 单击第二列中的任意一个单元格，出现钳夹点后，将右边的钳夹点向右拖动，使列宽大约变成 30。利用同样的方法，将第 3 列和第 5 列的列宽设置为 40 和 20，结果如图 7-26 所示。

图 7-25 多行文字编辑器

图 7-26 改变列宽

Step 06 双击要输入文字的单元格，重新打开多行文字编辑器，在各单元格中输入相应的文字或数据，最终结果如图 7-21 所示。

7.5 上机实训——绘制 A3 样板图

通过前面的学习，读者已经掌握了 AutoCAD 的基本绘图及

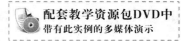

配套教学资源包DVD中带有此实例的多媒体演示

编辑命令，然而在绘图过程中，需要对绘图环境，如图纸的幅面、字体、图层等进行重复设置，费时费力。AutoCAD 提供了一些机械、建筑、电子等行业的模板，模板就像标准图纸一样，已经对图纸的幅面、标题栏、字体、图层等做好了设定，因此利用模板绘图，就无须对绘图环境进行设置，可以大大提高绘图效率。

1. 绘制图框

利用"矩形"命令绘制一个矩形，指定矩形两个角点的坐标分别为（25，10）和（410，287），如图 7-27 所示。

图 7-27　绘制矩形

注意

绘图时应优先采用表 7-1 规定的基本幅面。图幅代号为 A0，A1，A2，A3，A4 5 种，必要时可按规定加长幅面，如图 7-28 所示。

表 7-1　图纸幅面

幅面代号	A0	A1	A2	A3	A4
B×L	841×1198	594×841	420×594	297×420	210×297
e	20			10	
c	10			5	
a	25				

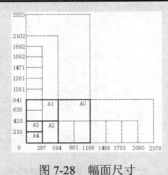

图 7-28　幅面尺寸

2．绘制标题栏

标题栏结构由于分隔线并不整齐，所以可以先绘制一个 28×4（每个单元格的尺寸是 5×8）的标准表格，然后在此基础上编辑合并单元格形成如图 7-29 所示的形式。

Step 01　选择"格式"→"表格样式"菜单命令，打开"表格样式"对话框，如图 7-30 所示。

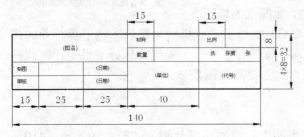

图 7-29　标题栏示意图

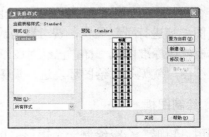

图 7-30　"表格样式"对话框

Step 02 单击"修改"按钮，系统打开"修改表格样式：Standard"对话框，在"单元样式"下拉列表中选择"数据"选项，在下面的"文字"选项卡中将"文字高度"设置为3，如图7-31所示。再单击"常规"标签，打开"常规"选项卡，将"页边距"选项组中的"水平"和"垂直"都设置为1，如图7-32所示。

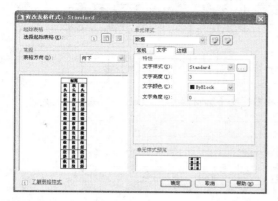 

图7-31 "修改表格样式：Standard"对话框   图7-32 设置"常规"选项卡

注 意

表格的行高=文字高度+2×垂直页边距，此处设置为3+2×1=5。

Step 03 系统返回"表格样式"对话框，单击"关闭"按钮退出该对话框。

Step 04 选择"表格"命令，系统打开"插入表格"对话框，在"列和行设置"选项组中将"列数"设置为28，将"列宽"设置为5，将"数据行数"设置为2（加上标题行和表头行共4行），将"行高"设置为1（即为10）；在"设置单元样式"选项组中将"第一行单元样式"、"第二行单元样式"和"所有其他行单元样式"都设置为"数据"，如图7-33所示。

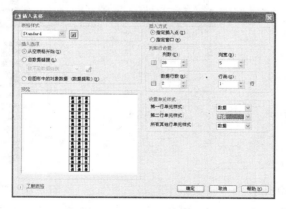

图7-33 "插入表格"对话框

注 意

表格宽度设置值不能小于文字宽度值+2×水平页边距，如果小于此值，则以此值为表格宽度。在图7-31中将文字高度设置成3，是因为考虑到表格的宽度设置，由于默认的文字宽度为1，所以文字宽度值+2×水平页边距刚好为5，满足宽度设置要求。

Step 05 在图框线右下角附近指定表格位置，系统生成表格，同时打开多行文字编辑器，如图 7-34 所示，直接按 Enter 键，不输入文字，生成表格如图 7-35 所示。

图 7-34 表格和多行文字编辑器

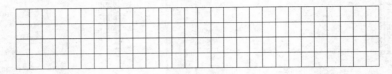

图 7-35 生成表格

Step 06 单击一个单元格，系统显示其编辑夹点，右击鼠标，在打开的快捷菜单中选择"特性"命令，如图 7-36 所示，系统打开"特性"面板，将"单元高度"参数改为 8，如图 7-37 所示，这样该单元格所在行的高度就统一改为 8。利用同样的方法，将其他行的高度改为 8，结果如图 7-38 所示。

图 7-36 快捷菜单

图 7-37 "特性"面板

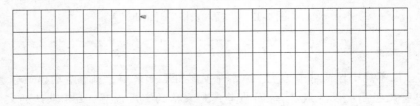

图 7-38 修改后的表格高度

Step 07 选择 A1 单元格，按住 Shift 键，同时选择右边的 12 个单元格以及下面的 13 个单元格，右击鼠标，打开快捷菜单，选择"合并"→"全部"菜单命令，如图 7-39 所示，完成合并，如图 7-40 所示。

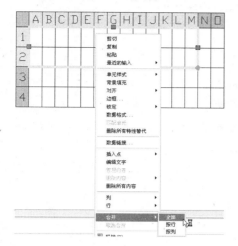

图 7-39　快捷菜单

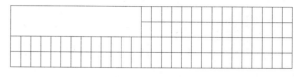

图 7-40　合并单元格

利用同样的方法合并其他单元格，结果如图 7-41 所示。

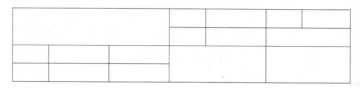

图 7-41　完成表格绘制

Step 08 在单元格中三次单击鼠标，打开文字编辑器，在单元格中输入文字，将文字大小设置为4，如图 7-42 所示。

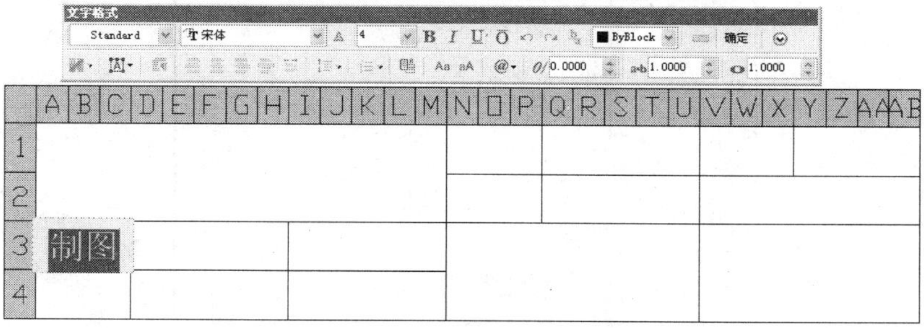

图 7-42　输入文字

利用同样的方法，输入其他单元格文字，结果如图 7-43 所示。

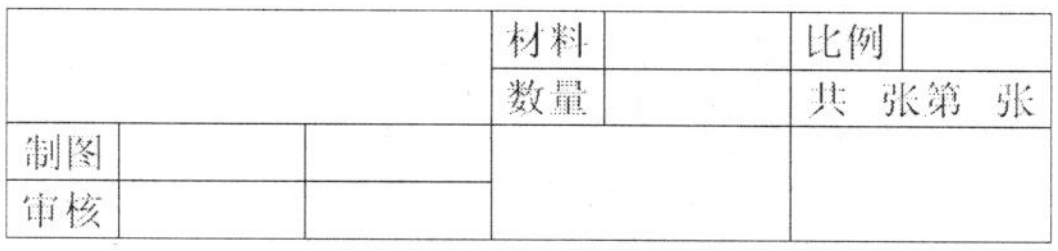

图 7-43　完成标题栏文字输入

3．移动标题栏

刚生成的标题栏无法准确确定与图框的相对位置，需要移动。这里先调用一个目前还没有讲述的命令"移动"（第 8 章详细讲述），命令行提示和操作如下。

命令：MOVE↙
选择对象：（选择刚绘制的表格）
选择对象：↙
指定基点或 ［位移(D)］ ＜位移＞：（捕捉表格的右下角点）
指定第二个点或 ＜使用第一个点作为位移＞：（捕捉图框的右下角点）

这样，就将表格准确放置在图框的右下角，如图 7-44 所示。

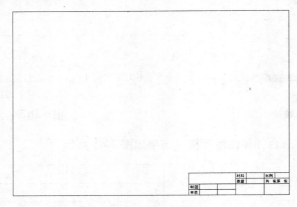

图 7-44　移动表格

4．保存样板图

选择"文件"→"另存为"菜单命令，打开"图形另存为"对话框，将图形保存为.dwt 格式文件，如图 7-45 所示。

图 7-45　"图形另存为"对话框

7.6 本章习题

7.6.1 思考题

1. 怎样设置新建一个文字样式？
2. 怎样设置一个只有表头和数据的表格？

7.6.2 操作题

1. 标注技术要求。
（1）如图 7-46 所示，设置文字标注的样式。
（2）利用"多行文字"命令进行标注。
（3）利用右键菜单，输入特殊字符。在输入尺寸公差时注意一定要输入"+0.05^-0.06"，然后选择这些文字，单击"文字格式"对话框中的"堆叠"按钮。

1. 当无标准齿轮时, 允许检查下列三项代替检查径向综合公差和一齿径向综合公差
  a. 齿圈径向跳动公差 F_r 为 0.056
  b. 齿形公差 ff 为 0.016
  c. 基节极限偏差 $\pm f_{pb}$ 为 0.018
2. 用带凸角的刀具加工齿轮, 但齿根不允许有凸台, 允许下凹, 下凹深度不大于 0.2
3. 未注倒角 1x45°
4. 尺寸为 $\varnothing 30^{+0.05}_{-0.06}$ 的孔抛光处理。

图 7-46 技术要求

2. 绘制并填写标题栏。
（1）如图 7-47 所示，按照有关标准或规范设定的尺寸，利用直线命令和相关编辑命令绘制标题栏。
（2）设置两种不同的文字样式。
（3）注写标题栏中的文字。

阅	体		比例		
			件数		
制图			重量		共 张 第 张
描图					湖人时代创作室
审核					

图 7-47 标题栏

第 **8** 章

尺寸标注

尺寸标注是工程图样的重要组成部分，一幅工程图样不管绘制多么精确，输出精度多高，零件加工的依据仍然是图样中标注的尺寸。尺寸标注包括基本尺寸标注、文字注释、尺寸公差、形位公差和表面粗糙度等内容。国家标准和有关行业标准对这些内容都有明确的规定，因而尺寸标注不仅要求内容准确，而且必须严格遵守这些标准的规定。

设置尺寸标注样式

基本尺寸标注

引线标注和形位公差标注

尺寸标注的编辑

AutoCAD 提供了强大的尺寸标注和编辑命令，如图 8-1 所示，这些命令被集中安排在"标注"下拉菜单中，"标注"工具栏中也列出了实现这些功能的按钮，如图 8-2 所示。利用这两种方式，用户可以方便灵活地进行尺寸标注。

图 8-1　"标注"下拉菜单

图 8-2　"标注"工具栏

8.1　设置尺寸标注样式

工程图样中一个完整的尺寸标注包括 4 个要素，分别是尺寸界线、尺寸线、箭头和尺寸文字。AutoCAD 采用半自动标注的方法，即用户在进行尺寸标注时，只需要指定尺寸标注的关键数据，其余参数由预先设定的标注样式和标注系统变量来自动提供并完成标注，从而简化了尺寸标注的过程。

【执行方式】

命令行：DIMSTYLE。
菜单："标注"→"标注样式"。

【操作格式】

命令：DIMSTYLE↙

系统自动执行该命令，弹出如图 8-3 所示的"标注样式管理器"对话框。在该对话框中用户可以完成尺寸标注样式的新建、修改、替代、比较和设置某一样式为当前样式等操作。

该对话框中的内容说明如下。

（1）"当前标注样式"：显示当前正在使用的样式名称。

（2）"样式"列表框：显示标注样式的名称，它

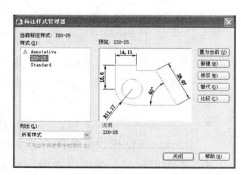

图 8-3　"标注样式管理器"对话框

根据"列出"下拉式列表中的选择是"所有样式"还是"正在使用的样式"而显示不同的内容。

（3）"预览"框：显示当前标注的样式示例。

（4）"置为当前"按钮：如果在"样式"列表框中选中某一样式的名称，单击该按钮，则将选中样式设置为当前使用的样式。

（5）"新建"按钮：单击该按钮，弹出如图 8-4 所示的"创建新标注样式"对话框。其中在"新样式名"文字框中用户可以输入新建样式的名称；"基础样式"下拉列表框用于选择当前使用的样式，如 ISO-25；"用于"下拉列表框允许用户定义该新建样式的应用范围，如"所有标注"或者只用于"线性标注"。

单击"继续"按钮，弹出如图 8-5 所示的"新建标注样式"对话框，该对话框包含 7 个选项卡，用于定义标注样式的不同状态和参数，选项卡的内容一目了然，便于用户的设置，通过预览可以即时观察所作定义或者修改的效果。

（6）"修改"和"替代"按钮：选中某一样式后，单击该按钮，弹出与"创建新标注样式"内容相同的"修改标注样式"对话框和"替代当前样式"对话框，可以分别对该样式的设置进行修改和替代。

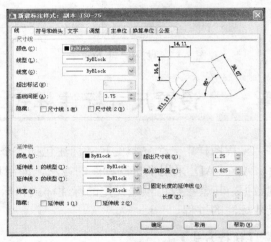

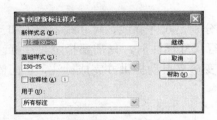

图 8-4 "创建新标注样式"对话框   图 8-5 "新建标注样式"对话框

下面以"线"选项卡为例说明"新建标注样式"对话框中选项卡的功能。

在"新建标注样式"对话框中，第一个选项卡是"线"，如图 8-5 所示。该选项卡用于设置尺寸线、尺寸界线的形式和特性，现分别进行说明。

（1）"尺寸线"选项组：设置尺寸线的特性。其中各选项的含义如下。

- "颜色"下拉列表框：设置尺寸线的颜色。可直接输入颜色名称，也可以从下拉列表中选择颜色，如果选择"选择颜色"选项，AutoCAD 打开"选择颜色"对话框供用户选择其他颜色。

- "线宽"下拉列表框：设置尺寸线的线宽，下拉列表中列出了各种线宽的名字和宽度。AutoCAD 把设置值保存在 DIMLWD 变量中。

- "超出标记"微调框：当尺寸箭头设置为短斜线、短波浪线等，或尺寸线上无箭头时，可利用此微调框设置尺寸线超出尺寸界线的距离。其相应的尺寸变量为 DIMDLE。

- "基线间距"微调框：设置以基线方式标注尺寸时，相邻两尺寸线之间的距离，相应的尺寸变量为 DIMDLI。

- "隐藏"复选框组：确定是否隐藏尺寸线及相应的箭头。选中"尺寸线 1"复选框表示隐藏第一段尺寸线，选中"尺寸线2"复选框表示隐藏第二段尺寸线。相应的尺寸变量为 DIMSD1 和 DIMSD2。

（2）"延伸线"选项组：该选项组用于确定延伸线的形式。其中各项的含义如下。

- "颜色"下拉列表框：设置延伸线的颜色。
- "线宽"下拉列表框：设置延伸线的线宽，AutoCAD 将其值保存在 DIMLWE 变量中。
- "超出尺寸线"微调框：确定延伸线超出尺寸线的距离，相应的尺寸变量为 DIMEXE。
- "起点偏移量"微调框：确定尺寸界线的实际起始点相对于指定的尺寸界线的起始点的偏移量，相应的尺寸变量为 DIMEXO。
- "隐藏"复选框组：确定是否隐藏尺寸界线。选中"延伸线1"复选框表示隐藏第一段尺寸界线选中，选中"延伸线2"复选框表示隐藏第二段尺寸界线。相应的尺寸变量为 DIMSE1 和 DIMSE2。
- "固定长度的延伸线"复选框：选中该复选框，系统以固定长度的尺寸界线标注尺寸。可以在后面的"长度"微调框中输入长度值。

（3）尺寸样式显示框：在"新建标注样式"对话框的右上方，是一个尺寸样式显示框，该显示框以样例的形式显示用户设置的尺寸样式。

其他几个选项卡分别设置标注样式的其他特性，不再一一赘述。

8.2 基本尺寸标注

下面讲述几种基本尺寸的标注方法。

8.2.1 标注长度尺寸

1．线性标注

【执行方式】

命令行：DIMLINEAR。
菜单："标注"→"线性"。
工具栏：标注→线性⊢┤。

【操作格式】

命令:DIMLINEAR✓
指定第一条尺寸界线原点或 <选择对象>:_INT 于(如图 8-6 所示，捕捉直线端点 1，作为第一条尺寸界线的起点)
指定第二条尺寸界线原点:_INT 于(如图 8-6 所示，捕捉直线端点 2，作为第二条尺寸界线的起点)
指定尺寸线位置或[多行文字(M)/文字(T)/角度(A)/水平(H)/垂直(V)/旋转(R)]:R✓(输入选项 R，标注倾斜尺寸)
指定尺寸线的角度 <0>: 30✓(给出倾斜角度)
指定尺寸线位置或[多行文字(M)/文字(T)/角度(A)/水平(H)/垂直(V)/旋转(R)]:(指定尺寸线位

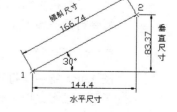

图 8-6 线性标注

置，则以系统自动测量值标注）

标注文字 =166.74（显示标注的尺寸数字）

【选项说明】

（1）选择对象：按 Enter 键，选择该项，此时光标变为拾取框，系统要求拾取一条直线或圆弧对象，并自动取其两端点作为尺寸界线的两个起点。

（2）多行文字（M）：弹出多行文字编辑器，允许用户输入复杂的标注文字。

（3）文字（T）：系统在命令行显示尺寸的自动测量值，用户可以进行修改。

（4）角度（A）：指定尺寸文字的倾斜角度，使尺寸文字倾斜标注。

（5）水平（H）/垂直（V）：系统将关闭自动判断，并限定只标注水平/垂直尺寸。

（6）旋转（R）：系统将关闭自动判断，尺寸线按用户给定的倾斜角度标注斜向尺寸。

2. 对齐标注

【执行方式】

命令行：DIMALIGNED。

菜单："标注"→"对齐"。

工具栏：标注→对齐 ↖ 。

【操作格式】

命令:DIMALIGNED✓

指定第一条尺寸界线原点或 <选择对象>:_INT 于（如图 8-6 所示，捕捉直线端点 1）

指定第二条尺寸界线原点:_INT 于（如图 8-6 所示，捕捉直线端点 2）

指定尺寸线位置或[多行文字(M)/文字(T)/角度(A)]:（指定尺寸线位置，系统自动标出尺寸，且尺寸线与 12 平行）

标注文字 =166.74

【选项说明】

其选项与线性标注命令的选项意义相同。

【例 8-1】 标注螺栓尺寸

标注如图 8-7 所示的螺栓尺寸，具体操作步骤如下。

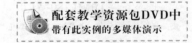
配套教学资源包DVD中 带有此实例的多媒体演示

Step 01 在命令行中输入 DIMSTYLE，或者选择"格式"→"标注样式"菜单命令，或者单击"标注"工具栏中的 ◢ 按钮设置标注样式。

命令行操作如下。

命令: DIMSTYLE✓

按 Enter 键后，打开"标注样式管理器"对话框，如图 8-8 所示。或者选择"标注"下拉菜单中的"样式"选项，也可以调出该对话框。由于系统的标注样式有些不符合要求，因此需要进行角度、直径、半径标注样式的设置。单击"新建"按钮，弹出"创建新标注样式"对话框，如图 8-9 所示。在"用于"下拉列表中选择"线性标注"选项，然后单击"继

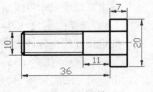

图 8-7 螺栓

续〞按钮，弹出〝新建标注样式〞对话框。选择〝文字〞选项卡，设置文字高度为 5，默认其他属性，设置完成后，单击〝确定〞按钮，返回〝标注样式管理器〞对话框。

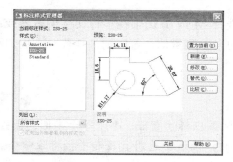

图 8-8　〝标注样式管理器〞对话框

图 8-9　〝创建新标注样式〞对话框

Step 02 利用〝线性标注〞命令标注主视图高度。
命令行操作如下。

命令：DIMLINEAR↙
指定第一条尺寸界线起点或 <选择对象>：_ENDP 于（捕捉标注为 11 的边的一个端点，作为第一条尺寸界线的起点）
指定第二条尺寸界线起点：_ENDP 于（捕捉标注为 11 的边的另一个端点，作为第二条尺寸界线起点）
指定尺寸线位置或[多行文字(M)/文字(T)/角度(A)/水平(H)/垂直(V)/旋转(R)]:T↙（按Enter 键后，系统在命令行显示尺寸的自动测量值，可以对尺寸值进行修改）
输入标注文字<11>：↙（按 Enter 键，采用尺寸的自动测量值 11）
指定尺寸线位置或[多行文字(M)/文字(T)/角度(A)/水平(H)/垂直(V)/旋转(R)]:（指定尺寸线的位置。拖动鼠标，将出现动态的尺寸标注，在合适的位置单击，确定尺寸线的位置）
标注文字=11

Step 03 利用〝线性标注〞命令标注其他水平方向尺寸，方法与上面相同。

Step 04 利用〝线性标注〞命令标注竖直方向尺寸，方法与上面相同。

8.2.2　标注直径和半径

1. 直径标注

【执行方式】

命令行：DIMDIAMETER。
菜单：〝标注〞→〝直径〞。
工具栏：标注→直径◎。

【操作格式】

命令:DIMDIAMETER↙
选择圆弧或圆：（选择圆或圆弧，如图 8-10 所示，选择左边小圆）
标注文字 =20（显示标注尺寸）
指定尺寸线位置或［多行文字(M)/文字(T)/角度(A)］：T↙（输入选项 T）
输入标注文字 <20>：2-<>↙（<>为测量值，2-为附加前缀）

指定尺寸线位置或〔多行文字(M)/文字(T)/角度(A)〕：（指定尺寸线的标注位置完成标注）

【选项说明】

其选项与线性标注命令中的选项意义相同。当选择 M 或 T 选项在多行文字编辑器或命令行中修改尺寸标注内容时，用"<>"表示保留系统的自动测量值，若取消"<>"，则用户可以完全改变尺寸文字的内容。

提 示　● ● ●

我国《机械制图》国家标准规定，圆及大于半圆的圆弧应标注直径，小于等于半圆的圆弧标注半径。因此，在工程图样中标注圆及圆弧的尺寸时，应适当选用直径和半径标注命令。

2. 半径标注

【执行方式】

命令行：DIMRADIUS。
菜单："标注"→"半径"。
工具栏：标注→半径◎。

【操作格式】

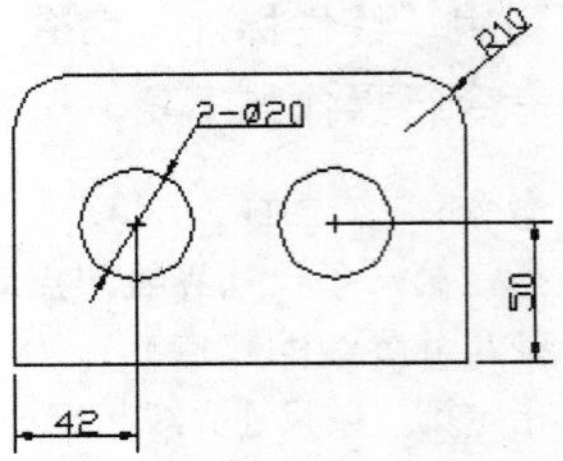

命令:DIMRADIUS↙
选择圆弧或圆：（选择圆或圆弧，如图 8-10 所示，选择圆弧）
标注文字 =10（显示标注数值）
指定尺寸线位置或〔多行文字(M)/文字(T)/角度(A)〕：（指定尺寸线的标注位置完成标注。尺寸线总是指向或通过圆心）

图 8-10　线性标注、半径标注、直径标注和圆心标记

8.2.3　连续标注

连续标注又称为尺寸链标注，用于产生一系列连续的尺寸标注，后一个尺寸标注均把前一个标注的第二条尺寸界线作为其第一条尺寸界线。适用于长度型尺寸标注、角度型标注和坐标标注等。在使用连续标注方式之前，应该先标注出一个相关的尺寸。

【执行方式】

命令行：DIMCONTINUE。
菜单："标注"→"连续"。
工具栏：标注→连续标注▐▐▐。

【操作步骤】

命令:DIMCONTINUE↙
选择连续标注：
指定第二条尺寸界线原点或〔放弃(U)/选择(S)〕<选择>：

在此提示下的各选项与基线标注中完全相同，这里不再赘述。

AutoCAD 允许用户利用基线标注方式和连续标注方式进行角度标注，如图 8-11 所示。

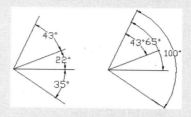

图 8-11　连续型和基线型角度标注

8.2.4　标注角度尺寸

【执行方式】

命令行：DIMANGULAR。
菜单："标注"→"角度"。
工具栏：标注→角度△。

【操作格式】

命令：DIMANGULAR✓
选择圆弧、圆、直线或 <指定顶点>：（选择构成角的一条边）
选择第二条直线：（选择角的第二条边）
指定标注弧线位置或 ［多行文字(M)/文字(T)/角度(A)］：（确定尺寸弧的标注位置完成标注，如图 8-12 所示）
标注文字 =30（显示标注角度的大小）

【选项说明】

该命令不但可以标注两直线间的夹角，还可以标注圆弧的圆心角及三点确定的角。其他选项与线性标注命令中的选项意义相同。

【例 8-2】　标注密封垫尺寸

本例标注的密封垫尺寸，如图 8-12 所示。该图形中包括 3 种尺寸，即线性尺寸 φ100、 φ80；直径尺寸 φ50、6-φ10；角度尺寸 60°。因此，本例主要介绍这 3 种尺寸的标注方法。

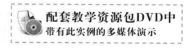

配套教学资源包DVD中
带有此实例的多媒体演示

具体操作步骤如下。

Step 01　打开保存的图形文件"密封垫.dwg"。

命令：Open✓（或者选择"文件"→"打开"菜单命令，也可以单击"标准"工具栏中的 按钮）

在弹出的"选择文件"对话框中，选择前面保存的图形文件"密封垫.dwg"，单击"确定"按钮，则该图形显示在绘图窗口中，如图 8-13 所示。

Step 02　设置图层。
单击"图层"工具栏中的"图层特性管理器"图标 ，打开"图层特性管理器"对话框。

使用同样的方法，再创建一个新层 BZ，线宽为 0.09 毫米，其他设置不变，用于标注尺寸。并将其设置为当前层。

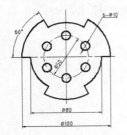

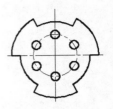

图 8-12 密封垫尺寸

图 8-13 垫片

Step 03 设置文字样式。

命令：STYLE✓（或者选择"格式"→"文字样式"菜单命令）

弹出"文字样式"对话框，如图 8-14 所示。

单击"新建"按钮，弹出"新建文字样式"对话框。如图 8-15 所示，输入样式名 SZ，用于标注尺寸数字及字母，然后单击"确定"按钮。

如图 8-16 所示，设置"文字样式"对话框。单击"字体名"下拉列表框，选择字体为"宋体"，在"字体样式"下拉列表框中选择"常规"选项，单击"确定"按钮，创建了一个新的文字样式 SZ。

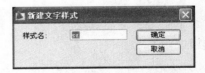

图 8-14 "文字样式"对话框

图 8-15 "新建文字样式"对话框

图 8-16 创建新文字样式 SZ

Step 04 设置尺寸标注样式。

命令：DIMSTYLE✓（或者选择"标注"→"标注样式"菜单命令，也可以单击"标注"工具栏中的"标注样式"按钮 ）

弹出如图 8-17 所示的 "标注样式管理器" 对话框。

单击 "新建" 按钮，弹出 "创建新标注样式" 对话框。如图 8-18 所示，在 "新样式名" 中输入 "机械图样"，用于标注机械图样中的线性尺寸，然后单击 "继续" 按钮。

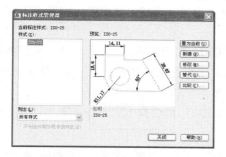

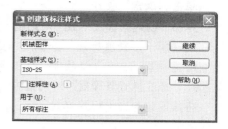

图 8-17　"标注样式管理器" 对话框　　　　图 8-18　"创建新标注样式" 对话框

弹出 "新建标注样式:机械图样" 对话框，分别设置 "线"、"符号和箭头"、"文字" 及 "调整" 选项卡，如图 8-19～图 8-22 所示。

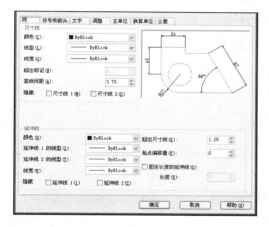

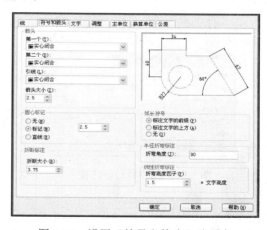

图 8-19　设置 "线" 选项卡　　　　　　　图 8-20　设置 "符号和箭头" 选项卡

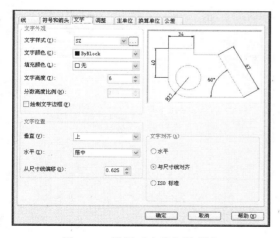

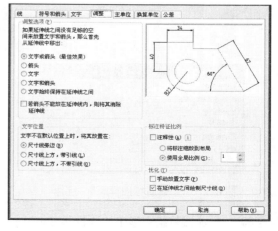

图 8-21　设置 "文字" 选项卡　　　　　　图 8-22　设置 "调整" 选项卡

其中，在 "文字" 选项卡中，将文字样式设置为 SZ，文字高度为 6，设置完成后，单击 "确定" 按钮。

在"标注样式管理器"对话框中，选择"机械图样"标注样式，单击"新建"按钮。

弹出"创建新标注样式"对话框，如图 8-23 所示，在"用于"下拉列表框中选择"直径标注"，单击"继续"按钮。

弹出"新建标注样式:机械图样:直径"对话框，设置"调整"选项卡，如图 8-24 所示，单击"确定"按钮。

弹出"创建新标注样式"对话框，如图 8-25 所示，利用相同的方法，基于"机械图样"，创建用于"角度标注"的标注样式。在弹出的"新建标注样式:机械图样:角度"对话框中，设置"文字"选项卡，如图 8-26 所示，然后单击"确定"按钮。

在"标注样式管理器"对话框中，选择"机械图样"标注样式，单击"置为当前"按钮，将其设置为当前标注样式。

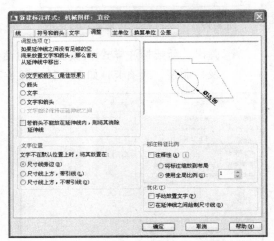

图 8-24 直径标注"调整"选项卡

图 8-23 创建直径标注样式

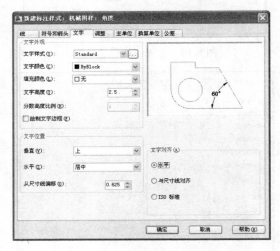

图 8-26 角度标注"文字"选项卡

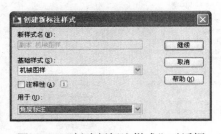

图 8-25 "创建新标注样式"对话框

Step 05 标注密封垫图形中的线性尺寸。

命令行操作如下。

命令:DIMLINEAR✓（或者单击"标注"工具栏中的 按钮）

指定第一条尺寸界线原点或 <选择对象>:（打开对象捕捉功能，如图 8-27 所示，捕捉 φ80 圆的

　　　左端象限点）

指定第二条尺寸界线原点：（如图 8-27 所示，捕捉 φ80 圆的右端象限点）

指定尺寸线位置或[多行文字(M)/文字(T)/角度(A)/水平(H)/垂直(V)/旋转(R)]:T✓（输入标注文字）

输入标注文字 <80>: %%C80✓

指定尺寸线位置或[多行文字(M)/文字(T)/角度(A)/水平(H)/垂直(V)/旋转(R)]:（拖动鼠标，在适当位置处单击，确定尺寸线位置）

标注文字 =80

命令:✓（利用相同的方法，继续标注线性尺寸）

指定第一条尺寸界线原点或 <选择对象>:（打开对象捕捉功能，如图 8-27 所示，捕捉 φ100 圆的左端象限点）

指定第二条尺寸界线原点：（如图 8-27 所示，捕捉 φ100 圆的右端象限点）

指定尺寸线位置或[多行文字(M)/文字(T)/角度(A)/水平(H)/垂直(V)/旋转(R)]:T✓（输入标注文字）

输入标注文字 <100>: %%C100✓

指定尺寸线位置或[多行文字(M)/文字(T)/角度(A)/水平(H)/垂直(V)/旋转(R)]:（拖动鼠标，在适当位置处单击，确定尺寸线位置）

标注文字 =100

Step 06 标注密封垫图形中的直径尺寸。

命令行操作如下。

命令:DIMDIAMETER✓（或者单击"标注"工具栏中的 ◎ 按钮）

选择圆弧或圆：（选择细点画线的圆）

标注文字 =50

指定尺寸线位置或 [多行文字(M)/文字(T)/角度(A)]:（拖动鼠标，如图 8-28 所示，在适当位置处单击，确定尺寸线及文字位置）

命令:✓（利用相同的方法，继续标注直径尺寸）

选择圆弧或圆：（选取实线的圆）

标注文字 =10

指定尺寸线位置或 [多行文字(M)/文字(T)/角度(A)]:T✓（输入标注文字）

输入标注文字 <10>: 6-<>✓（其中<>代表默认标注文字 φ10）

指定尺寸线位置或 [多行文字(M)/文字(T)/角度(A)]:（拖动鼠标，如图 8-29 所示，在适当位置处单击，确定尺寸线及文字位置）

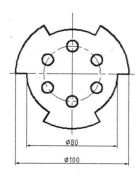
图 8-27　标注线性尺寸

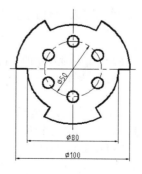
图 8-28　标注直径尺寸（一）

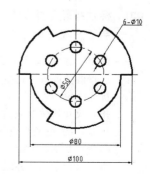
图 8-29　标注直径尺寸（二）

Step 07 标注密封垫图形中的角度尺寸。

命令行操作如下。

命令：DIMANGULAR✓（或者单击"标注"工具栏中的 △ 按钮）

选择圆弧、圆、直线或 <指定顶点>：（捕捉垫片左上部斜线）

选择第二条直线：（捕捉垫片左端水平线）

指定标注弧线位置或 [多行文字(M)/文字(T)/角度(A)]：（拖动鼠标，在适当位置处单击，确定尺寸线及文字位置）

标注文字 =60

Step 08 保存图形。

单击"标准"工具栏中的 🖫 按钮，将图形以"密封垫尺寸"为文件名，保存在指定路径中。

【例 8-3】 标注挂轮架尺寸

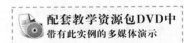

由图 8-30 可知，挂轮架图形中共有 5 种尺寸标注类型：
线性尺寸，如 φ14，可以用线性标注命令 DIMLINEAR 标注；
连续尺寸，如 45、35、50，可以用连续标注命令 DIMCONTINUE 标注；直径尺寸，如 φ40，可以用直径标注命令 DIMDIAMETER 标注；角度尺寸，如 45°，可以用角度标注命令 DIMANGULAR 标注；半径尺寸，如 R8、R14、R10 等，可以用半径标注命令 DIMRADIUS 标注。具体操作步骤如下。

Step 01 打开图形文件"挂轮架.dwg"。

命令行操作如下。

命令：OPEN✓（打开已有图形文件命令。按 Enter 键后，弹出"选择文件"对话框，从中选择保存的"挂轮架.dwg"文件，单击"打开"按钮，或双击该文件名，即可将该文件打开）

Step 02 创建尺寸标注图层，设置尺寸标注样式。

命令行操作如下。

命令：LAYER✓（创建一个新图层 BZ，并将其设置为当前层）

命令：DIMSTYLE✓（利用相同的方法，分别设置"机械制图"标注样式，并在此基础上设置"直径"标注样式、"半径"标注样式及"角度"标注样式，其中"半径"标注样式与"直径"标注样式设置相同，将其用于半径标注）

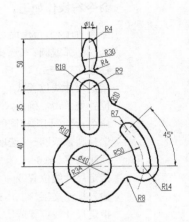

图 8-30 挂轮架

Step 03 标注挂轮架中的半径尺寸、连续尺寸及线性尺寸。

命令行操作如下。

命令：DIMRADIUS✓（半径标注命令。标注图中的半径尺寸 R8）

选择圆弧或圆：（选择挂轮架下部的 R8 圆弧）

标注文字 =8

指定尺寸线位置或 [多行文字(M)/文字(T)/角度(A)]：（指定尺寸线位置）

按 Enter 键继续进行半径标注，标注图中的半径尺寸。

命令：DIMLINEAR✓（标注图中的线性尺寸 φ14）

指定第一条尺寸界线原点或 <选择对象>：

_qua 于（捕捉左边 R30 圆弧的象限点）

指定第二条尺寸界线原点：

　_qua 于（捕捉右边 R30 圆弧的象限点）
　指定尺寸线位置或[多行文字(M)/文字(T)/角度(A)/水平(H)/垂直(V)/旋转(R)]:T✓
　输入标注文字 <14>: %%c14✓
　指定尺寸线位置或[多行文字(M)/文字(T)/角度(A)/水平(H)/垂直(V)/旋转(R)]:（指定尺寸
　线位置）
　标注文字 =14

利用相同的方法，分别标注图中的线性尺寸。
命令行操作如下。

　命令:DIMCONTINUE✓（连续标注命令，标注图中的连续尺寸）
　指定第二条尺寸界线原点或 [放弃(U)/选择(S)] <选择>:（按 Enter 键，选择作为基准的尺
　寸标注）
　选择连续标注:（选择线性尺寸 40 作为基准标注）
　指定第二条尺寸界线原点或 [放弃(U)/选择(S)] <选择>:
　_endp 于（捕捉上边的水平中心线端点，标注尺寸 35）
　标注文字 =35
　指定第二条尺寸界线原点或 [放弃(U)/选择(S)] <选择>:
　_endp 于（捕捉最上边的 R4 圆弧的端点，标注尺寸 50）
　标注文字 =50
　指定第二条尺寸界线原点或 [放弃(U)/选择(S)] <选择>:✓
　选择连续标注: ✓（按 Enter 键结束命令）

Step 04 标注直径尺寸及角度尺寸。
命令行操作如下。

　命令:DIMDIAMETER✓（标注图中的直径尺寸 φ40）
　选择圆弧或圆:（选择中间 φ40 圆）
　标注文字 =40
　指定尺寸线位置或 [多行文字(M)/文字(T)/角度(A)]:（指定尺寸线位置）
　命令: DIMANGULAR✓（标注图中的角度尺寸 45°）
　选择圆弧、圆、直线或 <指定顶点>:（选择标注为 45°角的一条边）
　选择第二条直线:（选择标注为 45°角的另一条边）
　指定标注弧线位置或 [多行文字(M)/文字(T)/角度(A)]:（指定尺寸线位置）
　标注文字 =45

结果如图 8-30 所示。

8.3 引线标注和形位公差标注

引线标注和形位公差标注属于尺寸标注中相对复杂的标注形式，本节将详细讲解。

8.3.1 引线标注

引线标注包含两个命令，即 LEADER 和 QLEADER，分别用于不同的引线标注。下面就分别介绍这两个命令。

1. LEADER 命令

【执行方式】

命令行：LEADER。

【操作格式】

命令：LEADER↙
指定引线起点：(指定引线的起点)
指定下一点：(指定引线的第二点)
指定下一点或 [注释(A)/格式(F)/放弃(U)] <注释>：(继续指定引线的第三点，或按 Enter 键输入注释文字)
输入注释文字的第一行或 <选项>：(输入标注的内容，按 Enter 键)
输入注释文字的下一行：(继续输入标注的内容，或按 Enter 键完成标注)

【选项说明】

(1) 选项：在提示"输入注释文字的第一行或<选项>："下按 Enter 键，则出现后续提示如下。

输入注释选项 [公差(T)/副本(C)/块(B)/无(N)/多行文字(M)] <多行文字>：

将允许用户进一步选择一些选项，如果选择了"多行文字（M）"选项，则打开多行文字编辑器，可以输入和编辑注释。

(2) 格式（F）：用于修改标注格式。选择该选项，出现后续提示如下。

输入引线格式选项 [样条曲线(S)/直线(ST)/箭头(A)/无(N)] <退出>：

用户可以选择引线的样式，例如，设置引线为样条曲线或直线，绘制起点带箭头或不带箭头的引线，如图 8-31 所示。

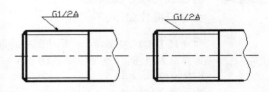

带箭头的引线标注　　不带箭头的引线标注

图 8-31　引线标注

2. QLEADER 命令

【执行方式】

命令行：QLEADER。
菜单："标注"→"引线"。
工具栏：标注→引线。

【操作格式】

命令：QLEADER↙
指定第一个引线点或 [设置(S)] <设置>：(给定引线起点，或按 Enter 键打开如图 8-32 所示的"引线设置"对话框)
指定下一点：(继续给定引线上的点，或按 Enter 键结束)
指定文字宽度 <0>：
输入注释文字的第一行 <多行文字(M)>：(输入注释文字，

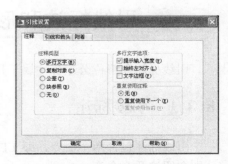

图 8-32　"引线设置"对话框

或按Enter键打开多行文字编辑器，输入内容）

"引线设置"对话框共有3个选项卡，分别用于设置注释类型，引线和箭头的样式、角度限制、引线顶点数目限制，注释文字的格式等。

【例8-4】　标注泵轴尺寸

标注如图8-33所示的泵轴尺寸，具体操作步骤如下。

Step 01 打开保存的图形文件"泵轴.dwg"。

单击"标准"工具栏中的 按钮，在弹出的"选择文件"对话框中，选取前面保存的图形文件"泵轴.dwg"，单击"确定"按钮，则该图形显示在绘图窗口中，如图8-34所示。

Step 02 利用"图层"命令创建一个新层BZ，该图层用于尺寸标注。

Step 03 利用"文字样式"命令设置文字样式SZ。

Step 04 设置尺寸标注样式。

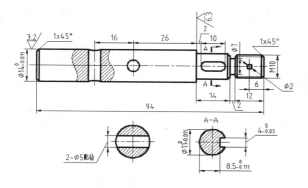

图8-33　泵轴尺寸

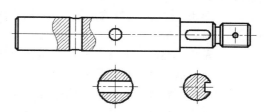

图8-34　泵轴

单击"标注"工具栏中的 按钮，设置标注样式。

利用同样的方法，在弹出的"标注样式管理器"对话框中，单击"新建"按钮，创建新的标注样式"机械图样"，用于标注图样中的尺寸。

单击"继续"按钮，弹出"新建标注样式：机械图样"对话框，对其中的各个选项卡进行设置，如图8-35～图8-37所示。不再设置其他标注样式。

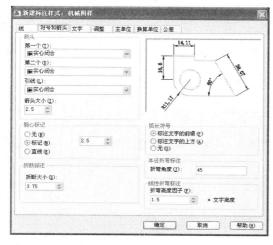

图8-35　设置"符号和箭头"选项卡

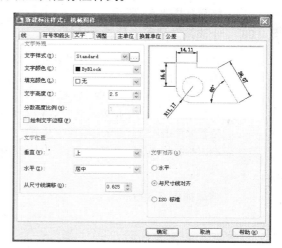

图8-36　设置"文字"选项卡

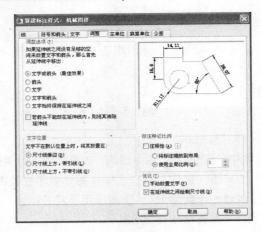

图 8-37 设置"调整"选项卡

在"标注样式管理器"对话框中，选择"机械图样"标注样式，单击"置为当前"按钮，将其设置为当前标注样式。

Step 05 标注泵轴视图中的基本尺寸。

单击"标注"工具栏中的 ⊢⊣ 按钮，利用相同的方法，标注泵轴主视图中的线性尺寸 M10、ϕ7 及 6。

单击"标注"工具栏中的 ⊢⊣ 按钮，利用相同的方法，以尺寸 6 的右端尺寸线为基线，进行基线标注，标注尺寸 12 及 94。

单击"标注"工具栏中的 ⊩⊩ 按钮，选择尺寸 12 的左端尺寸线，标注连续尺寸 2 及 14。

单击"标注"工具栏中的 ⊢⊣ 按钮，标注泵轴主视图中的线性尺寸 16；利用相同的方法，单击"标注"工具栏中的 ⊩⊩ 按钮，标注连续尺寸 26、2 及 10。

单击"标注"工具栏中的 ⊘ 按钮，标注泵轴主视图中的直径尺寸 ϕ2。 结果如图 8-38 所示。

单击"标注"工具栏中的 ⊢⊣ 按钮，标注泵轴剖面图中的线性尺寸 2-ϕ5 配钻，此时应输入标注文字"2-%%C5 配钻"。

单击"标注"工具栏中的 ⊢⊣ 按钮，标注泵轴剖面图中的线性尺寸 8.5、4。

结果如图 8-38 所示。

Step 06 修改泵轴视图中的基本尺寸。

命令：DIMTEDIT✓（输入"编辑标注文字位置"命令，或者单击"标注"工具栏中的 ⊿ 按钮，编辑图中的尺寸）

选择标注：（选择主视图中的尺寸 2）

指定标注文字的新位置或 [左(L)/右(R)/中心(C)/默认(H)/角度(A)]：（拖动鼠标，在适当位置处单击，确定新的标注文字位置）

利用相同的方法，单击"标注"工具栏中的 ⊿ 按钮，分别修改泵轴视图中的尺寸"2-ϕ5 配钻"及 2。

结果如图 8-39 所示。

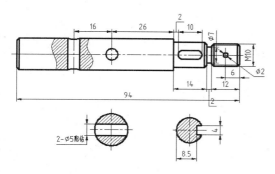

图 8-38　基本尺寸

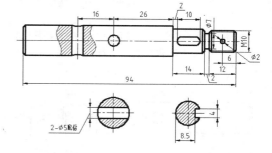

图 8-39　修改视图中的标注文字位置

Step 07　利用重新输入标注文字的方法，标注泵轴视图中带尺寸偏差的线性尺寸。

命令：DIMLINEAR✓（或者单击"标注"工具栏中的 按钮）
指定第一条尺寸界线原点或 <选择对象>：（捕捉泵轴主视图左轴段的左上角点）
指定第二条尺寸界线原点：（捕捉泵轴主视图左轴段的左下角点）
指定尺寸线位置或[多行文字(M)/文字(T)/角度(A)/水平(H)/垂直(V)/旋转(R)]：T✓
输入标注<14>：%%c14{\H0.7x;\S0^-0.011;}✓
指定尺寸线位置或[多行文字(M)/文字(T)/角度(A)/水平(H)/垂直(V)/旋转(R)]：（拖动鼠标，在适当位置处单击）
标注文字 =14

利用相同的方法，标注泵轴剖面图中的尺寸 ϕ 11，输入标注文字
"%%c11{\H0.7x;\S0^-0.011;}"。

结果如图 8-40 所示。

Step 08　用标注替代的方法，为泵轴剖面图中的线性尺寸添加尺寸偏差。

单击"标注"工具栏中的 按钮，或者选择"标注"→"样式"菜单命令。在弹出的"标注样式管理器"的样式列表中选择"机械图样"，单击"替代"按钮。系统弹出"替代当前样式"对话框，方法同前，单击"主单位"选项卡，将"线性标注"选项区中的"精度"值设置为 0.000；单击"公差"选项卡，在"公差格式"选项区中，将"方式"设置为"极限偏差"，设置"上偏差"为 0，下偏差为 0.111，"高度比例"为 0.7，设置完成后单击"确定"按钮。

单击"标注"工具栏中的"标注更新"图标 ，选择剖面图中的线性尺寸 8.5，即可为该尺寸添加尺寸偏差。

使用同样的方法，继续设置替代样式。设置"公差"选项卡中的"上偏差"为 0，下偏差为 0.030。单击"标注"工具栏中的 按钮，选择线性尺寸 4，即可为该尺寸添加尺寸偏差。

结果如图 8-41 所示。

Step 09　标注主视图中的倒角尺寸。

命令：QLEADER✓
指定第一个引线点或 [设置(S)] <设置>：✓（按 Enter 键，弹出如图 8-42 所示的"引线设置"对话框，如图 8-42 及图 8-43 所示，分别设置其选项卡，设置完成后，单击"确定"按钮）
指定第一个引线点或 [设置(S)] <设置>：（捕捉齿轮轴套主视图中上端倒角的端点）
指定下一点：（拖动鼠标，在适当位置处单击）

指定下一点：（拖动鼠标，在适当位置处单击）

指定文字宽度 <0>:↙

输入注释文字的第一行 <多行文字(M)>: 1x45%%d↙

输入注释文字的下一行:↙

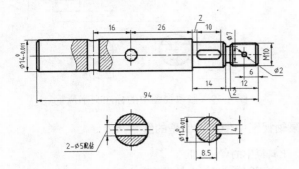

图 8-40　标注尺寸 φ14 及 φ11

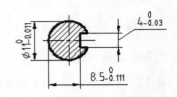

图 8-41　替代剖面图中的线性尺寸

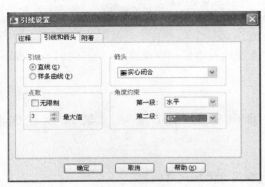

图 8-42　"引线设置"对话框

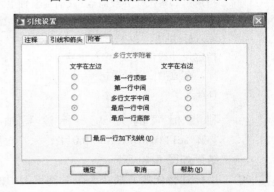

图 8-43　"引线设置"对话框中的"附着"选项卡

利用相同的方法，标注另一个倒角尺寸。

Step ⑩　标注泵轴主视图中的表面粗糙度。

表面粗糙图标注方法第 9 章将详细介绍，在此从略。最终结果如图 8-33 所示。

8.3.2　形位公差标注

为方便机械设计工作，系统提供了标注形位公差的功能。形位公差的标注如图 8-44 所示，包括指引线、特征符号、公差值以及基准代号和附加符号。

【执行方式】

命令行：TOLERANCE。

菜单："标注"→"公差"。

工具栏：标注→公差 ⊞ 。

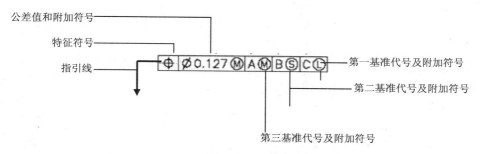

图 8-44 形位公差标注

【操作格式】

命令:TOLERANCE↙

在命令行输入 TOLERANCE 命令，或者选择相应的菜单项或工具栏图标，打开如图 8-45 所示的"形位公差"对话框，可通过此对话框对形位公差标注进行设置。

【选项说明】

（1）符号：设定或改变公差代号。单击下面的黑方块，系统打开如图 8-46 所示的"特征符号"对话框，可以从中选取公差代号。

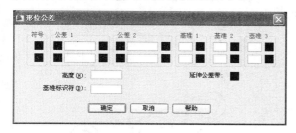

图 8-45 "形位公差"对话框

图 8-46 "特征符号"对话框

（2）公差1（2）：产生第一（二）个公差的公差值及"附加符号"符号。白色文本框左侧的黑块控制是否在公差值之前加一个直径符号，第一次单击，则出现一个直径符号，再次单击则又消失。白色文本框用于确定公差值，在其中输入一个具体数值。右侧黑块用于插入"包容条件"符号，单击则打开如图 8-47 所示的"附加符号"对话框，可从中选取所需符号。

图 8-47 "附加符号"对话框

（3）基准1（2、3）：确定第一（二、三）个基准代号及材料状态符号。在白色文本框中输入一个基准代号。单击其右侧黑块则弹出"包容条件"对话框，可从中选择适当的"包容条件"符号。

（4）"高度"文本框：确定标注复合形位公差的高度。

（5）延伸公差带：单击此黑块，在复合公差带后面加一个复合公差符号，如图 8-48（d）所示。

（6）"基准标识符"文本框：产生一个标识符号，用一个字母表示。

如图 8-48 所示的是利用 TOLERANCE 命令标注的形位公差。

提 示

在"形位公差"对话框中有两行，可实现复合形位公差的标注。如果两行中输入的公差代号相同，则得到如图 8-48（e）所示的形式。

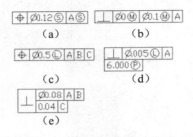

（a）　　　　　　（b）

（c）　　　　　　（d）

（e）

图 8-48　形位公差标注举例

【例 8-5】　标注曲柄尺寸

标注如图 8-49 所示的曲柄尺寸，操作步骤如下。

> 配套教学资源包DVD中
> 带有此实例的多媒体演示

Step 01　打开保存的图形文件"曲柄.dwg"。

单击"标准"工具栏中的 按钮，在弹出的"选择文件"对话框中，选择前面保存的图形文件"泵轴.dwg"，单击"确定"按钮，则该图形显示在绘图窗口中，如图 8-50 所示。

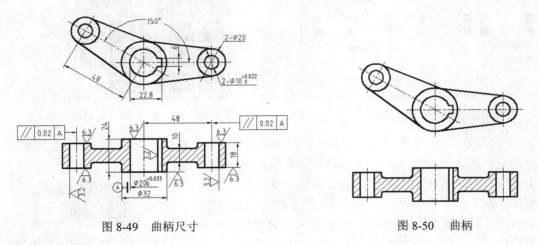

图 8-49　曲柄尺寸　　　　　　　　　　　图 8-50　曲柄

Step 02　利用"图层"命令创建一个新层 BZ，该图层用于尺寸标注。

Step 03　利用"文字样式"命令设置文字样式 SZ。

Step 04　设置尺寸标注样式。

单击"标注"工具栏中的 按钮，设置标注样式。

利用相同的方法，在弹出的"标注样式管理器"对话框中，单击"新建"按钮，创建新的标注样式"机械图样"，用于标注图样中的线性尺寸。

单击"继续"按钮，弹出"新建标注样式：机械图样"对话框，对其中的各个选项卡进行设置，如图 8-51～图 8-53 所示。设置完成后，单击"确定"按钮。

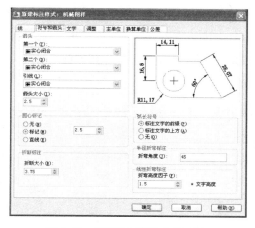

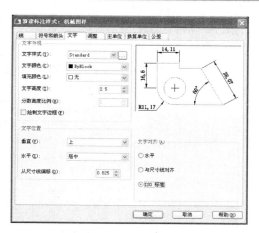

图 8-51 "符号和箭头"选项卡

图 8-52 "文字"选项卡

选择"机械图样",单击"新建"按钮,分别设置直径及角度标注样式。其中,直径标注样式的"调整"选项卡,在"调整选项"区域,选中"标注时手动放置文字"复选框,在"文字"选项卡中的"文字对齐"选项区,选中"ISO 标准"单选按钮;角度标注样式的"文字"选项卡,在"文字对齐"选项区,选取"水平"单选按钮。其他选项卡的设置均不变。

在"标注样式管理器"对话框中,选择"机械图样"标注样式,单击"置为当前"按钮,将其设置为当前标注样式。

Step 05 标注曲柄视图中的线性尺寸及对齐尺寸。

单击"标注"工具栏中的 按钮,利用相同的方法,从上至下,依次标注曲柄主视图及俯视图中的线性尺寸 6、22.8、48、18、10、ϕ20、ϕ32。

在标注尺寸 ϕ20 时,需要输入"%%C20 {\H0.7x;\S+0.033^0;}"。结果如图 8-54 所示。

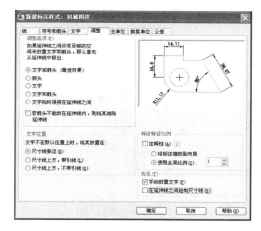

图 8-53 "调整"选项卡

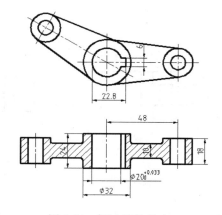

图 8-54 标注线性尺寸

单击"标注"工具栏中的 按钮,选择曲柄俯视图中的线性尺寸 24,拖动文字到尺寸界线外部,单击鼠标。

利用相同的方法,单击"标注"工具栏中的 按钮,选择俯视图中的线性尺寸 10,将其文字拖动到适当位置。

单击"标注"工具栏中的 按钮,在弹出的"标注样式管理器"的样式列表中选择"机械图样"，单击"替代"按钮。

系统弹出"替代当前样式:机械图样"对话框，利用相同的方法，单击"线"选项卡，如图 8-55 所示，在"延伸线"选项组中的"隐藏"复选框组，选择"延伸线 2（2）"。

单击"符号和箭头"选项卡，在"箭头"选项区，将"第二个"设置为"无"。

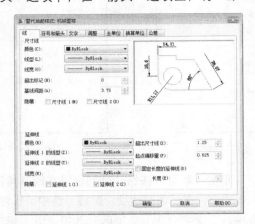

图 8-55　"替代当前样式:机械图样"对话框

单击"标注"工具栏中的 按钮，选取俯视图中的线性尺寸 $\phi20$，更新该尺寸样式。利用相同的方法，单击"标注"工具栏中的 按钮，选取更新的线性尺寸 $\phi20$，将其文字拖动到适当位置，结果如图 8-56 所示。

命令：DIMALIGNED↙（或者单击"标注"工具栏中的 按钮，标注对齐尺寸）
指定第一条尺寸界线原点或 <选择对象>：（捕捉曲柄主视图左臂圆心）
指定第二条尺寸界线原点：（捕捉曲柄主视图中间圆心）
指定尺寸线位置或[多行文字(M)/文字(T)/角度(A)]：（拖动鼠标，在适当位置处单击，结果如图 8-57 所示）
标注文字 =48

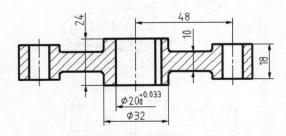

图 8-56　编辑俯视图中的线性尺寸

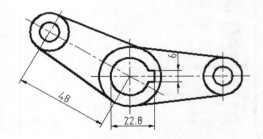

图 8-57　标注主视图对齐尺寸

Step 06 标注曲柄主视图中的角度尺寸及直径尺寸。

单击"标注"工具栏中的 按钮，标注角度尺寸 150°。

单击"标注"工具栏中的 按钮，标注曲柄水平臂中的直径尺寸"2-$\phi10$"及"2-$\phi20$"。在标注尺寸"2-$\phi20$"时，需要输入标注文字"2-<>"；在标注尺寸"2-$\phi10$"时，需要输入标注文字"2-<>"。

单击"标注"工具栏中的 按钮，在弹出的"标注样式管理器"的样式列表中选择"机械图样″，单击″替代″按钮。

系统弹出″替代当前样式:机械图样″对话框，利用相同的方法，单击″主单位″选项卡，将″线性标注″选项区域中的″精度″值设置为 0.000；单击″公差″选项卡，在″公差格式″选项区域中，将″方式″设置为″极限偏差″，设置″上偏差″为 0.022，下偏差为 0，″高度比例″为 0.7，设置完成后单击″确定″按钮。

单击″标注″工具栏中的 按钮，选取直径尺寸″2-ϕ10″，即可为该尺寸添加尺寸偏差。

结果如图 8-58 所示。

Step 07 标注曲柄俯视图中的形位公差。

方法同上，单击″标注″工具栏中的 按钮，利用快速标注，标注形位公差。

命令：QLEADER↙

指定第一个引线点或 [设置(S)] <设置>：↙（按 Enter 键，在弹出的″引线设置″对话框中，设置同上）

指定第一个引线点或 [设置(S)] <设置>：（捕捉曲柄俯视图尺寸 48 右端点）

指定下一点：（向右拖动鼠标，在适当位置处单击，弹出″形位公差″对话框，如图 8-59 所示，对其进行设置，单击″确定″按钮）

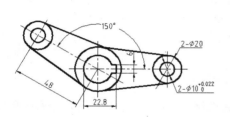

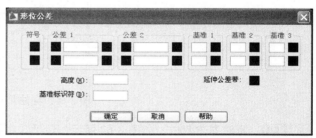

图 8-58　标注角度及直径尺寸　　　　图 8-59　″形位公差″对话框

利用相同的方法，标注俯视图左边的形位公差。

Step 08 利用″圆″、″直线″和″多行文字″等命令绘制基准符号。

Step 09 标注粗糙度，将在第 9 章详细讲述，在此从略。最终结果如图 8-49 所示。

8.4 尺寸标注的编辑

在进行尺寸标注时，系统的标注样式可能不符合具体要求，在此情况下，可以根据需要，对所标注的尺寸进行编辑。尺寸标注的编辑包括对已标注尺寸的标注位置、文字位置、文字内容、标注样式等内容进行修改。

【执行方式】

命令行：DDIM。

【操作格式】

命令：DDIM↙

该命令与标注样式命令 DIMSTYLE 非常相似，系统自动执行该命令，弹出″标注样式管理器"对话框,其设置方法与上节设置方法相同。

8.5 上机实训——标注轴尺寸

绘制如图 8-60 所示的轴,其尺寸包括基本线性尺寸、角度尺寸、极限公差尺寸和形位公差尺寸等,需要综合利用各种尺寸标注方法,具体操作步骤如下。

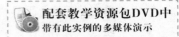
配套教学资源包DVD中
带有此实例的多媒体演示

Step 01 打开绘制的图形文件"齿轮轴.dwg",如图 8-61 所示。

Step 02 设置尺寸标注样式。在系统默认的 standard 标注样式中,修改箭头大小为 3;文字高度为 4;文字对齐方式为"与尺寸线对齐";精度设为 0.0。其他按照默认设置不变。

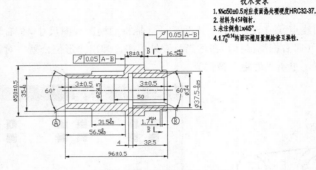

图 8-60　标注尺寸与文字

Step 03 标注基本尺寸。如图 8-62 所示,包括 3 个线性尺寸,两个角度尺寸和两个直径尺寸,而实际上这两个直径尺寸也是按线性尺寸的标注方法进行标注的。

利用"线性标注"命令标注线性尺寸 4、32.5、50、ϕ34、ϕ24.5、60,标注结果如图 8-62 所示。

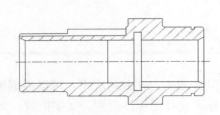

图 8-61　绘制图形

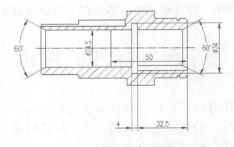

图 8-62　标注基本尺寸

Step 04 标注公差尺寸。其中包括 5 个对称公差尺寸和 6 个极限偏差尺寸。在"标注样式管理器"对话框中单击"替代"按钮,在替代样式的"公差"选项卡中按每一个尺寸公差的不同进行替代设置,替代设定后,进行尺寸标注。

命令:DIMLINEAR↙
指定第一条尺寸界线原点或 <选择对象>:(捕捉第一条尺寸界线原点)
指定第二条尺寸界线原点:(捕捉第二条尺寸界线原点)

创建了无关联的标注。

指定尺寸线位置或[多行文字(M)/文字(T)/角度(A)/水平(H)/垂直(V)/旋转(R)]:M↙

（在打开的多行文本编辑器的编辑栏中尖括号前加%%C，标注直径符号）

指定尺寸线位置或[多行文字(M)/文字(T)/角度(A)/水平(H)/垂直(V)/旋转(R)]:↙

标注文字 =50

对公差按尺寸要求进行替代设置。对标注基本尺寸为 35、31.5、56.5、96、18、3、1.7、16.5、38.5 的公差尺寸进行标注，标注结果如图 8-63 所示。

Step 05 标注形位公差。打开"形位公差"对话框，进行如图 8-64 所示的设置，确定后在图形上指定放置位置。

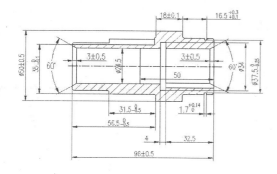

图 8-63 标注尺寸公差

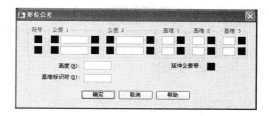

图 8-64 "形位公差"对话框

Step 06 标注引线。

命令：LEADER↙

指定引线起点：（指定起点）

指定下一点：（指定下一点）

指定下一点或 [注释(A)/格式(F)/放弃(U)] <注释>:↙

输入注释文字的第一行或 <选项>:↙

输入注释选项 [公差(T)/副本(C)/块(B)/无(N)/多行文字(M)] <多行文字>:N↙　　（引线指向形位公差符号，故无注释文本）

利用相同的方法标注另一个形位公差。结果如图 8-65 所示。

Step 07 标注形位公差基准。形位公差的基准可以通过引线标注命令和绘图命令以及单行文字命令绘制，这里不再赘述。最后完成的标注结果如图 8-66 所示。

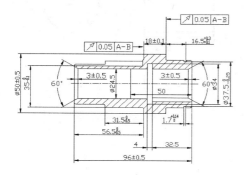

图 8-65 标注形位公差

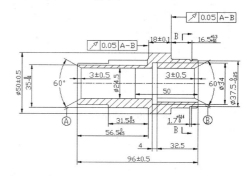

图 8-66 完成尺寸标注

Step 08 标注技术要求。选择“绘图”→“文字”→“多行文字”菜单命令，系统打开多行文字编辑器。在编辑器中输入如图 8-67 所示文字。

标注的文字如图 8-68 所示。

1. %%c50±0.5对应表面热处理硬度HRC32-37.
2. 材料为45#钢材。
3. 未注倒角1x45°.
4.1.7+0.14 0的圆环槽用量规检查互换性。

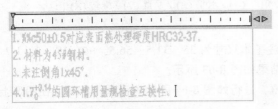

图 8-67　多行文字编辑器

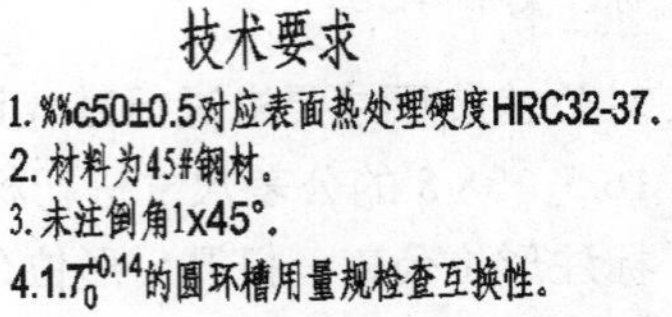

技术要求
1. %%c50±0.5对应表面热处理硬度HRC32-37.
2. 材料为45#钢材。
3. 未注倒角1x45°.
4.1.7+0.14 0的圆环槽用量规检查互换性。

图 8-68　标注的文字

最终完成尺寸标注与文字标注的图形如图 8-60 所示。

8.6 本章习题

8.6.1 思考题

1. 怎样设置一个新建的文字样式？
2. 怎样设置一个只有表头和数据的表格？
3. 怎样在尺寸样式中设置标注公差？

8.6.2 操作题

1. 标注轴承座尺寸，如图 8-69 所示。
2. 标注齿轮轴套尺寸，如图 8-70 所示。

Ø30
Ø60
110
A—
—A
30
20
20
20
R5
5
60
120
160
200

图 8-69　轴承座

R1
1x45°
Ø40
Ø51
Ø54 0 -0.20
R1
13-0.24
35 -0.08 -0.25
6+0.025 0
Ø28+0.21 0
30.6+0.14 0

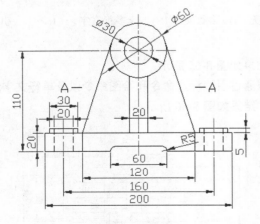

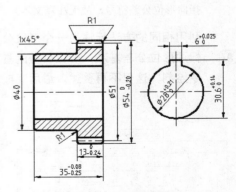

图 8-70　齿轮轴套尺寸

第 **9** 章

图形设计辅助工具

为了提高系统整体的图形设计效率，并有效地管理整个系统的所有图形设计文件，AutoCAD 经过不断的探索和完善，推出了大量的图形设计辅助工具，包括图块、设计中心、工具选项板、查询工具等。本章主要对这些图形设计辅助工具进行介绍。

- 图块的操作
- 图块的属性
- 设计中心
- 工具选项板

9.1 图块的操作

图块也称作块，是由一组图形对象组成的集合，一组对象一旦被定义为图块，将成为一个整体，拾取图块中任意一个图形对象即可选中构成图块的所有对象。AutoCAD 把一个图块作为一个对象进行编辑修改等操作，用户可根据绘图需要把图块插入图中任意指定的位置，而且在插入时还可以指定不同的缩放比例和旋转角度。如果需要对组成图块的单个图形对象进行修改，还可以利用"分解"命令把图块炸开分解成若干个对象。图块还可以重新定义，一旦被重新定义，整个图中基于该块的对象都将随之改变。

9.1.1 定义图块

【执行方式】

命令行：BLOCK。
菜单："绘图"→"块"→"创建"。
工具栏：绘图→创建块 🖧。

【操作格式】

命令：BLOCK↙

AutoCAD 中的"块定义"对话框如图 9-1 所示，利用该对话框可以定义图块并为其命名。

图 9-1　"块定义"对话框

该对话框中的选项说明如下。

（1）"基点"选项组：确定图块的基点，默认值是（0，0，0），也可以在下面的 X，Y，Z 文本框中输入块的基点坐标值。单击"拾取点"按钮，AutoCAD 临时切换到作图屏幕，用鼠标在图形中拾取一点后，返回"块定义"对话框，把所拾取的点作为图块的基点。

（2）"对象"选项组：用于选择制作图块的对象以及对象的相关属性。

在图 9-2 中，把图（a）中的正五边形定义为图块，图（b）为选择"删除"单选按钮的结果，图（c）为选择"保留"单选按钮的结果。

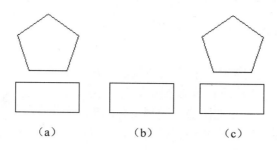

图 9-2 删除图形对象

（3）"设置"选项组：设置图块的单位、是否按统一比例缩放、是否允许分解等属性。单击"超链接"按钮，将图块超链接到其他对象。

（4）"在块编辑器中打开"复选框：选中该复选框，则将块设置为动态块，并在块编辑器中打开。

（5）"方式"选项组：包括以下几项。

① "注释性"复选框：指定块为注释性。

② "使块方向与布局匹配"复选框：指定在图纸空间视口中的块参照的方向与布局的方向匹配，如果未选中"注释性"复选框，则该选项不可用。

③ "按统一比例缩放"复选框：指定是否阻止块参照不按统一比例缩放。

④ "允许分解"复选框：指定块参照是否可以被分解。

【例 9-1】 创建螺栓图块

创建螺栓图块的具体操作步骤如下。

Step 01 绘制图形，如图 9-3 （a）所示。

Step 02 在"绘图"工具栏中单击"创建块"按钮，打开"块定义"对话框。

Step 03 在该对话框的"名称"下拉列表框中输入块名，如"紧固件"。

Step 04 单击"基点"选项组中的"拾取点"按钮。

Step 05 选择插入基点，如图 9-3 （a）所示。

Step 06 单击"对象"选项组中的"选择对象"按钮。

Step 07 选择要定义成块的对象，如图 9-3 （b）所示。

Step 08 选择"删除"单选按钮，即定义块后屏幕上不保留原对象，如图 9-3 （c）所示。

Step 09 单击"确定"按钮，即可将所选对象定义成块。

（a）

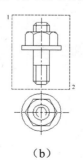
（b）

（c）

图 9-3 螺栓

187

9.1.2 图块的保存

利用 BLOCK 命令定义的图块保存在其所属的图形当中，该图块只能在该图中插入，而不能插入其他图中，但是有些图块在许多图中要经常用到，这时可以用 WBLOCK 命令把图块以图形文件的形式（后缀为.dwg）写入磁盘，这样图形文件就可以在任意图形中使用 INSERT 命令插入。

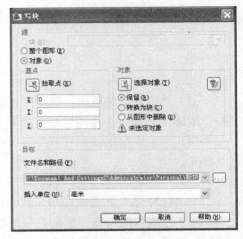

【执行方式】

命令行：WBLOCK。

【操作格式】

命令：WBLOCK↙

在命令行输入 WBLOCK 后按 Enter 键，打开"写块"对话框，如图 9-4 所示，利用此对话框可把图形对象保存为图形文件或把图块转换成图形文件。

图 9-4 "写块"对话框

9.1.3 图块的插入

在使用 AutoCAD 绘图的过程中，用户可根据需要随时把已经定义好的图块或图形文件插入到当前图形的任意位置，在插入的同时还可以改变图块的大小、旋转一定角度或把图块炸开等。插入图块的方法有多种，本节将逐一进行介绍。

【执行方式】

命令行：INSERT。
菜单："插入"→"块"。
工具栏：插入点→插入块🗗或绘图→插入块🗗。

【操作格式】

命令：INSERT↙

打开"插入"对话框，如图 9-5 所示，利用此对话框可以指定要插入的图块及插入位置。

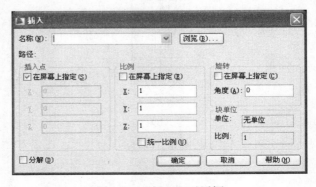

图 9-5 "插入"对话框

该对话框中的选项说明如下。

（1）"路径"文本行：显示图块的保存路径。

（2）"插入点"选项组：指定插入点，插入图块时该点与图块的基点重合。可以在屏幕上指定该点，也可以通过下面的文本框输入该点坐标值。

（3）"比例"选项组：确定插入图块时的缩放比例。图块被插入到当前图形中时，可用任意比例放大或缩小。如图9-6所示，（a）图是被插入的图块，（b）图是取比例系数为1.5后插入该图块的结果，（c）图是取比例系数为0.5的结果。X轴方向和Y轴方向的比例系数也可以取不同值，如图9-6（d）所示为X轴方向的比例系数为1，Y轴方向的比例系数为1.5。另外，比例系数还可以是一个负数，当为负数时表示插入图块的镜像，其效果如图9-7所示。

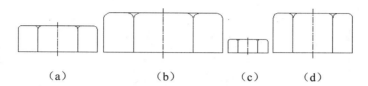

（a）　　　　（b）　　　　（c）　　　　（d）

图9-6　取不同比例系数插入图块的效果

X比例=1，Y比例=1　　X比例=-1，Y比例=1　　X比例=1，Y比例=-1　　X比例=-1，Y比例=-1

图9-7　取比例系数为负值插入图块的效果

（4）"旋转"选项组：指定插入图块时的旋转角度。图块被插入到当前图形中的时候，可以绕基点旋转一定的角度，角度可以是正数（表示沿逆时针方向旋转），也可以是负数（表示沿顺时针方向旋转）。如图9-8（b）是图9-8（a）所示的图块旋转30°插入的效果，图9-8（c）是旋转-30°插入的效果。

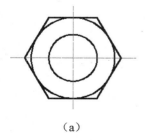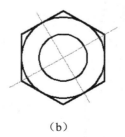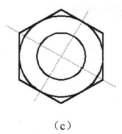

（a）　　　　　　　　（b）　　　　　　　　（c）

图9-8　以不同旋转角度插入图块的效果

如果选中"在屏幕上指定"复选框，系统则切换到作图屏幕，在屏幕中拾取一点，AutoCAD自动测量插入点与该点连线和X轴正方向之间的夹角，并把它作为块的旋转角。也可以在"角度"文本框中直接输入插入图块时的旋转角度。

（5）"分解"复选框：选中此复选框，则在插入块的同时将其炸开，插入到图形中的组成块的对象不再是一个整体，可对每个对象单独进行编辑操作。

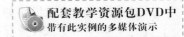
配套教学资源包DVD中
带有此实例的多媒体演示

【例 9-2】 绘制并标注齿轮剖视图

绘制并标注如图 9-9 所示的齿轮剖视图,具体操作步骤如下。

Step 01 利用前面学习的知识绘制图形,打开源文件\第 9 章\标注齿轮剖视图.PNG 文件,如图 9-10 所示。

Step 02 绘制图块。设置当前图层为尺寸线层。通过相关绘图命令绘制如图 9-11 所示的图形。将其放置在图形的右上角。

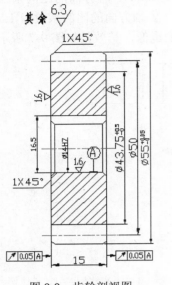

图 9-9 齿轮剖视图

图 9-10 绘制图形

图 9-11 绘制粗糙度符号

Step 03 定义并保存图块。利用 WBLOCK 命令打开"写块"对话框,如图 9-12 所示。单击"拾取点"按钮,拾取图形的下尖点为基点,如图 9-13 所示。单击"选择对象"按钮,选择图形对象,如图 9-14 所示。单击"文件名和路径"下拉列表框后的 按钮,系统打开"浏览图形文件"对话框,如图 9-15 所示。输入图块名称并指定路径,返回"写块"对话框,单击"确定"按钮退出该对话框。

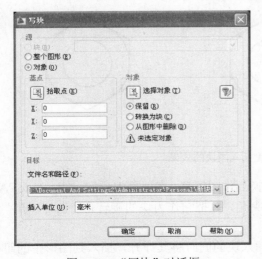

图 9-12 "写块"对话框

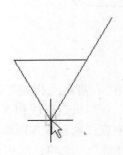

图 9-13 指定基点

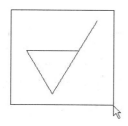

图 9-14　选择对象

图 9-15　"浏览图形文件"对话框

Step 04 插入图块。利用 INSERT 命令，打开"插入"对话框，如图 9-16 所示。单击"浏览"按钮打开"选择图形文件"对话框，如图 9-17 所示。打开刚才保存的图块，进行如图 9-18 所示的设置，指定统一的比例为 0.8，在屏幕上指定插入点，旋转角度也在屏幕上指定。将该图块插入到图形中，用鼠标指定插入基点并拉出旋转角度，插入后图形如图 9-18 所示。

图 9-16　"插入"对话框

图 9-17　"选择图形文件"对话框

Step 05 标注文字。

命令行操作与提示如下。

命令：TEXT✓
当前文字样式：STANDARD 当前文字高度： 0.2000
指定文字的起点或 [对正(J)/样式(S)]：（指定文字起点）
指定高度 <0.2000>：0.5✓
指定文字的旋转角度 <0>：90✓
输入文字：1.6✓

绘制结果如图 9-19 所示。

Step 06 绘制其他粗糙度，方法同上。结果如图 9-9 所示。

图 9-18　插入结果

图 9-19　绘制文字后的图形

9.2 图块的属性

图块除了包含图形对象以外，还可以具有非图形信息。例如，把一个椅子的图形定义为图块后，还可以把椅子的号码、材料、重量、价格以及说明等文本信息一并加入到图块当中。图块的这些非图形信息叫做图块的属性，它是图块的一个组成部分，与图形对象一起构成一个整体，在插入图块时，系统图形对象连同属性一起插入图形中。

9.2.1 定义图块属性

【执行方式】

命令行：ATTDEF。

菜单："绘图"→"块"→"定义属性"。

【操作格式】

命令：ATTDEF↙

系统打开"属性定义"对话框，如图 9-20 所示。

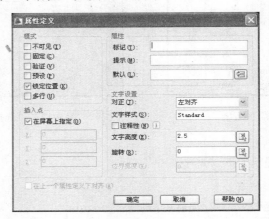

图 9-20 "属性定义"对话框

该对话框中的选项说明如下。

（1）"模式"选项组：确定属性的模式。

- "不可见"复选框：选中此复选框则属性为不可见显示方式，即插入图块并输入属性值后，属性值在图中并不显示出来。
- "固定"复选框：选中此复选框则属性值为常量，即属性值在属性定义时给定，在插入图块时系统不再提示输入属性值。
- "验证"复选框：选中此复选框，当插入图块时系统重新显示属性值，让用户验证该值是否正确。
- "预设"复选框：选中此复选框，当插入图块时系统自动把事先设置好的默认值赋予属性，而不再提示输入属性值。

- "锁定位置"复选框：选中此复选框，当插入图块时系统锁定块参照中属性的位置。解锁后，属性可以相对于使用夹点编辑的块的其他部分移动，并且可以调整多行属性的大小。
- "多行"复选框：指定属性值可以包含多行文字。

（2）"属性"选项组：用于设置属性值。在每个文本框中系统允许输入不超过 256 个字符。

- "标记"文本框：输入属性标签。属性标签可由除空格和感叹号以外的所有字符组成，系统自动把小写字母改为大写字母。
- "提示"文本框：输入属性提示。属性提示是插入图块时系统要求输入属性值的提示，如果不在此文本框中输入文本，则以属性标签作为提示。如果在"模式"选项组中选中"固定"复选框，即设置属性为常量，则不需要设置属性提示。
- "默认"文本框：设置默认的属性值，可把使用次数较多的属性值作为默认值，也可不设置默认值。

（3）"插入点"选项组：确定属性文本的位置。可以在插入时由用户在图形中确定属性文本的位置，也可在 X、Y、Z 文本框中直接输入属性文本的位置坐标。

（4）"文字设置"选项组：设置属性文本的对齐方式、文本样式、字高和旋转角度。

（5）"在上一个属性定义下对齐"复选框：选中此复选框，表示把属性标签直接放在前一个属性的下面，而且该属性继承前一个属性的文本样式、字高和旋转角度等特性。

提 示

在动态块中，由于属性的位置包括在动作的选择集中，因此必须将其锁定。

完成"属性定义"对话框中各项的设置后，单击"确定"按钮，即可完成一个图块属性的定义，可用此方法定义多个属性。

9.2.2 修改属性的定义

在定义图块之前，可以对属性的定义加以修改，不仅可以修改属性标签，还可以修改属性提示和属性默认值。

【执行方式】

命令行：DDEDIT。
菜单："修改"→"对象"→"文字"→"编辑"。

【操作格式】

命令：DDEDIT↙
选择注释对象或〔放弃(U)〕:

在此提示下选择要修改的属性定义，打开"编辑属性定义"对话框，如图 9-21 所示，该对话框表示要修改的属性的标记为"文字"，提示为"数值"，无默认值，用户可对各项进行修改。

图 9-21　"编辑属性定义"对话框

9.2.3 编辑图块属性

当属性被定义到图块中甚至图块被插入到图形中之后，用户还可以对属性进行编辑。利用 ATTEDIT 命令可以通过对话框对指定图块的属性值进行修改，利用 ATTEDIT 命令不仅可以修改属性值，还可以对属性的位置、文本等其他设置进行编辑。

1. 一般属性编辑

【执行方式】

命令行：ATTEDIT。

【操作格式】

命令：ATTEDIT↙
选择块参照：

选择块参照后，光标变为拾取框，选择要修改属性的图块，则系统打开如图 9-22 所示的"编辑属性"对话框，对话框中显示出所选图块中包含的前 8 个属性的值，用户可对这些属性值进行修改。如果该图块中还有其他属性，可单击"上一个"和"下一个"按钮对其进行观察和修改。

2. 增强属性编辑

【执行方式】

命令行：EATTEDIT。
菜单："修改" → "对象" → "属性" → "单个"。
工具栏：修改 II→编辑属性 。

【操作格式】

命令：EATTEDIT↙
选择块：

选择块后，打开"增强属性编辑器"对话框，如图 9-23 所示。该对话框不仅可以编辑属性值，还可以编辑属性，文字选项和图层、线型、颜色等特性值。

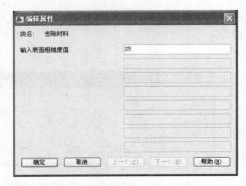

图 9-22 "编辑属性"对话框

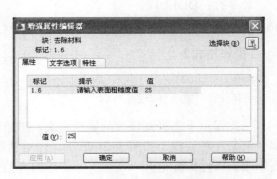

图 9-23 "增强属性编辑器"对话框

另外，还可以通过"块属性管理器"对话框来编辑属性，单击"修改 II"工具栏中的"块属性管理器"按钮，打开"块属性管理器"对话框，如图 9-24 所示。单击"编辑"按钮，打开"编辑属性"对话框，如图 9-25 所示。用户可以通过该对话框编辑属性。

图 9-24 "块属性管理器"对话框

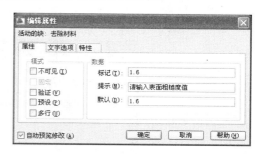

图 9-25 "编辑属性"对话框

【例 9-3】 属性功能标注齿轮粗糙度

利用动态块功能标注如图 9-9 所示图形中的粗糙度符号，具体操作步骤如下。

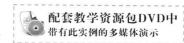
配套教学资源包DVD中
带有此实例的多媒体演示

Step 01 利用"直线"命令绘制粗糙度符号图形。

Step 02 选择"属性定义"命令，系统打开"属性定义"对话框，进行如图 9-26 所示的设置，其中模式为"验证"，插入点为粗糙度符号水平线中点，单击"确定"按钮退出该对话框。

Step 03 利用 WBLOCK 命令打开"写块"对话框，如图 9-27 所示。拾取上面图形下尖点为基点，以上面图形为对象，输入图块名称并指定路径，单击"确定"按钮退出该对话框。

图 9-26 "属性定义"对话框

图 9-27 "写块"对话框

Step 04 利用"插入块"命令，打开"插入"对话框，如图 9-28 所示。单击"浏览"按钮找到刚才保存的图块，在屏幕上指定插入点和旋转角度，将该图块插入到如图 9-9 所示的图形中，这时，命令行将提示输入属性，并要求验证属性值，此时输入粗糙度数值 1.6，就完成了一个粗糙度的标注。

命令行操作与提示如下。

命令：INSERT↙
指定插入点或 [比例(S)/X/Y/Z/旋转(R)/
预览比例(PS)/PX/PY/PZ/预览旋转(PR)]:

（在对话框中指定相关参数）

输入属性值

数值：1.6↙

验证属性值

数值 <1.6>:↙

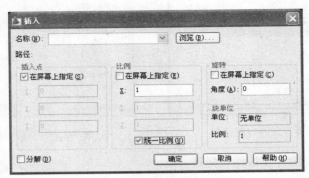

图 9-28　"插入"对话框

Step 05　继续插入粗糙度图块，并输入不同的属性值作为粗糙度数值，直到完成所有粗糙度标注。

9.3 设计中心

使用 AutoCAD 设计中心可以很容易地组织设计内容，并将其拖动到自己的图形中。用户可以使用 AutoCAD 设计中心窗口的内容显示框来浏览资源的细目，如图 9-29 所示。在图 9-29 中，左边方框为 AutoCAD 设计中心的资源管理器，右边方框为 AutoCAD 设计中心窗口的内容显示区。其中，上面窗格为文件显示框，中间窗格为图形预览显示框，下面窗格为说明文本显示框。

图 9-29　AutoCAD 2009 设计中心的资源管理器和内容显示区

9.3.1 启动设计中心

【执行方式】

命令行：ADCENTER。

菜单："工具"→"选项板"→"设计中心"。

工具栏：标准→设计中心▦。

快捷键：Ctrl+2。

【操作格式】

命令:ADCENTER↙

系统打开设计中心。第一次启动设计中心时，默认打开的选项卡为"文件夹"。内容显示区采用大图标显示了所浏览资源的有关细目或内容，资源管理器显示了系统的树型结构。

可以依靠鼠标拖动边框来改变 AutoCAD 设计中心资源管理器和内容显示区以及 AutoCAD 绘图区的大小。

如果要改变 AutoCAD 设计中心的位置，可用鼠标拖动 AutoCAD 设计中心的标题栏，释放鼠标后，AutoCAD 设计中心便处于当前位置，在新位置处，仍可以用鼠标改变各窗口的大小。也可以通过设计中心边框左边下方的"自动隐藏"按钮来自动隐藏设计中心。

9.3.2 插入图块

用户可以将图块插入图形中。当将一个图块插入到图形中时，块定义就被复制到图形数据库中。在一个图块被插入图形之后，如果原来的图块被修改，则插入到图形中的图块也随之改变。

当其他命令正在执行时，则不能将图块插入到图形中。例如，在命令提示行正在执行一个命令时，如果插入块，此时光标变成一个带斜线的圆，提示操作无效。另外，一次只能插入一个图块。AutoCAD 设计中心提供"利用鼠标指定比例和旋转方式"，采用此方法时，AutoCAD 将根据鼠标拉出的线段长度与角度确定比例与旋转角度。

采用该方法插入图块的操作步骤如下。

Step 01 从文件夹列表或搜索结果列表中选择要插入的图块，按住鼠标左键，将其拖动到打开的图形处。释放鼠标左键，此时，所选择的对象将插入到当前打开的图形中。利用当前设置的捕捉方式，可以将对象插入到任何存在的图形中。

Step 02 指定一点作为插入点，然后移动鼠标，鼠标位置点与插入点之间的距离为缩放比例。按住鼠标左键确定比例。使用同样的方法移动鼠标，鼠标指定位置与插入点连线与水平线角度为旋转角度。被选择的对象根据鼠标指定的比例和角度插入到图形当中。

9.3.3 图形复制

1. 在图形之间复制图块

利用 AutoCAD 设计中心可以浏览和装载需要复制的图块，将图块复制到剪贴板，然后利用剪贴板将图块粘贴到图形中，具体操作步骤如下。

Step 01 在文件夹列表中选择需要复制的图块，右击鼠标，在快捷菜单中选择"复制"命令，将图块复制到剪贴板上。

Step 02 通过"粘贴"命令将图块粘贴到当前图形上。

2．在图形之间复制图层

利用 AutoCAD 设计中心可以从任何一个图形复制图层到其他图形。例如，如果已经绘制了一个包括设计所需要的所有图层的图形，在绘制新的图形时，可以新建一个图形，并通过 AutoCAD 设计中心将已有的图层复制到新的图形中，这样可以节省时间，并保证图形之间的一致性。

（1）拖动图层到已打开的图形：确认要复制图层的目标图形文件被打开，并且是当前的图形文件。在文件夹列表或搜索结果列表框中选择要复制的一个或多个图层，拖动图层到打开的图形文件，释放鼠标后，所选择的图层被复制到打开的图形中。

（2）复制或粘贴图层到打开的图形：确认要复制图层的图形文件被打开，并且是当前的图形文件。在文件夹列表或搜索结果列表框中选择要复制的一个或多个图层。右击鼠标，在快捷菜单中选择"复制"命令。如果要粘贴图层，确认粘贴的目标图形文件被打开，并为当前文件，右击鼠标，在快捷菜单中选择"粘贴"命令。

9.4 工具选项板

工具选项板是"工具选项板"窗口中选项卡形式的区域，提供组织、共享和放置块及填充图案的有效方法。工具选项板还可以包含由第三方开发人员提供的自定义工具。

9.4.1 打开工具选项板

【执行方式】

命令行：TOOLPALETTES。
菜单："工具"→"工具选项板窗口"。
工具栏：标准→工具选项板窗口 。
快捷键：Ctrl+3。

【操作格式】

命令:TOOLPALETTES↙

系统自动打开工具选项板，如图 9-30 所示。

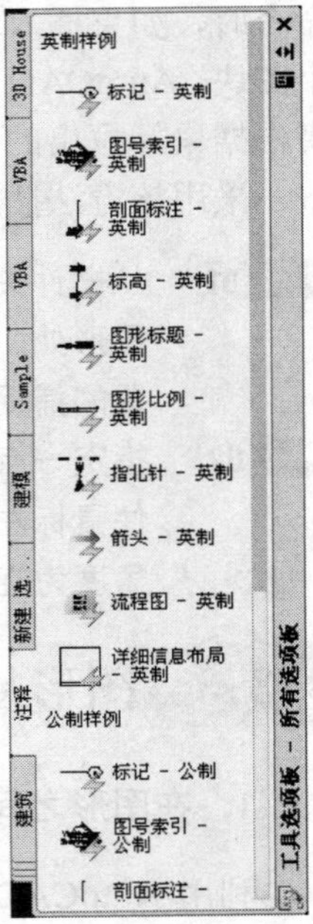

【选项说明】

在工具选项板中，系统设置了一些常用图形选项卡，这些常用图形可以方便用户绘图。

图 9-30　工具选项板

9.4.2 新建工具选项板

用户可以建立新的工具选项板，这样有利于个性化作图，同时也能够满足特殊作图的需要。

【执行方式】

命令行：CUSTOMIZE。

菜单："工具"→"自定义"→"工具选项板"。

右键快捷菜单：自定义。

工具选项板："特性"按钮📝→"自定义"（或"新建选项板"）。

【操作格式】

命令:CUSTOMIZE✓

打开"自定义"对话框中的"工具选项板-所有选项板"选项卡，如图 9-31 所示。右击鼠标，弹出快捷菜单如图 9-32 所示，在快捷菜单中选择"新建选项板"命令。在打开的对话框中可以为新建的工具选项板命名。确定后，工具选项板中就多了一个新选项卡，如图 9-33 所示。

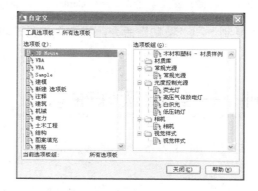

图 9-31　"自定义"对话框

图 9-32　"新建选项板"命令

图 9-33　新建选项卡

9.4.3　向工具选项板添加内容

向工具选项板中添加内容常用以下两种方法。

（1）将图形、块和图案填充从设计中心移动到工具选项板上。例如，在 DesignCenter 文件夹处右击，在打开的快捷菜单中选择"创建块的工具选项板"命令，如图 9-34（a）所示。在设计中心中储存的图元将出现在工具选项板新建的 DesignCenter 选项卡上，如图 9-34（b）所示。这样就可以将设计中心与工具选项板结合起来，建立一个快捷方便的工具选项板。将工具选项板中的图形拖动到另一个图形中时，图形将作为块插入。

（a）　　　　　　　　　　　　　　　　（b）

图 9-34　将储存图元创建成 DesignCenter 工具选项板

（2）使用"剪切"、"复制"和"粘贴"命令，将一个工具选项板中的工具移动或复制到另一个工具选项板中。

9.5　上机实训——绘制滚珠轴承

利用工具选项板进行快速绘制如图 9-35 所示的滚珠轴承，具体操作步骤如下。

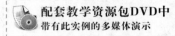
配套教学资源包DVD中带有此实例的多媒体演示

Step 01　选择"工具"→"选项板"→"工具选项板"菜单命令，打开工具选项板，选择其中的"机械"选项卡，如图 9-36 所示。

Step 02　选择"机械"选项卡中的"滚珠轴承－公制"选项，按住鼠标左键，将其拖动到绘图区，利用"缩放"命令进行缩放，如图 9-37 所示。

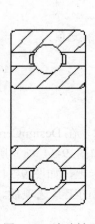

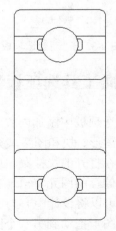

图 9-35　滚珠轴承　　　　　　图 9-36　工具选项板　　　　　　图 9-37　滚珠轴承图形

Step 03　利用"图案填充"命令对相应区域进行填充，结果如图 9-35 所示。

9.6　本章习题

9.6.1　思考题

1. 什么是块？它的主要用途是什么？
2. 简述定义块的步骤。
3. BLOCK 命令与 WBLOCK 命令有什么区别和联系？
4. 什么是图块的属性？如何定义图块属性？
5. 什么是设计中心？设计中心有哪些功能？
6. 什么是工具选项板？怎样利用工具选项板绘图？
7. 设计中心以及工具选项板中的图形与普通图形有什么区别？与图块又有什么区别？

9.6.2　操作题

1. 将如图 9-38 所示的图形定义为图块，取名为"螺母"。
（1）绘制图形。
（2）利用"图块"命令定义图块。
2. 利用工具选项板绘制如图 9-39 所示的图形。
（1）打开工具选项板，在工具选项板的"建筑"选项卡中选择相

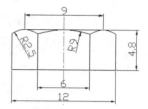

图 9-38　绘制螺母

关图块，插入到新建的空白图形中，通过右键快捷菜单进行缩放。
（2）利用"图案填充"命令对图形剖面进行填充。
3. 利用设计中心建立一个常用机械零件工具选项板，并利用该选项板绘制如图 9-40 所示的盘盖组装图。
（1）打开设计中心与工具选项板。
（2）建立一个新的工具选项板标签。
（3）在设计中心中查找已经绘制好的常用机械零件图。
（4）将这些零件图拖动到新建立的工具选项板标签中。
（5）打开一个新的图形文件界面。
（6）将需要的图形文件模块从工具选项板中拖动到当前图形中，并进行适当的缩放、移动和旋转等操作，最终完成的图形如图 9-40 所示。

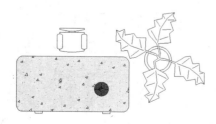

图 9-39　绘制图形

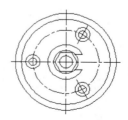

图 9-40　盘盖组装图

第 **10** 章

三维图形绘制基础知识

实体建模是AutoCAD三维建模中比较重要的一部分。实体模型能够完整描述对象的3D模型，比三维线框、三维曲面更能表达实物。这些功能命令的工具栏操作主要集中在"实体"工具栏和"实体编辑"工具栏中。

本章主要介绍三维坐标系统的建立，视点的设置，基本三维实体的绘制，三维实体的编辑，三维实体的布尔运算，三维实体的着色与渲染等内容。

三维坐标系统 ◎

动态观察 ◎

绘制基本三维实体 ◎

编辑三维图形 ◎

显示形式 ◎

编辑实体 ◎

10.1 三维坐标系统

AutoCAD 2009 使用的是笛卡儿坐标系和直角坐标系。AutoCAD 2009 使用的直角坐标系有两种类型：一种是绘制二维图形时常用的坐标系，即世界坐标系（WCS），由系统默认提供。世界坐标系又称通用坐标系或绝对坐标系。对于二维绘图来说，世界坐标系足以满足要求。另一种坐标系是为了方便创建三维模型，AutoCAD 2009 允许用户根据需要设定的坐标系，即用户坐标系（UCS）。合理地创建 UCS，用户可以方便地创建三维模型。

10.1.1　建立坐标系

【执行方式】

命令行：UCS。
菜单："工具"→"新建 UCS"。
工具栏：UCS。

【操作格式】

命令:UCS↙
当前 UCS 名称：*世界*
指定 UCS 的原点或 ［面(F)/命名(NA)/对象(OB)/上一个(P)/视图(V)/世界(W)/X/Y/Z/Z 轴(ZA)] <世界>: _w

【选项说明】

（1）指定 UCS 的原点。使用一点、两点或三点定义一个新的 UCS。如果指定单个点 1，当前 UCS 的原点将会移动而不会更改 X、Y 和 Z 轴的方向。选择该项，则系统提示如下。

指定 X 轴上的点或<接受>:（继续指定 X 轴通过的点 2 或直接按 Enter 键接受原坐标系 X 轴为新坐标系 X 轴）
指定 XY 平面上的点或<接受>:（继续指定 XY 平面通过的点 3 以确定 Y 轴，或直接按 Enter 键接受原坐标系 XY 平面为新坐标系 XY 平面，根据右手法则，相应的 Z 轴也同时确定）

示意图如图 10-1 所示。

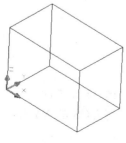　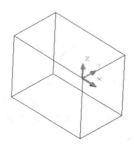　　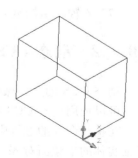

　（a）原坐标系　　　　（b）指定一点　　　　（c）指定两点　　　　（d）指定三点

图 10-1　指定原点

（2）面（F）。将 UCS 与三维实体的选定面对齐。要选择一个面，请在此面的边界内或面的边上单击，被选中的面将亮显，UCS 的 X 轴将与找到的第一个面上的最近的边对齐。选择该项，系统提示如下。

选择实体对象的面:（选择面）

输入选项 [下一个(N)/X 轴反向(X)/Y 轴反向(Y)] <接受>:✓（结果如图 10-2 所示）

如果选择"下一个"选项，系统将 UCS 定位于邻接的面或选定边的后向面。

（3）对象（OB）。根据选定三维对象定义新的坐标系，如图 10-3 所示。新建 UCS 的拉伸方向（Z 轴正方向）与选定对象的拉伸方向相同。选择该项，系统提示如下。

选择对齐 UCS 的对象:选择对象

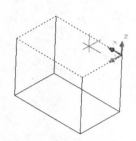 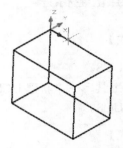

图 10-2　选择面确定坐标系　　　　　　图 10-3　选择对象确定坐标系

对于大多数对象，新 UCS 的原点位于离选定对象最近的顶点处，并且 X 轴与一条边对齐或相切。对于平面对象，UCS 的 XY 平面与该对象所在的平面对齐。对于复杂对象，将重新定位原点，但是轴的当前方向保持不变。

注意

该选项不能用于三维多段线、三维网格和构造线。

（4）视图（V）。以垂直于观察方向（平行于屏幕）的平面为 XY 平面，建立新的坐标系。UCS 原点保持不变。

（5）世界（W）。将当前用户坐标系设置为世界坐标系。WCS 是所有用户坐标系的基准，不能被重新定义。

（6）X、Y、Z。绕指定轴旋转当前 UCS。

（7）Z 轴。用指定的 Z 轴正半轴定义 UCS。

10.1.2　动态 UCS

动态 UCS 的具体操作方法是单击状态栏中的 DUCS 按钮。

可以使用动态 UCS 在三维实体的平整面上创建对象，而无须手动更改 UCS 方向。

在执行命令的过程中，当将光标移动到面上方时，动态 UCS 会临时将 UCS 的 XY 平面与三维实体的平整面对齐，如图 10-4 所示。

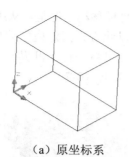

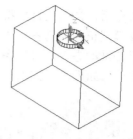

（a）原坐标系 （b）绘制圆柱体时的动态坐标系

图 10-4 动态 UCS

动态 UCS 激活后，指定的点和绘图工具（如极轴追踪和栅格）都将与动态 UCS 建立的临时 UCS 相关联。

10.2 动态观察

AutoCAD 2009 提供了具有交互控制功能的三维动态观测器，用户利用三维动态观测器可以实时地控制和改变当前视口中创建的三维视图，以得到期望的效果。

1. 受约束的动态观察

【执行方式】

命令行：3DORBIT。

菜单："视图"→"动态观察"→"受约束的动态观察"。

快捷菜单：启用交互式三维视图后，在视口中右击鼠标，弹出快捷菜单，如图 10-5 所示。选择"受约束的动态观察"选项。

工具栏：动态观察→受约束的动态观察 或 三维导航→受约束的动态观察 ，如图 10-6 所示。

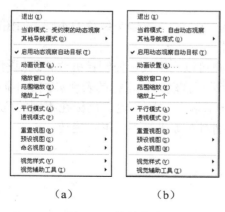

（a） （b）

图 10-5 快捷菜单

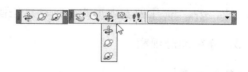

图 10-6 "动态观察"和"三维导航"工具栏

【操作格式】

命令：3DORBIT↙

执行该命令后，视图的目标将保持静止，而视点将围绕目标移动。但是，从用户的视点看起来就像三维模型正在随着鼠标光标拖动而旋转。用户可以此方式指定模型的任意视图。

系统显示三维动态观察光标图标。如果水平拖动光标，相机将平行于世界坐标系（WCS）的 XY 平面移动。如果垂直拖动光标，相机将沿 Z 轴移动，如图 10-7 所示。

（a）原始图形　　　　　　　　　　（b）拖动鼠标

图 10-7　受约束的三维动态观察

2. 自由动态观察

【执行方式】

命令行：3DFORBIT。

菜单："视图"→"动态观察"→"自由动态观察"。

快捷菜单：启用交互式三维视图后，在视口中单击右键弹出快捷菜单，如图 10-5 所示。选择"自由动态观察"选项。

工具栏：动态观察→自由动态观察 ⊘ 或三维导航→自由动态观察 ⊘，如图 10-6 所示。

【操作格式】

命令:3DFORBIT↙

执行该命令后，在当前视口出现一个绿色的大圆，在大圆上有四个绿色的小圆，如图 10-8 所示。此时通过拖动鼠标就可以对视图进行旋转观测。

在三维动态观测器中，查看目标的点被固定，用户可以利用鼠标控制相机位置绕观察对象得到动态的观测效果。当鼠标在绿色大圆的不同位置进行拖动时，鼠标的表现形式是不同的，视图的旋转方向也不同。视图的旋转由光标的表现形式和其位置决定。鼠标在不同的位置有 ⊙、⊕、⊕、⊕ 几种表现形式，拖动这些图标，分别对对象进行不同形式旋转。

3. 连续动态观察

【执行方式】

命令行：3DCORBIT。

菜单："视图"→"动态观察"→"连续动态观察"。

快捷菜单：启用交互式三维视图后，在视口中单击右键弹出快捷菜单，如图 10-5 所示。选择"连续动态观察"选项。

工具栏：动态观察→连续动态观察 ⊘ 或三维导航→连续动态观察 ⊘，如图 10-6 所示。

【操作格式】

命令:3DCORBIT↙

执行该命令后，界面出现动态观察图标，拖动鼠标，图形按鼠标拖动方向旋转，旋转速度为鼠标的拖动速度，如图 10-9 所示。

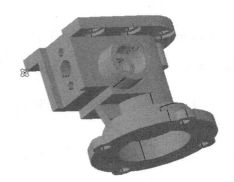

图 10-8　自由动态观察　　　　　　　　图 10-9　连续动态观察

10.3 绘制基本三维实体

10.3.1　长方体

【执行方式】

命令行：BOX。
菜单："绘图"→"建模"→"长方体"
工具栏：建模→长方体□。

【操作格式】

命令:BOX↙
指定第一个角点或 [中心(C)]：（指定第一点或按 Enter 键表示原点是长方体的角点，或输入 c 代表中心点）

【选项说明】

（1）指定长方体的角点：确定长方体的一个顶点的位置。选择该选项后，AutoCAD 继续提示如下。

指定其他角点或 [立方体(C)/长度(L)]：（指定第二点或输入选项）

① 指定其他角点：输入另一角点的数值，即可确定该长方体。如果输入的是正值，则沿着当前 UCS 的 X、Y 和 Z 轴的正向绘制长度。如果输入的是负值，则沿着 X、Y 和 Z 轴的负向绘制长度。如图 10-10 所示为使用相对坐标绘制的长方体。

② 立方体：创建一个长、宽、高相等的长方体。如图 10-11 所示为使用指定长度命令创

建的正方体。

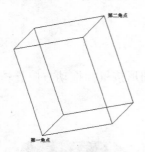

图 10-10　利用角点命令创建的长方体

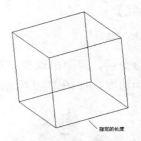

图 10-11　利用立方体命令创建的长方体

③ 长度：要求输入长、宽、高的值。如图 10-12 所示为使用长、宽和高命令创建的长方体。

（2）中心点：使用指定的中心点创建长方体。如图 10-13 所示为使用中心点命令创建的长方体。

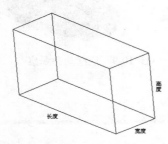

图 10-12　利用长、宽和高命令创建的长方体

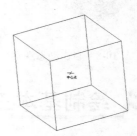

图 10-13　使用中心点命令创建的长方体

10.3.2　圆柱体

【执行方式】

命令行：CYLINDER。
菜单："绘图"→"建模"→"圆柱体"。
工具栏：建模→圆柱体⬜。

【操作格式】

命令:CYLINDER✓
指定底面的中心点或 [三点(3P)/两点(2P)/相切、相切、半径(T)/椭圆(E)]:

【选项说明】

（1）中心点：输入底面圆心的坐标，此选项为系统的默认选项。然后指定底面的半径和高度。AutoCAD 按指定的高度创建圆柱体，且圆柱体的中心线与当前坐标系的 Z 轴平行，如图 10-14 所示。也可以指定另一个端面的圆心来指定高度。AutoCAD 根据圆柱体两个端面的中心位置来创建圆柱体。该圆柱体的中心线就是两个端面的连线，如图 10-15 所示。

（2）椭圆：绘制椭圆柱体。其中端面椭圆的绘制方法与平面椭圆相同，结果如图 10-16 所示。

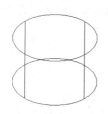 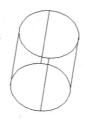 

图 10-14　按指定的高度创建圆柱体　图 10-15　指定圆柱体另一个端面的中心位置　图 10-16　椭圆柱体

其他的基本实体，如螺旋体、楔体、圆锥体、球体、圆环体等，绘制方法与上面讲述的长方体和圆柱体的绘制方法类似，这里不再赘述。

10.4 编辑三维图形

10.4.1 拉伸

【执行方式】

命令行：EXTRUDE。

菜单："绘图"→"建模"→"拉伸"。

工具栏：建模→拉伸🔼。

【操作格式】

命令:EXTRUDE✓

当前线框密度:ISOLINES=4

选择要拉伸的对象:（选择绘制好的二维对象）

选择要拉伸的对象:（可继续选择对象或按 Enter 键结束选择）

指定拉伸高度或 [方向(D)/路径(P)/倾斜角(T)]:

【选项说明】

（1）拉伸高度：按指定的高度拉伸出三维实体对象。输入高度值后，根据实际需要，指定拉伸的倾斜角度。如果指定的角度为 0，AutoCAD 则把二维对象按指定的高度拉伸成柱体；如果输入角度值，拉伸后实体截面沿拉伸方向按此角度变化，成为一个棱台或圆台体。如图 10-17 所示为不同角度拉伸圆的结果。

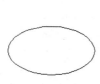 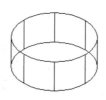 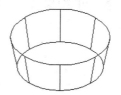

（a）拉伸前　　（b）拉伸锥角为 0　　（c）拉伸锥角为 10°　（d）拉伸锥角为−10°

图 10-17　拉伸圆

（2）方向：通过指定的两点指定拉伸的长度和方向。

（3）路径：以现有的图形对象作为拉伸对象创建三维实体对象。如图 10-18 所示为沿圆弧曲线路径拉伸圆的结果。

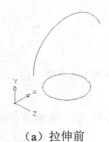

（a）拉伸前　　　　　　　　　　　　　　　（b）拉伸后

图 10-18　沿路径曲线拉伸

（4）倾斜角：用于拉伸的倾斜角是两个指定点间的距离。

10.4.2　旋转

【执行方式】

命令行：REVOLVE。

菜单："绘图"→"建模"→"旋转"。

工具栏：建模→旋转🗔。

【操作格式】

命令:REVOLVE↙

当前线框密度:ISOLINES=4

选择要旋转的对象:（选择绘制好的二维对象）

选择要旋转的对象:（可继续选择对象或按 Enter 键结束选择）

指定轴起点或根据以下选项之一定义轴 [对象(O)/X/Y/Z] <对象>:

【选项说明】

（1）指定旋转轴的起点：通过两个点来定义旋转轴。AutoCAD 将按指定的角度和旋转轴旋转二维对象。

（2）对象：选择已经绘制好的直线或用多段线命令绘制的直线段为旋转轴线。

（3）X（Y）轴：将二维对象绕当前坐标系（UCS）的 X（Y）轴旋转。如图 10-19 所示为矩形平行 X 轴的轴线旋转的结果。

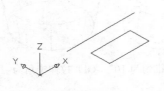

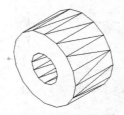

（a）旋转界面　　　　　　　　　　　　　　（b）旋转后的实体

图 10-19　旋转体

10.4.3 剖面图

【执行方式】

命令行：SLICE。

菜单："修改"→"三维操作"→"剖切"。

【操作格式】

命令：SLICE ↙

选择要剖切的对象：（选择要剖切的实体）

选择要剖切的对象：（继续选择或按 Enter 键结束选择）

指定切面的起点或[平面对象(O)/曲面(S)/Z轴(Z)/视图(V)/XY/YZ/ZX/三点(3)] <三点>：

【选项说明】

（1）平面对象（O）：将所选择的对象所在的平面作为剖切面。

（2）曲面（S）：将剪切平面与曲面对齐。

（3）Z 轴（Z）：通过平面上指定的一点和在平面的 Z 轴（法线）上指定的另一点来定义剖切平面。

（4）视图（V）：以平行于当前视图的平面作为剖切面。

（5）XY/YZ/ZX 平面：将剖切平面与当前用户坐标系（UCS）的 XY 平面/YZ 平面/ZX 平面对齐。

（6）三点：根据空间中 3 个点确定的平面作为剖切面。确定剖切面后，系统会提示保留一侧或两侧。

如图 10-20 所示为剖切三维实体。

（a）剖切前的三维实体　　　　　　　　（b）剖切后的实体

图 10-20　剖切三维实体

10.4.4 布尔运算

布尔运算在数学的集合运算中得到广泛应用，AutoCAD 也将该运算应用到实体的创建过程中。用户可以对三维实体对象进行下列布尔运算：并集、交集、差集。

1. 并集

【执行方式】

命令行：UNION。

菜单："修改"→"实体编辑"→"并集"。

工具栏：实体编辑→并集⑩。

【操作格式】

命令:UNION✓

选择对象:（选择绘制好的对象，按 Ctrl 键可同时选取其他对象）

选择对象:（选择绘制好的第 2 个对象）

选择对象:✓

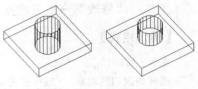

图 10-21　并集

按 Enter 键后，所有已经选择的对象合并成一个整体。如图 10-21 所示为圆柱和长方体并集后的图形。

2. 交集

【执行方式】

命令行：INTERSECT。

菜单："修改"→"实体编辑"→"交集"。

工具栏：实体编辑→交集⑩。

【操作格式】

命令:INTERSECT

选择对象:（选择绘制好的对象，按 Ctrl 键可同时选取其他对象）

选择对象:（选择绘制好的第 2 个对象）

选择对象:✓

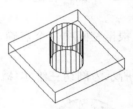

图 10-22　交集

按 Enter 键，视口中的图形即是多个对象的公共部分。如图 10-22 所示为圆柱长方体交集后的图形。

3. 差集

【执行方式】

命令行：SUBTRACT。

菜单："修改"→"实体编辑"→"差集"。

工具栏：实体编辑→差集⑩。

【操作格式】

命令:SUBTRACT✓

选择要从中减去的实体或面域……

选择对象:（选择绘制好的对象，按 Ctrl 键选取其他对象）

选择对象:✓

选择要减去的实体或面域……

选择对象:（选择要减去的对象，按 Ctrl 键选取其他对象）

选择对象:✓

图 10-23　差运算

按 Enter 键后，得到的即是求差后的实体。如图 10-23 所示为圆柱体和长方体差集后的结果。

【例10-1】 绘制游标尺

Step 01 建立新文件。

打开 AutoCAD 2009 应用程序，以"无样板打开－公制"（毫米）方式建立新文件；将新文件命名为"游标尺立体图.dwg"并保存。

Step 02 绘制同心圆。

调用"圆" ⊙ 命令，设置圆心点为（0，0），半径依次为 3mm、6mm、8mm 和 10mm，结果如图 10-24（a）所示。

Step 03 拉伸实体。

命令行操作与提示如下。

命令：EXTRUDE↙
当前线框密度：ISOLINES=4
选择要拉伸的对象：（选择 R3 的小圆）↙
选择要拉伸的对象：
指定拉伸的高度或 [方向(D)/路径(P)/倾斜角(T)]:100↙

利用"拉伸"命令，对 3 个圆进行拉伸操作 3R6×22，R8×12，R10×-6；拉伸结果如图 10-24（b）所示。

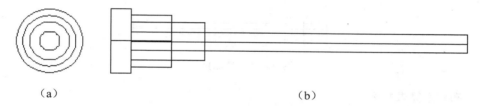

（a）   （b）

图 10-24 拉伸实体

Step 04 绘制圆环体。

命令行操作与提示如下。

命令：_TORUS
指定中心点或 [三点(3P)/两点(2P)/切点、切点、半径(T)]: 0,0,4↙
指定半径或 [直径(D)]:11↙
指定圆管半径或 [两点(2P)/直径(D)]:5↙

结果如图 10-25 所示。

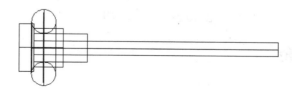

图 10-25 绘制圆环体

Step 05 布尔运算求差集。

命令行操作与提示如下。

命令：SUBTRACT↙
选择要从中减去的实体或面域......
选择对象：（选择 R8×12mm 的圆柱体）↙
选择对象：↙
选择要减去的实体或面域......
选择对象：（选择圆环体）↙

结果如图 10-26 所示。

图 10-26　布尔运算求差集

Step 06　绘制球体。

命令行操作与提示如下。

命令：SPHERE
指定中心点或 [三点(3P)/两点(2P)/切点、切点、半径(T)]：0,0,-6↙
指定半径或 [直径(D)]:3↙

结果如图 10-27 所示。

图 10-27　绘制球体

Step 07　布尔运算求并集。

命令行操作与提示如下。

命令：UNION
选择对象：（选择图 10-27 中的所有实体）↙
选择对象：

结果如图 10-28 所示。

图 10-28　布尔运算求并集

10.4.5　三维倒角

【执行方式】

命令行：CHAMFER。
菜单："修改"→"倒角"。
工具栏：修改→倒角□。

【操作格式】

命令:CHAMFER↙

("修剪"模式) 当前倒角距离 1 = 0.0000, 距离 2 = 0.0000 当前线框密度:ISOLINES=4

选择第一条直线或 [放弃(U)/多段线(P)/距离(D)/角度(A)/修剪(T)/方式(E)/多个(M)]:

10.4.6 三维圆角

【执行方式】

命令行:FILLET。

菜单:"修改"→"圆角"。

工具栏:修改→圆角▱。

【操作格式】

命令:FILLET↙

当前设置: 模式 = 修剪,半径 = 0.0000

选择第一个对象或 [放弃(U)/多段线(P)/半径(R)/修剪(T)/多个(M)]: (选择实体上的一条边)

输入圆角半径 <0.0000>: (输入圆角半径)

选择边或 [链(C)/半径(R)]:

【例 10-2】 绘制平键

绘制如图 10-29 所示的平键,具体操作步骤如下。

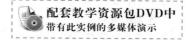
配套教学资源包DVD中
带有此实例的多媒体演示

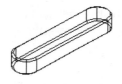

图 10-29 平键

Step 01 将"中心"线层设定为当前图层。

Step 02 绘制轮廓线,调用"矩形"▭命令,指定矩形的两个角点{(0,0),(70,16)},如图 10-30(a)所示。调用"圆角"▱命令,圆角半径为 8mm,对矩形 4 个直角进行修剪。效果如图 10-30(b)所示。

(a)   (b)

图 10-30 绘制轮廓线

Step 03 拉伸实体。

命令行操作与提示如下。

命令: EXTRUDE ↙

当前线框密度: ISOLINES=4

选择要拉伸的对象:找到 1 个 (选择倒圆角后的矩形)

选择要拉伸的对象：↙
指定拉伸的高度或 [方向(D)/路径(P)/倾斜角(T)]：10↙

命令被执行后，由于当前处于俯视观察角度，因而似乎没有变化，如图 10-31（a）所示。
单击"视图"工具栏中的"西南等轴测" 视图◈按钮，拉伸后的效果立即可见，如图 10-31（b）
所示。

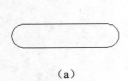
（a）

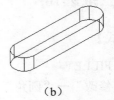
（b）

图 10-31 拉伸实体

Step 04 实体倒直角。
命令行操作与提示如下。

命令：CHAMFER↙
（"修剪"模式）当前倒角长度 = 0.0000，角度 = 0
选择第一条直线或 [多段线(P)/距离(D)/角度(A)/修剪(T)/方式(M)/多个(U)]：
（选择边 1，如图 10-32(a)所示）
基面选择......
输入曲面选择选项 [下一个(N)/当前(OK)] <当前>：N↙
（绘图窗口用虚线显示侧面，如图 10-32(b)所示）
输入曲面选择选项 [下一个(N)/当前(OK)] <当前>：↙
（绘图窗口用虚线显示上表面，如图 10-32(c)所示）
指定基面的倒角距离：1.0↙
指定其他曲面的倒角距离 <1.0000>：↙
选择边或 [环(L)]：选择边或 [环(L)]：选择边或 [环(L)]：选择边或 [环(L)]：
（选择上表面的环边：两条直线和两段圆弧，如图 10-33(a)所示）
选择边或 [环(L)]：↙（实体倒直角结果如图 10-33(b)所示）

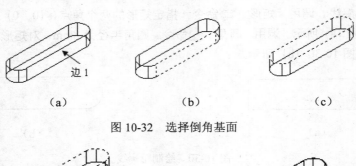
边 1
（a）　　　　　　　　（b）　　　　　　　　（c）

图 10-32 选择倒角基面

（a）　　　　　　　　　　　　（b）

图 10-33 实体倒直角

Step 05 平键底面倒直角。与上面的方法相同，调用"倒角" ⬜命令，对平键底面进行倒直角操作。至此，简单的平键实体绘制完毕，如图 10-29 所示。

10.4.7 三维旋转

【执行方式】

命令行：ROTATE3D。

菜单："修改"→"三维操作"→"三维旋转"。

工具栏：建模→三维旋转 ⊕。

【操作格式】

命令:ROTATE3D↙

当前正向角度:ANGDIR=逆时针 ANGBASE=0

选择对象:（选择要旋转的对象）

选择对象:（选择下一个对象或按 Enter 键）

指定基点:

拾取旋转轴:

指定角的起点或输入角度:

指定角的端点:

如图 10-34 所示为一棱锥表面绕某一轴顺时针旋转 30°的情形。

旋转前   旋转后

图 10-34 三维旋转

10.4.8 三维镜像

【执行方式】

命令行：MIRROR3D。

菜单："修改"→"三维操作"→"三维镜像"。

【操作格式】

命令:MIRROR3D↙

选择对象:（选择镜像的对象）

选择对象:（选择下一个对象或按 Enter 键）

指定镜像平面（三点）的第一个点或 [对象(O)/上一个(L)/Z 轴(Z)/视图(V)/XY 平面(XY)/YZ 平面(YZ)/ZX 平面(ZX)/三点(3)] <三点>:

【选项说明】

（1）点：输入镜像平面上的第一个点的坐标。该选项通过 3 个点确定镜像平面，是系统的默认选项。

（2）Z 轴（Z）：利用指定的平面作为镜像平面。选择该选项后，提示如下。

在镜像平面上指定点：（输入镜像平面上一点的坐标）

在镜像平面的 Z 轴（法向）上指定点：（输入与镜像平面垂直的任意一条直线上任意一点的坐标）

是否删除源对象？［是（Y）/否（N）］：（根据需要确定是否删除源对象）

（3）视图（V）：指定一个平行于当前视图的平面作为镜像平面。

（4）XY（YZ，ZX）平面：指定一个平行于当前坐标系的 XY（YZ，ZX）平面作为镜像平面。

【例 10-3】 绘制端盖

> 配套教学资源包DVD中
> 带有此实例的多媒体演示

Step 01 建立新文档。打开 AutoCAD 2009 应用程序，以"无样板打开－公制"（毫米）方式建立新文件；将新文件命名为"箱体端盖立体图.dwg"并保存。

Step 02 配置绘图环境。将常用的二维和三维绘图与编辑工具栏调出来，例如"绘图"、"修改"、"建模"、"曲面"、"视图"和"实体编辑"等工具栏，放置在绘图窗口中。

Step 03 绘制矩形。调用"矩形" □ 命令，采用指定矩形两个角点的模式绘制，矩形 1{（-46，0），（0，10）}，矩形 2{（-34，10），（0，25）}，矩形 3{（-25，15），（0，25）}；矩形 4{（93，0），（150，10）}，矩形 5{（105，10），（150，25）}，矩形 6{（115，15），（150，25）}。结果如图 10-35 所示。

图 10-35　绘制矩形

Step 04 分解矩形。选择"分解" 命令，选择上图中 6 个矩形，使之成为单独的直线。

Step 05 修剪图形。选择"修剪" 命令，对分解后的矩形进行修剪，结果如图 10-36 所示。

图 10-36　修剪图形

Step 06 细化图形。选择"倒角" 命令，采用修剪、角度、距离模式：2×450，对端盖倒直角；调用"圆角" 命令，端盖内壁倒圆角，半径为 5mm；调用"偏移" 命令和"修剪" 命令，绘制加工余量造成的内凹槽 2×2 正方形。结果如图 10-37 所示。

图 10-37　细化图形

Step 07 合并轮廓线。选择"修改"→"对象"→"多线段"菜单命令，或单击"修改 II"工具栏中"编辑多段线" ✍按钮，或在命令行中输入 PEDIT 命令后按 Enter 键，将左右两组闭合多段线分别合并为两条多段线。

Step 08 旋转实体。

命令行操作与提示如下。

命令:REVOLVE↙
当前线框密度:ISOLINES=4
选择要旋转的对象:(选择左侧轮廓线)
选择要旋转的对象:↙
指定轴起点或根据以下选项之一定义轴 [对象(O)/X/Y/Z] <对象>:Y↙
指定旋转角度或 [起点角度(ST)] <360>:↙

利用同样的方法，将右侧轮廓线绕直线{(150,0)、(150,50)}旋转 360°，结果如图 10-38 所示。

图 10-38　旋转实体

Step 09 三维镜像图形。

命令行操作与提示如下。

命令: MIRROR3D↙
选择对象:(选择刚绘制的两个端盖)
选择对象:↙
指定镜像平面(三点)的第一个点或 [对象(O)/最近的(L)/Z 轴(Z)/视图(V)/XY 平面(XY)/YZ 平面(YZ)/ZX 平面(ZX)/三点(3)] <三点>: 0,50,0↙
在镜像平面上指定第二点: 100,50,0↙
在镜像平面上指定第三点: 0,50,100↙
是否删除源对象? [是(Y)/否(N)] <否>:↙

三维镜像结果如图 10-39 所示。

Step 10 绘制圆柱体。

命令行操作与提示如下。

命令: CYLINDER
指定底面的中心点或 [三点(3P)/两点(2P)/切点、切点、半径(T)/椭圆(E)]: 0,0,0
指定底面半径或 [直径(D)]: 30
指定高度或 [两点(2P)/轴端点(A)]:A
指定轴端点: 0,5,0

同理，利用圆柱体命令绘制圆柱体 2——设置中心点为（150，100，0），半径为 40，轴端点为（150，95，0）。

Step 11 绘制左下端面和右上端面上的内凹面。选择"差集" ◎◎命令，从左下和右上端盖中减去圆柱体；选择"圆角" ◻命令，对内凹面直角内沿倒圆角，圆角半径为 5mm。结果如

图 10-40 所示。

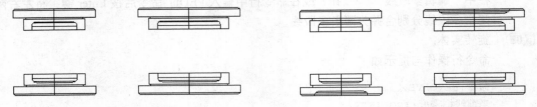

图 10-39 三维镜像图形   图 10-40 绘制端盖内凹面

Step 12 绘制圆柱体。选择"圆柱体"□命令，采用指定两个底面圆心点和底面半径的模式，在左上和右下端盖处绘制圆柱体：圆柱体 1——轴端点为（0，50，0），半径为 18，轴端点为（0，100，0）；圆柱体 2——轴端点为（150，0，0），半径为 25，轴端点为（150，50，0）。

Step 13 绘制左上和右下端盖处的轴孔。选择"差集" ◎◎命令，从左上和右下端盖中减去圆柱体，形成轴孔，结果如图 10-41 所示。

Step 14 绘制圆柱体。选择"圆柱体"□命令，采用指定两个底面圆心点和底面半径的模式，在左上和右下端盖里绘制圆柱体：圆柱体 1——轴端点为（0，92，0），半径为 21，中心点为（0，97，0）；圆柱体 2——轴端点为（150，3，0），半径为 29，中心点为（150，10，0）。

Step 15 绘制左上和右下端盖上的油封槽。选择"差集" ◎◎命令，从左上和右下端盖中减去圆柱体，形成油封槽，结果如图 10-42 所示。

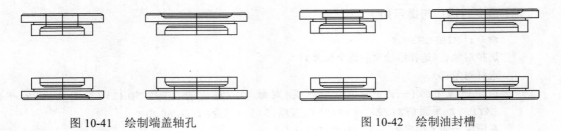

图 10-41 绘制端盖轴孔   图 10-42 绘制油封槽

10.4.9 三维阵列

【执行方式】

命令行：3DARRAY。
菜单："修改"→"三维操作"→"三维阵列"。
工具栏：建模→三维阵列。

【操作格式】

命令：3DARRAY↙
选择对象：（选择阵列的对象）
选择对象：（选择下一个对象或按 Enter 键）
输入阵列类型[矩形（R）/环形（P）]<矩形>：

【选项说明】

（1）对图形进行矩形阵列复制，是系统的默认选项。选择该选项后，提示如下。

输入行数（- - -）<1>：（输入行数）
输入列数（| | |）<1>：（输入列数）
输入层数（...）<1>：（输入层数）
指定行间距（- - -）：（输入行间距）
指定列间距（| | |）：（输入列间距）
指定层间距（...）：（输入层间距）

（2）对图形进行环形阵列复制。选择该选项后，提示如下。

输入阵列中的项目数目：（输入阵列的数目）
指定要填充的角度（+=逆时针，-=顺时针）<360>：（输入环形阵列的圆心角）
旋转阵列对象？［是（Y）/否（N）]<是>：（确定阵列上的每一个图形是否根据旋转轴线的位置进行旋转）
指定阵列的中心点：（输入旋转轴线上一点的坐标）
指定旋转轴上的第二点：（输入旋转轴上另一点的坐标）

如图 10-43 所示为 3 层 3 行 3 列间距分别为 300 的圆柱的矩形阵列；如图 10-44 所示为圆柱的环形阵列。

图 10-43　三维图形矩形阵列　　　　　图 10-44　三维图形环形阵列

10.4.10　三维移动

【执行方式】

命令行：3DMOVE。
菜单："修改"→"三维操作"→"三维移动"。
工具栏：建模→三维移动 ⏣。

【操作格式】

命令：3DMOVE ↙
选择对象：找到 1 个
选择对象：↙
指定基点或 ［位移（D）] <位移>：（指定基点）
指定第二个点或 <使用第一个点作为位移>：（指定第二点）

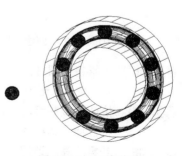

图 10-45　三维移动

其操作方法与二维移动命令类似，如图 10-45 所示为将滚珠从轴承中移出的情形。

【例 10-4】　绘制泵轴

本实例绘制的泵轴，如图 10-46 所示。本例主要应用了创建

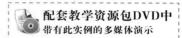
配套教学资源包DVD中
带有此实例的多媒体演示

圆柱命令、拉伸命令、三维镜像命令、三维阵列命令以及布尔运算。

图 10-46　泵轴

具体操作步骤如下。

Step 01　设置绘图环境。利用 LIMITS 命令设置图幅为 297×210。设置线框密度。设置对象上每个曲面的轮廓线数目为 10。

Step 02　创建外形圆柱。将当前视图设置为西南等轴测方向，在命令行输入 UCS，将坐标系绕 X 轴旋转 90°。调用"圆柱"命令，以坐标原点为圆心，分别创建直径为 14、高为 66 的圆柱体，直径为 11、高为 14 的圆柱体，直径为 7.5、高为 2 的圆柱体，直径为 10、高为 12 的圆柱体。

Step 03　并集运算。调用布尔运算中的"并集"命令，将创建的圆柱进行并集运算。消隐后的图形如图 10-47 所示。

Step 04　创建内形圆柱。调用"圆柱"命令，以（40，0，0）为圆心，创建直径为 5、高 7 的圆柱体；以（88，0，0）为圆心，创建直径为 2、高 5 的圆柱体。

Step 05　绘制二维图形并创建为面域。将当前视图设置为主视图。调用"直线"命令，从（70，0）到（@6，0）绘制直线；调用"偏移"命令，将直线向下偏移 4；调用"圆角"命令，对两条直线进行倒圆角操作，圆角半径为 R2；调用"面域"命令，将二维图形创建为面域，结果如图 10-48 所示。

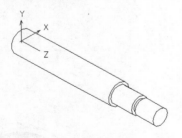

图 10-47　创建外形圆柱体

图 10-48　创建内形圆柱与二维图形

Step 06　三维镜像圆柱。将当前视图设置为西南等轴测方向。调用"三维镜像"命令，将 φ5 及 φ2 圆柱以当前 XY 面为镜像面，进行镜像操作。

Step 07　拉伸面域并移动。调用"拉伸"命令，将创建的面域拉伸 2.5。然后调用"移动"命令，将拉伸实体移动（@0，0，3）。

Step 08　差集运算。调用布尔运算中的"差集"命令，将外形圆柱与内形圆柱及拉伸实体进行差集运算，结果如图 10-49 所示。

Step 09　创建螺纹截面。将当前视图设置为主视图。调用正多边形命令，在实体旁边绘制一个正三角形，其边长为 1.5；调用"构造线"命令，过正三角形底边绘制水平辅助线；调用"偏移"命令，将水平辅助线向上偏移 5，结果如图 10-50 所示。

Step 10 创建螺纹截面。调用旋转命令，以偏移后的水平辅助线为旋转轴，选择正三角形，将其旋转360°。调用删除命令，删除辅助线。

Step 11 创建螺纹。

命令行操作与提示如下。

命令：3DARRAY
选择对象：（选择旋转形成的实体）
选择对象：
输入阵列类型 [矩形(R)/环形(P)] <矩形>:r
输入行数 (---) <1>:
输入列数 (|||) <1>: 8
输入层数 (...) <1>:
指定列间距 (|||): 1.5

调用布尔运算中的"并集"命令，将螺纹进行并集运算，结果如图 10-51 所示。

 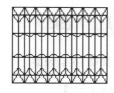

图 10-49 差集运算　　图 10-50 螺纹截面及辅助线　　图 10-51 创建螺纹

Step 12 移动螺纹。调用"移动"命令，以螺纹右端面圆心为基点，将其移动到轴右端圆心处，结果如图 10-52 所示。

Step 13 差集运算。调用布尔运算中的"差集"命令，将轴与螺纹进行差集运算，结果如图 10-53 所示。

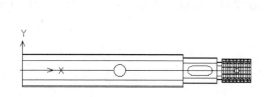 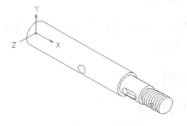

图 10-52 移动螺纹　　　　　　图 10-53 差集运算

Step 14 创建圆柱。调用圆柱命令，以（0，–24，0）为圆心，创建直径为 5、高为 7 的圆柱体。

Step 15 镜像处理。调用"三维镜像"命令，将 $\phi5$ 圆柱以当前 XY 面为镜像面，进行镜像操作，结果如图 10-54 所示。

Step 16 倒角处理。调用布尔运算中的"差集"命令，将轴与镜像的圆柱进行差集运算。调用"倒角"命令，对左轴端及 $\phi11$、$\phi10$ 轴径进行倒角处理，倒角距离为 1，消隐后的结果如图 10-55 所示。

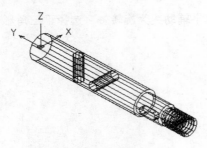

图 10-54　镜像处理

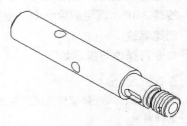

图 10-55　倒角处理

10.5 显示形式

渲染是对三维图形对象加上颜色和材质因素，还可以有灯光、背景、场景等因素，能够更真实地表达图形的外观和纹理。渲染是输出图形前的关键步骤，尤其是在效果图的设计中。

10.5.1 渲染

1. 高级渲染设置

【执行方式】

命令行：RPREF。
菜单："视图"→"渲染"→"高级渲染设置"。
工具栏：渲染→高级渲染设置 ⬚。

【操作格式】

命令：RPREF✓

系统打开如图 10-56 所示的"高级渲染设置"选项板。通过该选项板，可以对渲染的有关参数进行设置。

2. 渲染

【执行方式】

命令行：RENDER。
菜单："视图"→"渲染"→"渲染"。
工具栏：渲染→渲染 ⬚。

【操作格式】

命令：RENDER✓

系统弹出如图 10-57 所示的"渲染"对话框，显示渲染结果和相关参数。

图 10-56　"高级渲染设置"选项板

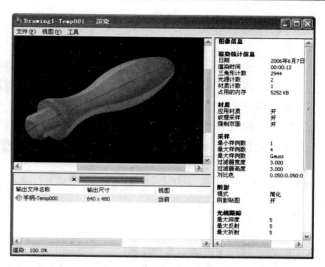

图 10-57　"渲染"对话框

10.5.2　消隐

【执行方式】

命令行：HIDE。

菜单："视图"→"消隐"。

工具栏：渲染→隐藏 🌐。

【操作格式】

命令：HIDE↙

系统将被其他对象挡住的图线隐藏起来，以增强三维视觉效果。

10.5.3　视觉样式

【执行方式】

命令行：VSCURRENT。

菜单："视图"→"视觉样式"→"二维线框"等。

工具栏：视觉样式→二维线框 🔳 等。

【操作格式】

命令：VSCURRENT↙

输入选项 [二维线框(2)/三维线框(3)/三维隐藏(H)/真实(R)/概念(C)/其他(O)] <二维线框>：

【选项说明】

（1）二维线框（2）：利用直线和曲线表示对象的边界。光栅和 OLE 对象、线型和线宽都是可见的。即使将 COMPASS 系统变量的值设置为 1，它也不会出现在二维线框视图中。

（2）三维线框（3）：显示对象时使用直线和曲线表示边界。显示一个已着色的三维 UCS

图标。光栅和 OLE 对象、线型及线宽不可见。可将 COMPASS 系统变量设置为 1 来查看坐标球。将显示应用到对象的材质颜色。

（3）三维隐藏：显示用三维线框表示的对象并隐藏表示后向面的直线。

（4）真实：着色多边形平面间的对象，并使对象的边平滑化。如果已为对象附着材质，将显示已附着到对象的材质。

（5）概念：着色多边形平面间的对象，并使对象的边平滑化。着色使用冷色和暖色之间的过渡。效果缺乏真实感，但是可以更方便地查看模型的细节。

10.5.4　视觉样式管理器

【执行方式】

命令行：VISUALSTYLES。

菜单："视图"→"视觉样式"→"视觉样式管理器或工具"→"选项板"→"视觉样式"。

工具栏：视觉样式→视觉样式管理器 。

【操作格式】

命令：VISUALSTYLES✓

执行该命令后，系统打开视觉样式管理器，可以对视觉样式的各参数进行设置，如图 10-58 所示。图 10-59 为按图 10-58 所示进行设置的概念图的显示结果。

图 10-58　视觉样式管理器

图 10-59　显示结果

【例 10-5】　绘制阀盖

本实例绘制的阀盖如图 10-60 所示。主要应用创建圆柱体命令 CYLINDER、长方体命令 BOX、旋转命令 REVOLVE、圆角命令 FILLET、倒角命令 CHAMFER，以及布尔运算的差集命令 SUBTRACT 和并集命令 UNION 等，来完成图形的绘制。

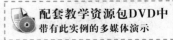

配套教学资源包DVD中带有此实例的多媒体演示

具体操作步骤如下。

Step 01　启动系统。启动 AutoCAD 2009，使用默认设置绘图环境。

Step 02　设置线框密度。

命令行操作与提示如下。

命令：ISOLINES
输入 ISOLINES 的新值 <4>: 10✓

Step 03 设置视图方向。

选择"视图"→"三维视图"→"西南等轴测"菜单命令，或
者单击"视图"工具栏中的◇按钮，将当前视图方向设置为西
南等轴测视图。

Step 04 设置用户坐标系。

方法同上，将坐标系原点绕 X 轴旋转 90°。

Step 05 绘制圆柱体。

图 10-60　阀盖

方法同上，单击▢按钮，以（0，0，0）为底面中心点，创建半
径为 18、高为 15 以及半径为 16、高为 26 的圆柱体。

Step 06 设置用户坐标系。

命令行操作与提示如下。

命令：UCS
当前 UCS 名称：*世界*
指定 UCS 的原点或 [面(F)/命名(NA)/对象(OB)/上一个(P)/视图(V)/世界(W)/X/Y/Z/Z
轴(ZA)] <世界>:0，0，32
指定 X 轴上的点或 <接受>:

Step 07 绘制长方体。

命令行操作与提示如下。

命令：BOX
指定第一个角点或 [中心(C)]: 0，0，0
指定其他角点或 [立方体(C)/长度(L)]: 75，75，12

Step 08 对长方体倒圆角。

命令行操作与提示如下。

命令：FILLET✓
当前设置：模式 = 修剪，半径 = 12.5000
选择第一个对象或[放弃(U)/多段线(P)/半径(R)/修剪(T)/多个(M)]: r✓
指定圆角半径 <12.5000>: 12.5✓
选择第一个对象或[放弃(U)/多段线(P)/半径(R)/修剪(T)/多个(M)]: （选择一个 Z 轴方向
边）
输入圆角半径 <12.5000>:✓
选择边或 [链(C)/半径(R)]: （选择另一个 Z 轴方向边）
选择边或 [链(C)/半径(R)]: （选择另一个 Z 轴方向边）
选择边或 [链(C)/半径(R)]: （选择另一个 Z 轴方向边）
选择边或 [链(C)/半径(R)]: ✓
已选定 4 个边用于圆角。

Step 09 绘制圆柱体。

单击▢按钮，捕捉圆角圆心为中心点，创建直径为 14、高为 12 的圆柱体。

Step 10 复制圆柱体。

命令行操作与提示如下。

命令：COPY↙
选择对象：（用鼠标选择并集后的圆柱体）
选择对象：↙
当前设置：复制模式 = 多个
指定基点或 [位移(D)/模式(O)] <位移>：（在对象捕捉模式下用鼠标选择圆柱体的圆心）
指定第二个点或 <使用第一个点作为位移>：（在对象捕捉模式下用鼠标捕捉其余四个圆角圆心）
指定第二个点或 [退出(E)/放弃(U)] <退出>：↙

Step 11 差集处理。

方法同上，单击◎按钮，将第 9 步和第 10 步绘制的圆柱体从第 8 步后的图形中减去。结果如图 10-61 所示。

Step 12 绘制圆柱体。

方法同上，单击○按钮，以（0，0，0）为圆心，分别创建直径为 53、高为 7，直径为 50、高为 12，以及直径为 41、高为 16 的圆柱体。

Step 13 并集处理。

方法同上，单击◎按钮，将所有图形进行并集运算。结果如图 10-62 所示。

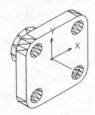

图 10-61　差集后的图形

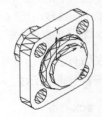

图 10-62　并集后的图形

Step 14 绘制圆柱体。

单击○按钮，捕捉实体前端面圆心为中心点，分别创建直径为 35、高为-7，以及直径为 20、高为-48 的圆柱体；捕捉实体后端面圆心为中心点，创建直径为 28.5、高为 5 的圆柱体。

Step 15 差集处理。

方法同上，单击◎按钮，将实体与第 14 步绘制的圆柱进行差集运算。结果如图 10-63 所示。

Step 16 圆角处理。

命令行操作与提示如下。

命令：FILLET↙
当前设置：模式 = 修剪，半径 = 0.0000
选择第一个对象或[放弃(U)/多段线(P)/半径(R)/修剪(T)/多个(M)]：（用鼠标选择要圆角的对象）
输入圆角半径：1↙
选择边或 [链(C)/半径(R)]：（用鼠标选择要圆角的边）
已拾取到边。

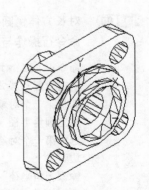

图 10-63　差集后的图形

选择边或 [链(C)/半径(R)]：（依次用鼠标选择要圆角的边）
选择边或 [链(C)/半径(R)]：✓

方法同上，单击▱按钮，设置圆角半径分别为 R3、R5，对需要的边进行圆角。

Step 17 倒角处理。

命令行操作与提示如下。

命令：CHAMFER✓
（"修剪"模式）当前倒角距离 1 = 0.0000，距离 2 = 0.0000
选择第一条直线或 [放弃(U)/多段线(P)/距离(D)/角度(A)/修剪(T)/方式(E)/多个(M)]：
（用鼠标选择要倒角的直线）
基面选择......
输入曲面选择选项 [下一个(N)/当前(OK)] <当前>：
✓
指定基面的倒角距离：1.5✓
指定其他曲面的倒角距离 <2.0000>：✓
选择边或 [环(L)]：（用鼠标选择实体后端面）
选择边或 [环(L)]：✓

Step 18 设置视图方向。

选择"视图"→"三维视图"→"左视"菜单命令，或者单击"视图"工具栏中的▱按钮，将当前视图方向设置为左视图。消隐处理后的图形，如图 10-64 所示。

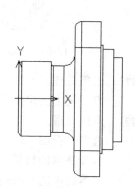

图 10-64　倒角及倒圆角后图形的左视图

Step 19 绘制螺纹。

① 绘制多边形。在命令行输入命令 POLYGON，或者单击⬠按钮，在实体旁边绘制一个正三角形，其边长为 2。

② 绘制构造线。在命令行输入命令 XLINE，或者单击✓按钮，过正三角形底边绘制水平辅助线。

③ 偏移辅助线。在命令行输入命令 OFFSET，或者单击▱按钮，将水平辅助线向上偏移 18。

④ 旋转正三角形。在命令行输入命令 ROTATE，或者单击▱按钮，以偏移后的水平辅助线为旋转轴，选择正三角形，将其旋转 360°。

⑤ 删除辅助线。在命令行输入命令 ERASE，或者单击✎按钮，删除绘制的辅助线。

⑥ 阵列对象。选择"修改"→"三维操作"→"三维阵列"菜单命令，将旋转形成的实体进行 1 行 8 列的矩形阵列，列间距为 2。

⑦ 并集处理。在命令行输入命令 UNION，或者单击◎按钮，将阵列后的实体进行并集运算，结果如图 10-65 所示。

Step 20 移动螺纹。

命令行操作与提示如下。

命令：MOVE✓
选择对象：（用鼠标选取绘制的螺纹）
选择对象：✓
指定基点或 [位移(D)] <位移>：（用鼠标选取螺纹左端面圆心）

指定第二个点或 <使用第一个点作为位移>：（用鼠标选取实体左端圆心）

结果如图 10-66 所示。

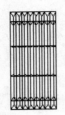

图 10-65　绘制的螺纹

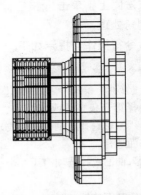

图 10-66　移动螺纹后的图形

Step 21　差集处理。

方法同上，单击◎按钮，将实体与螺纹进行差集运算。

Step 22　渲染处理。

选择"视图"→"渲染"→"材质"菜单命令，或者单击"渲染"工具栏中的🖼按钮，选择适当的材质，然后选择"视图"→"渲染"→"渲染"菜单命令，或者单击"渲染"工具栏中的👄按钮，对图形进行渲染，渲染后的效果如图 10-60 所示。

10.6 编辑实体

10.6.1　拉伸面

【执行方式】

命令行：SOLIDEDIT。

菜单："修改"→"实体编辑"→"拉伸面"。

工具栏：实体编辑→拉伸面🖪。

【操作格式】

命令:SOLIDEDIT↙

实体编辑自动检查: SOLIDCHECK=1

输入实体编辑选项 [面(F)/边(E)/体(B)/放弃(U)/退出(X)] <退出>: _FACE

输入面编辑选项[拉伸(E)/移动(M)/旋转(R)/偏移(O)/倾斜(T)/删除(D)/复制(C)/颜色(L)/材质(A)/放弃(U)/退出(X)] <退出>: _EXTRUDE

选择面或 [放弃(U)/删除(R)]：（选择要进行拉伸的面）

选择面或 [放弃(U)/删除(R)]：

【选项说明】

（1）指定拉伸高度：按指定的高度值来拉伸面。指定拉伸的倾斜角度后，完成拉伸操作。

（2）路径：沿指定的路径曲线拉伸面。如图 10-67 所示为拉伸长方体的顶面和侧面的结果。

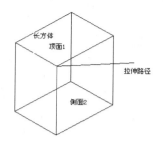

（a）拉伸前的长方体

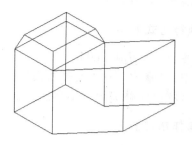

（b）拉伸后的三维实体

图 10-67 拉伸长方体

10.6.2 移动面

【执行方式】

命令行：SOLIDEDIT。
菜单："修改"→"实体编辑"→"移动面"。
工具栏：实体编辑→移动面 。

【操作格式】

命令:_SOLIDEDIT
实体编辑自动检查: SOLIDCHECK=1
输入实体编辑选项 [面(F)/边(E)/体(B)/放弃(U)/退出(X)] <退出>: _FACE
输入面编辑选项[拉伸(E)/移动(M)/旋转(R)/偏移(O)/倾斜(T)/删除(D)/复制(C)/颜色(L)/材质(A)/放弃(U)/退出(X)] <退出>: _MOVE
选择面或 [放弃(U)/删除(R)]:（选择要进行移动的面）
选择面或 [放弃(U)/删除(R)/全部(ALL)]:（继续选择移动面或按 Enter 键）
指定基点或位移:（输入具体的坐标值或选择关键点）
指定位移的第二点:（输入具体的坐标值或选择关键点）

【选项说明】

各选项的含义在前面介绍的命令中都已涉及，如有问题，可查相关命令（拉伸面、移动等），如图 10-68 所示为移动三维实体的结果。

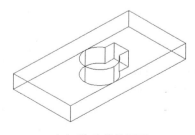

（a）移动前的图形

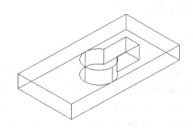

（b）移动后的图形

图 10-68 移动对象

10.6.3 偏移面

【执行方式】

命令行：SOLIDEDIT。

菜单："修改"→"实体编辑"→"偏移面"。

工具栏：实体编辑→偏移面 ⬜。

【操作格式】

命令：_SOLIDEDIT

实体编辑自动检查：SOLIDCHECK=1

输入实体编辑选项 [面(F)/边(E)/体(B)/放弃(U)/退出(X)] <退出>：_FACE

输入面编辑选项[拉伸(E)/移动(M)/旋转(R)/偏移(O)/倾斜(T)/删除(D)/复制(C)/颜色(L)/材质(A)/放弃(U)/退出(X)] <退出>：_OFFSET

选择面或 [放弃(U)/删除(R)]：(选择要进行偏移的面)

指定偏移距离：(输入偏移的距离值)

如图 10-69 所示为通过偏移命令改变哑铃手柄大小的结果。

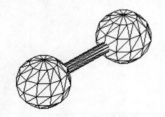
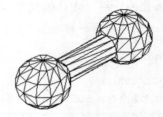

（a）偏移前的哑铃　　　　　　　　　　　　　（b）偏移后的哑铃

图 10-69　偏移对象

10.6.4 删除面

【执行方式】

命令行：SOLIDEDIT。

菜单："修改"→"实体编辑"→"删除面"。

工具栏：实体编辑→删除面 ⬜。

【操作格式】

命令：_SOLIDEDIT

实体编辑自动检查：SOLIDCHECK=1

输入实体编辑选项 [面(F)/边(E)/体(B)/放弃(U)/退出(X)] <退出>：_FACE

输入面编辑选项[拉伸(E)/移动(M)/旋转(R)/偏移(O)/倾斜(T)/删除(D)/复制(C)/颜色(L)/材质(A)/放弃(U)/退出(X)] <退出>：_ERASE

选择面或 [放弃(U)/删除(R)]：(选择要删除的面)

如图 10-70 所示为删除长方体的一个圆角面后的结果。

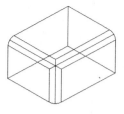

（a）倒圆角后的长方体

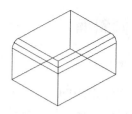

（b）删除倒角面后的图形

图 10-70　删除圆角面

10.6.5　旋转面

【执行方式】

命令行：SOLIDEDIT。
菜单："修改"→"实体编辑"→"旋转面"。
工具栏：实体编辑→旋转面 %。

【操作格式】

命令：_SOLIDEDIT
实体编辑自动检查：SOLIDCHECK=1
输入实体编辑选项 ［面(F)/边(E)/体(B)/放弃(U)/退出(X)］ <退出>：_FACE
输入面编辑选项［拉伸(E)/移动(M)/旋转(R)/偏移(O)/倾斜(T)/删除(D)/复制(C)/颜色(L)/材质(A)/放弃(U)/退出(X)］ <退出>：_ROTATE
选择面或 ［放弃(U)/删除(R)］：（选择要旋转的面）
选择面或 ［放弃(U)/删除(R)/全部(ALL)］：（继续选择或按 Enter 键结束选择）
指定轴点或 ［经过对象的轴(A)/视图(V)/X 轴(X)/Y 轴(Y)/Z 轴(Z)］ <两点>：（选择一种确定轴线的方式）
指定旋转角度或 ［参照(R)］：（输入旋转角度）

如图 10-71（b）所示为将图 10-71（a）中开口槽的方向旋转 90° 后的结果。

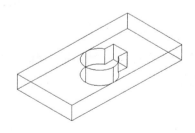

（a）旋转前

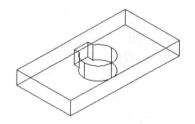

（b）旋转后

图 10-71　开口槽旋转 90° 前后的图形

10.6.6 倾斜面

【执行方式】

命令行：SOLIDEDIT。

菜单："修改"→"实体编辑"→"倾斜面"。

工具栏：实体编辑→倾斜面🖾。

【操作格式】

命令：_SOLIDEDIT
实体编辑自动检查：SOLIDCHECK=1
输入实体编辑选项 [面(F)/边(E)/体(B)/放弃(U)/退出(X)] <退出>：_FACE
输入面编辑选项[拉伸(E)/移动(M)/旋转(R)/偏移(O)/倾斜(T)/删除(D)/复制(C)/颜色(L)/材质
(A)/放弃(U)/退出(X)] <退出>：_TAPER
选择面或 [放弃(U)/删除(R)]：(选择要倾斜的面)
选择面或 [放弃(U)/删除(R)/全部(ALL)]：(继续选择或按 Enter 键结束选择)
指定基点：(选择倾斜的基点（倾斜后不动的点）)
指定沿倾斜轴的另一个点：(选择另一点（倾斜后改变方向的点）)
指定倾斜角度：(输入倾斜角度)

> 配套教学资源包DVD中
> 带有此实例的多媒体演示

【例 10-6】 绘制台灯

本实例绘制的台灯如图 10-72 所示。主要应用绘制圆柱体命令 CYLINDER、绘制多段线命令 PLINE、移动命令 MOVE、旋转命令 REVOLVE、实体编辑命令 SOLIDEDIT 以及布尔运算的差集命令 SUBTRACT 等，来完成图形的绘制。

具体操作步骤如下。

Step 01 启动系统。启动 AutoCAD 2009，使用默认设置绘图环境。

Step 02 设置线框密度。

命令行操作与提示如下。

命令：ISOLINES
输入 ISOLINES 的新值 <4>：10✓

图 10-72 台灯

Step 03 设置视图方向。

选择"视图"→"三维视图"→"西南等轴测"菜单命令，或者单击"视图"工具栏中的🔘按钮，将当前视图方向设置为西南等轴测视图。

Step 04 绘制圆柱体。

命令行操作与提示如下。

命令：CYLINDER✓
指定底面的中心点或 [三点(3P)/两点(2P)/相切、相切、半径(T)/椭圆(E)]:0, 0, 0✓
指定底面半径或 [直径(D)]：D✓
指定直径:150✓
指定高度或 [两点(2P)/轴端点(A)]：30✓
命令：CYLINDER✓
指定底面的中心点或 [三点(3P)/两点(2P)/相切、相切、半径(T)/椭圆(E)]:0, 0, 0✓

指定底面半径或 [直径(D)]: D↙

指定直径:10↙

指定高度或 [两点(2P)/轴端点(A)] <10.0000>: a↙

指定轴端点: @15,0,0↙

利用同样的方法, 分别指定底面中心点的坐标为 (0, 0, 0), 底面直径为 5, 另一个圆心坐标为 (@15, 0, 0) 绘制圆柱体, 结果如图 10-73 所示。

Step 05 差集处理。

在命令行输入命令 SUBTRACT, 或者单击 ⑩ 按钮, 将直径为 5 的圆柱体从直径为 10 的圆柱体中减去, 结果如图 10-73 所示。

Step 06 移动实体导线孔。

命令行操作与提示如下。

命令: MOVE↙

选择对象: (用鼠标选取求差集后所得的实体导线孔)

选择对象: ↙

指定基点或 [位移(D)] <位移>: 0, 0, 0↙

指定第二个点或 <使用第一个点作为位移>:-65, 0, 15↙

此时结果如图 10-74 所示。

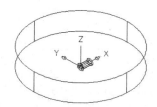

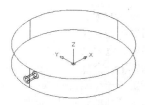

图 10-73 绘制圆柱体后的图形 　　　　　　　図 10-74 移动后的图形

Step 07 圆角处理。

命令行操作与提示如下。

命令:FILLET↙

当前设置: 模式 = 修剪, 半径 = 0.0000

选择第一个对象或[放弃(U)/多段线(P)/半径(R)/修剪(T)/多个(M)]: (用鼠标选择要圆角的对象)

输入圆角半径: 12↙

选择边或 [链(C)/半径(R)]: (用鼠标选择底座的上边缘边)

已拾取到边。

选择边或 [链(C)/半径(R)]: (依次用鼠标选择底座的上边缘边)

选择边或 [链(C)/半径(R)]:↙

Step 08 绘制圆柱体。

方法同上, 单击 ▢ 按钮, 以 (40, 0, 30) 为中心点, 分别创建直径为 20、高为 25 的圆柱体。

Step 09 倾斜面。

命令行操作与提示如下。

命令: _SOLIDEDIT

实体编辑自动检查: SOLIDCHECK=1

输入实体编辑选项 [面(F)/边(E)/体(B)/放弃(U)/退出(X)] <退出>: _FACE✓

输入面编辑选项

[拉伸(E)/移动(M)/旋转(R)/偏移(O)/倾斜(T)/删除(D)/复制(C)/颜色(L)/材质(A)/放弃(U)/退出(X)] <退出>: _TAPER✓

选择面或 [放弃(U)/删除(R)]: (绘制的直径为20的圆柱体外表面)✓

选择面或 [放弃(U)/删除(R)/全部(ALL)]: ✓

指定基点: ✓

指定沿倾斜轴的另一个点: ✓

指定倾斜角度: 2✓

输入实体编辑选项[压印(I)/分割实体(P)/抽壳(S)/清除(L)/检查(C)/放弃(U)/退出(X)] <退出>:X✓

Step 10 设置视图方向。

选择"视图"→"三维视图"→"平面视图"→"当前UCS"菜单命令。

Step 11 旋转操作。

用旋转命令REVOLVE将绘制的所有的实体顺时针旋转90°。

Step 12 绘制多段线。

命令行操作与提示如下。

命令: PLINE✓

指定起点: 30,55✓

当前线宽为 0.0000

指定下一个点或 [圆弧(A)/半宽(H)/长度(L)/放弃(U)/宽度(W)]: @150,0✓

指定下一点或 [圆弧(A)/闭合(C)/半宽(H)/长度(L)/放弃(U)/宽度(W)]: A✓

指定圆弧的端点或[角度(A)/圆心(CE)/闭合(CL)/方向(D)/半宽(H)/直线(L)/半径(R)/第二个点(S)/放弃(U)/宽度(W)]: S✓

指定圆弧上的第二个点: 203.5,50.7✓

指定圆弧的端点: 224,38✓

指定圆弧的端点或[角度(A)/圆心(CE)/闭合(CL)/方向(D)/半宽(H)/直线(L)/半径(R)/第二个点(S)/放弃(U)/宽度(W)]: 248,8✓

指定圆弧的端点或[角度(A)/圆心(CE)/闭合(CL)/方向(D)/半宽(H)/直线(L)/半径(R)/第二个点(S)/放弃(U)/宽度(W)]: L✓

指定下一点或 [圆弧(A)/闭合(C)/半宽(H)/长度(L)/放弃(U)/宽度(W)]: 269,-28.8✓

指定下一点或 [圆弧(A)/闭合(C)/半宽(H)/长度(L)/放弃(U)/宽度(W)]: ✓

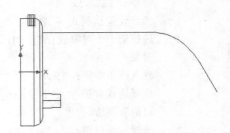

结果如图10-75所示。

图10-75　支撑杆的路径曲线

Step 13 旋转实体。

使用ROTATE命令将图10-75中的所有的实体逆时针旋转90°。

Step 14 设置视图方向。

选择"视图"→"三维视图"→"西南等轴测"菜单命令，或者单击"视图"工具栏中的◈按钮，将当前视图设置为西南等轴测视图。

Step 15 绘制圆。

使用画圆命令 CIRCLE 绘制一个圆，其圆心坐标为（-55，0，30），直径为 20。

Step 16 拉伸圆。

命令行操作与提示如下。

命令：EXTRUDE↙
当前线框密度：ISOLINES=10
选择要拉伸的对象：(用鼠标选择直径为 20mm 的圆)
选择要拉伸的对象：↙
指定拉伸高度或 [方向(D)/路径(P)/倾斜角(T)]:P↙
选择路径:(用鼠标选择第 12 步绘制的多线段线)

消隐后的结果如图 10-76 所示。

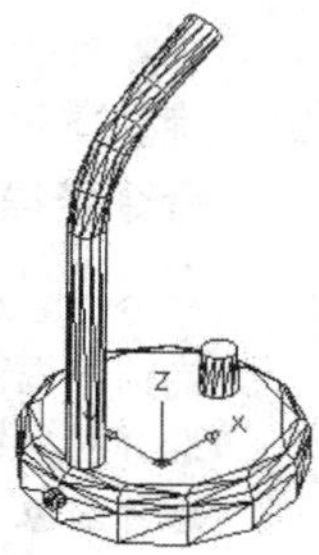

图 10-76　拉伸成支撑杆

Step 17 设置视图方向。

选择"视图"→"三维视图"→"主视"菜单命令，将当前视图设置为主视图。

Step 18 旋转实体。

用旋转命令 ROTATE 将绘制的所有的实体顺时针旋转 90°。

Step 19 绘制多段线。

命令行操作与提示如下。

命令：PLINE↙
指定起点：(选择支撑杆路径曲线的上端点)
当前线宽为 0.0000
指定下一个点或 [圆弧(A)/半宽(H)/长度(L)/放弃(U)/宽度(W)]:@20<30↙
指定下一点或 [圆弧(A)/闭合(C)/半宽(H)/长度(L)/放弃(U)/宽度(W)]:A↙
指定圆弧的端点或[角度(A)/圆心(CE)/闭合(CL)/方向(D)/半宽(H)/直线(L)/半径(R)/第二个点(S)/放弃(U)/宽度(W)]:316,-25↙
指定圆弧的端点或[角度(A)/圆心(CE)/闭合(CL)/方向(D)/半宽(H)/直线(L)/半径(R)/第二个点(S)/放弃(U)/宽度(W)]:L↙
指定下一点或 [圆弧(A)/闭合(C)/半宽(H)/长度(L)/放弃(U)/宽度(W)]:200,-90↙
指定下一点或 [圆弧(A)/闭合(C)/半宽(H)/长度(L)/放弃(U)/宽度(W)]:177,-48.66↙
指定下一点或 [圆弧(A)/闭合(C)/半宽(H)/长度(L)/放弃(U)/宽度(W)]:A↙
指定圆弧的端点或[角度(A)/圆心(CE)/闭合(CL)/方向(D)/半宽(H)/直线(L)/半径(R)/第二个点(S)/放弃(U)/宽度(W)]:S↙
指定圆弧上的第二个点：216,-28↙
指定圆弧的端点：257.5,-34.5↙
指定圆弧的端点或[角度(A)/圆心(CE)/闭合(CL)/方向(D)/半宽(H)/直线(L)/半径(R)/第二个点(S)/放弃(U)/宽度(W)]:L↙
指定下一点或 [圆弧(A)/闭合(C)/半宽(H)/长度(L)/放弃(U)/宽度(W)]:C↙

结果如图 10-77 所示。

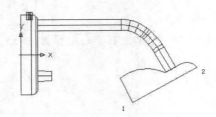

图 10-77　灯头的截面轮廓

Step 20 旋转截面轮廓。

命令行操作与提示如下。

命令:REVOLVE↙
当前线框密度: ISOLINES=4
选择对象:(选择截面轮廓)
选择对象: ↙
指定旋转轴的起点或定义轴依照 [对象(O)/X 轴(X)/Y 轴(Y)]:(选择图 10-77 中的 1 点)
指定轴端点:(选择图 10-77 中的 2 点)·
指定旋转角度 <360>:↙

Step 21 旋转实体。

使用旋转命令 ROTATE 将绘制的所有的实体逆时针旋转 90°。

Step 22 设置视图方向。

选择"视图"→"三维视图"→"西南等轴测"菜单命令,或者单击"视图"工具栏中的 ◇ 按钮,将当前视图方向设置为西南等轴测视图。

Step 23 对灯头进行抽壳。

命令行操作与提示如下。

命令:SOLIDEDIT↙
实体编辑自动检查: SOLIDCHECK=1
输入实体编辑选项 [面(F)/边(E)/体(B)/放弃(U)/退出(X)] <退出>: B↙
输入实体编辑选项[压印(I)/分割实体(P)/抽壳(S)/清除(L)/检查(C)/放弃(U)/退出(X)] <退出>: S↙
选择三维实体: (选择灯头)
删除面或 [放弃(U)/添加(A)/全部(ALL)]:(选择灯头的大端面)
删除面或 [放弃(U)/添加(A)/全部(ALL)]: ↙
输入抽壳偏移距离: 2↙
已开始实体校验。
已完成实体校验。
输入实体编辑选项[压印(I)/分割实体(P)/抽壳(S)/清除(L)/检查(C)/放弃(U)/退出(X)] <退出>:X↙
实体编辑自动检查: SOLIDCHECK=1
输入实体编辑选项 [面(F)/边(E)/体(B)/放弃(U)/退出(X)] <退出>: X↙

Step 24 渲染处理。选择"视图"→"渲染"→"材质"菜单命令,或者单击"渲染"工具栏中的 ▣ 按钮,选择适当的材质,然后选择"视图"→"渲染"→"渲染"菜单命令,或者单击"渲染"工具栏中的 ▢ 按钮,对图形进行渲染,渲染后的效果如图 10-72 所示。

10.6.7 复制边

【执行方式】

命令行：SOLIDEDIT。

菜单："修改"→"实体编辑"→"复制边"。

工具栏：实体编辑→复制边 📋。

【操作格式】

命令：_SOLIDEDIT

实体编辑自动检查： SOLIDCHECK=1

输入实体编辑选项 [面（F）/边（E）/体（B）/放弃（U）/退出（X）] <退出>：_EDGE

输入边编辑选项 [复制（C）/着色（L）/放弃（U）/退出（X）] <退出>：_COPY

选择边或 [放弃（U）/删除（R）]：（选择曲线边）

选择边或 [放弃（U）/删除（R）]：（按 Enter 键）

指定基点或位移：（单击"确定"按钮复制基准点）

指定位移的第二点：（单击"确定"按钮复制目标点）

如图 10-78 所示为复制边的图形效果。

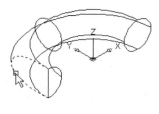
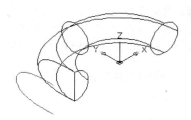

选择边   复制边

图 10-78 复制边

复制面功能与此类似，不再赘述。

10.6.8 着色边

【执行方式】

命令行：SOLIDEDIT。

菜单："修改"→"实体编辑"→"着色边"。

工具栏：实体编辑→着色边 📑。

【操作格式】

命令：_SOLIDEDIT

实体编辑自动检查：SOLIDCHECK=1

输入实体编辑选项 [面(F)/边(E)/体(B)/放弃(U)/退出(X)] <退出>：_EDGE

输入边编辑选项 [复制(C)/着色(L)/放弃(U)/退出(X)] <退出>：L

选择边或 [放弃(U)/删除(R)]：（选择要着色的边）

选择面或 [放弃(U)/删除(R)/全部(ALL)]：（继续选择或按 Enter 键结束选择）

选择好边后，AutoCAD 将打开"选择颜色"对话框。根据需要选择合适的颜色作为要着色边的颜色。

着色面功能与此类似，不再赘述。

10.6.9　抽壳

【执行方式】

命令行：SOLIDEDIT。
菜单："修改"→"实体编辑"→"抽壳"。
工具栏：实体编辑→抽壳 ▣。

【操作格式】

命令：_SOLIDEDIT
实体编辑自动检查：SOLIDCHECK=1
输入实体编辑选项 [面(F)/边(E)/体(B)/放弃(U)/退出(X)] <退出>：_BODY
输入实体编辑选项[压印(I)/分割实体(P)/抽壳(S)/清除(L)/检查(C)/放弃(U)/退出(X)] <退出>：_SHELL
选择三维实体：（选择三维实体）
删除面或 [放弃(U)/添加(A)/全部(ALL)]：（选择开口面）
输入抽壳偏移距离：（指定壳体的薄厚）

如图 10-79 所示为利用抽壳命令绘制的花盆。

绘制初步轮廓　　　　　　　完成绘制　　　　　　　消隐结果

图 10-79　花盆

"实体编辑"命令中还有"清除"、"分割"和"检查"功能，很少用到，这里不再赘述。

【例 10-7】　绘制石桌

本实例绘制的石桌如图 10-80 所示。本实例主要用到圆柱体命令、球体命令、剖切命令、抽壳处理和布尔运算等。

> 配套教学资源包DVD中
> 带有此实例的多媒体演示

图 10-80　石桌

具体操作步骤如下。

Step 01 设置绘图环境。

利用 LIMITS 命令设置图幅为 297×210。设置线框密度。设置对象上每个曲面的轮廓线数目为 10。

Step 02 创建球体。

命令行操作与提示如下。

命令：SPHERE✓
指定中心点或 [三点(3P)/两点(2P)/切点、切点、半径(T)]：0，0，0✓
指定半径或 [直径(D)]：50✓

结果如图 10-81 所示。

Step 03 绘制矩形。

调用矩形命令，以 (-60，-60，-40) 和 (@120，120) 为角点绘制矩形；再以 (-60，-60，40) 和 (@120，120，0) 为角点绘制矩形。结果如图 10-82 所示。

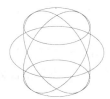

图 10-81　创建球体

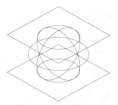

图 10-82　绘制矩形

Step 04 剖切处理。

调用剖切命令，分别选择两个矩形作为剖切面，保留球体中间部分。

命令行操作如下。

命令：SLICE✓
选择要剖切的对象：(选取球体，然后按 Enter 键)
指定切面的起点或 [平面对象(O)/曲面(S)/Z 轴(Z)/视图(V)/XY/YZ/ZX/三点(3)] <三点>：
XY✓
指定 XY 平面上的点 <0,0,0>：_MID 于 (捕捉上面矩形上一点)
在要保留的一侧指定点或 [保留两侧(B)]：(选取球体中部一点，保留中部)

利用同样的方法，以下面矩形为剖切面进行剖切，保留球体中部，结果如图 10-83 所示。

Step 05 删除矩形。

调用删除命令，将矩形删除。结果如图 10-84 所示。

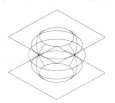

图 10-83　剖切处理

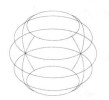

图 10-84　删除矩形

Step 06 抽壳处理。

命令行操作如下。

命令：SOLIDEDIT↙
实体编辑自动检查：SOLIDCHECK=1
输入实体编辑选项 [面(F)/边(E)/体(B)/放弃(U)/退出(X)] <退出>：_BODY
输入实体编辑选项[压印(I)/分割实体(P)/抽壳(S)/清除(L)/检查(C)/放弃(U)/退出(X)]
<退出>：_SHELL
选择三维实体：(选择剖切后的球体)↙
删除面或 [放弃(U)/添加(A)/全部(ALL)]：↙
输入抽壳偏移距离：5↙
已开始实体校验。
已完成实体校验。
输入实体编辑选项
[压印(I)/分割实体(P)/抽壳(S)/清除(L)/检查(C)/放弃(U)/退出(X)] <退出>：↙
实体编辑自动检查：SOLIDCHECK=1
输入实体编辑选项 [面(F)/边(E)/体(B)/放弃(U)/退出(X)] <退出>：↙

结果如图 10-85 所示。

Step 07 创建圆柱体。

调用"圆柱体"命令，以 (0，-50，0) 和 (@0，100，0) 为底面圆心，创建半径为 25 的圆柱体；再以 (-50，0，0) 和 (@100，0，0) 为底面圆心，创建半径为 25 的圆柱体，结果如图 10-86 所示。

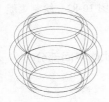

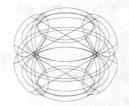

图 10-85　抽壳处理　　　　　　　　　　图 10-86　创建圆柱体

Step 08 差集运算。

调用布尔运算中的"差集"命令，从实体中减去两个圆柱体，结果如图 10-87 所示。

Step 09 创建圆柱体。

调用"圆柱体"命令，以 (0，0，40) 为底面圆心，创建半径为 65、高为 10 的圆柱体，结果如图 10-88 所示。

Step 10 圆角处理。

调用"圆角"命令，将圆柱体的棱边进行圆角处理，圆角半径为 2，结果如图 10-89 所示。

Step 11 渲染视图。

选择"视图"→"渲染"→"材质"菜单命令，在材质选项板中选择适当的材质。选择"视图"→"渲染"→"渲染"菜单命令，对实体进行渲染，渲染后的效果如图 10-80 所示。

Step 12 保存文件。

命令行操作如下。

命令：SAVEAS↙　　(将绘制完成的图形以"石桌立体图.dwg"为文件名保存在指定的路径中)

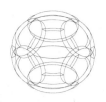

图 10-87　差集运算

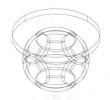

图 10-88　创建圆柱体

图 10-89　圆角处理

10.7 上机实训——绘制阀体

本实例绘制的阀体如图 10-90 所示。主要应用创建圆柱体命令 CYLINDER、长方体命令 BOX、球命令 SPHERE、拉伸命令 EXTRUDE 以及布尔运算的差集命令 SUBTRACT 和并集命令 UNION 等，来完成图形的绘制。

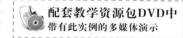

配套教学资源包DVD中
带有此实例的多媒体演示

Step 01　启动系统。启动 AutoCAD 2009，使用默认设置绘图环境。

Step 02　设置线框密度。
命令行操作如下。

命令：ISOLINES
输入 ISOLINES 的新值 <4>：10✓

Step 03　设置视图方向。选择"视图"→"三维视图"→"西南等轴测"菜单命令，或者单击"视图"工具栏中的◇按钮，将当前视图方向设置为西南等轴测视图。

图 10-90　阀体

Step 04　设置用户坐标系。方法同上，将坐标原点绕 X 轴旋转 90°。

Step 05　绘制长方体。单击□按钮，以（0，0，0）为角点，创建长为 75、宽为 75、高为 12 的长方体。

Step 06　圆角处理。
命令行操作如下。

命令：FILLET✓
当前设置：模式 = 修剪，半径 = 0.0000
选择第一个对象或[放弃(U)/多段线(P)/半径(R)/修剪(T)/多个(M)]：（用鼠标选择要圆角的对象）
输入圆角半径：12.5✓
选择边或 [链(C)/半径(R)]：（用鼠标选择要圆角的边）
已拾取到边。
选择边或 [链(C)/半径(R)]：（依次用鼠标选择要圆角的边）
选择边或 [链(C)/半径(R)]：✓

Step 07　设置用户坐标系。利用 UCS 命令，将坐标原点移动到（0，0，6）。

Step 08　绘制圆柱体。单击□按钮，以（0，0，0）为圆心，创建直径为 55、高为 17 的圆柱体。

Step 09　绘制球体。
命令行操作如下。

命令：SPHERE✓
当前线框密度：ISOLINES=4
指定球体球心 <0,0,0>:✓
指定球体半径或 [直径(D)]：D✓

Step 10 设置用户坐标系。利用 UCS 命令，将坐标原点移动到（0，0，63）。

Step 11 绘制圆柱体。方法同上，单击 按钮，以（0，0，0）为圆心，分别创建直径为 36、高为-15，及直径为 32、高为-34 的圆柱体。

Step 12 并集处理。方法同上，单击 按钮，将所有实体进行并集运算。消隐处理后的图形如图 10-91 所示。

Step 13 绘制内形圆柱体。单击 按钮，以（0，0，0）为圆心，分别创建直径为 28.5、高为-5，及直径为 20、高为-34 的圆柱体；以（0，0，-34）为圆心，创建直径为 35、高为-7 的圆柱体；以（0，0，-41）为圆心，创建直径为 43、高为-29 的圆柱体；以（0，0，-70）为圆心，创建直径为 50、高-5 的圆柱体。

Step 14 设置用户坐标系。利用 UCS 命令，将坐标原点移动到（0，56，-54），并将其绕 X 轴旋转 90°。

Step 15 绘制外形圆柱体。单击 按钮，以（0，0，0）为圆心，创建直径为 36、高为 50 的圆柱体。

Step 16 并集及差集处理。方法同上，单击 按钮，将实体与 φ36 外形圆柱进行并集运算。方法同上，单击 按钮，将实体与内形圆柱体进行差集运算。消隐处理后的图形如图 10-92 所示。

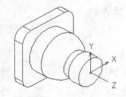

图 10-91　并集后的实体

图 10-92　布尔运算后的实体

Step 17 绘制内形圆柱体。单击 按钮，绘制直径为 26、高为 4 的圆柱体；以（0，0，4）为圆心，绘制直径为 24、高为 9 的圆柱体；以（0，0，13）为圆心，绘制直径为 24.3、高为 3 的圆柱体；以（0，0，16）为圆心，绘制直径为 22、高为 13 的圆柱体；以（0，0，29）为圆心，绘制直径为 18、高为 27 的圆柱体。

Step 18 并集及差集处理。单击 按钮，将实体与内形圆柱进行差集运算。消隐处理后的图形，如图 10-93 所示。

Step 19 设置视图方向。选择"视图"→"三维视图"→"俯视"菜单命令，或者单击"视图"工具栏中的 按钮，将当前视图方向设置为俯视图。

Step 20 绘制二维图形。绘制二维图形并将其创建为面域。以下为创建为面域的操作步骤。

① 绘制圆。单击 按钮，以（0，0）为圆心，分别绘制直径为 36 及 26 的圆。

② 绘制直线。单击 按钮，从（0，0）→（@18<45），及从（0，0）→（@18<135），分别绘制直线。

③ 修剪图形。单击 按钮，对圆进行修剪，结果如图 10-94 所示。

④ 面域处理。单击 按钮，将绘制的二维图形创建为面域。

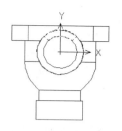

图 10-93　差集后的实体　　　　　　　图 10-94　创建面域

Step 21 设置视图方向。选择"视图"→"三维视图"→"西南等轴测"菜单命令，或者单击"视图"工具栏中的◎按钮，将当前视图方向设置为西南等轴测视图。

Step 22 拉伸图形。

命令行操作如下。

命令：EXTRUDE✓
当前线框密度：ISOLINES=10
选择要拉伸的对象：(用鼠标选择上一步的面域图形)
选择要拉伸的对象：✓
指定拉伸高度或 [方向(D)/路径(P)/倾斜角(T)]:-2✓

Step 23 差集处理。方法同上，单击◎按钮，将阀体与拉伸实体进行差集运算，结果如图 10-95 所示。

Step 24 设置视图方向。选择"视图"→"三维视图"→"左视"菜单命令，或者单击"视图"工具栏中的▣按钮，将当前视图方向设置为左视图。

图 10-95　差集拉伸实体后的阀体

Step 25 绘制阀体外螺纹。

① 绘制多边形。单击⬠按钮，在实体旁边绘制一个正三角形，设置其边长为 2。

② 绘制辅助线。在命令行输入命令 XLINE，或者单击✐按钮，过正三角形底边绘制水平辅助线。

③ 偏移直线。在命令行输入 OFFSET，或者单击⬒按钮，将水平辅助线向上偏移 18。

④ 旋转对象。单击⬡按钮，以偏移后的水平辅助线为旋转轴，选择正三角形，将其旋转 360°。

⑤ 删除辅助线。单击✐按钮，删除绘制的辅助线。

⑥ 三维阵列处理。选择"修改"→"三维操作"→"三维阵列"菜单命令，将旋转形成的实体进行 1 行 8 列的矩形阵列，列间距为 2。

⑦ 并集处理。单击◎按钮，将阵列后的实体进行并集运算。

⑧ 移动对象。单击✛按钮，以螺纹右端面圆心为基点，将其移动到阀体右端圆心处。

⑨ 差集处理。单击◎按钮，将阀体与螺纹进行差集运算。

消隐处理后的图形，如图 10-96 所示。

Step 26 绘制螺纹孔。方法同上，为阀体创建螺纹孔。结果如图 10-97 所示。

Step 27 倒角及倒圆角处理。方法同上，对壳体相应位置进行倒角及倒圆角操作。

Step 28 渲染处理。选择"视图"→"渲染"→"材质"菜单命令，或者单击"渲染"工具栏中的⬚按钮，选择适当的材质，然后选择"视图"→"渲染"→"渲染"菜单命令，或者单击"渲染"工具栏中的◷按钮，对图形进行渲染。渲染后的效果如图 10-90 所示。

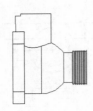

图 10-96　创建阀体外螺纹

图 10-97　创建阀体螺纹孔

10.8 本章习题

10.8.1 思考题

1. 试分析世界坐标系与用户坐标系的关系。
2. 拉伸与拉伸面功能有什么区别？

10.8.2 操作题

1. 利用三维动态观察器观察如图 10-98 所示的泵盖。

（1）打开三维动态观察器。

（2）灵活利用三维动态观察器的各种工具进行动态观察。

2. 绘制如图 10-99 所示的 U 盘。

图 10-98　泵盖　　　　　图 10-99　U 盘

（1）绘制长方体作为盘身基体。

（2）对长方体进行圆角处理。

（3）绘制长方体作为接口座。

（4）将绘制的两个长方体进行并集运算。

（5）对并集图形进行沿中间面的剖切处理。

（6）绘制长方体并抽壳作为接口。

（7）绘制长方体并复制，然后将它们从接口上差集去掉。

（8）绘制长方体作为接口内衬体。

（9）绘制椭圆柱体并圆角处理作为铭牌。

（10）绘制文字作为 U 盘标识。

（11）使用类似方法绘制 U 盘盖。

（12）渲染处理。

第 **11** 章

项目实训——
绘制机械工程图

本章将通过球阀的零件图和装配图的绘制，学习 AutoCAD 绘制完整零件图和装配图的基础知识，以及绘制方法和技巧。

- 完整零件图绘制方法
- 阀盖设计
- 阀体设计
- 完整装配图绘制方法
- 球阀装配图

11.1 完整零件图绘制方法

零件图是设计者用以表达对零件设计意图的一种技术文件。

11.1.1 零件图内容

零件图是表示零件的结构形状、大小和技术要求的工程图样，并根据它加工制造零件。一幅完整零件图应包括以下内容。

- 一组视图：表达零件的形状与结构。
- 一组尺寸：标出零件上结构的大小、结构间的位置关系。
- 技术要求：标出零件加工、检验时的技术指标。
- 标题栏：注明零件的名称、材料、设计者、审核者、制造厂家等信息的表格。

11.1.2 零件图绘制过程

零件图的绘制过程包括草绘和绘制工作图，AutoCAD 一般用于绘制工作图，绘制零件图的基本步骤如下。

Step 01 设置作图环境。作图环境的设置一般包括两方面。
① 选择比例：根据零件的大小和复杂程度选择比例，尽量采用 1：1。
② 选择图纸幅面：根据图形、标注尺寸、技术要求所需图纸幅面，选择标准幅面。

Step 02 确定作图顺序，选择尺寸转换为坐标值的方式。

Step 03 标注尺寸，标注技术要求，填写标题栏。标注尺寸前要关闭剖面层，以免剖面线在标注尺寸时影响端点捕捉。

Step 04 校核与审核。

11.2 阀盖设计

阀盖的绘制过程是机械制图中比较常见的例子，本例从绘图环境的设置、文字和尺寸标注样式的设置讲解，充分使用了二维绘图和二维编辑命令，是使用 AutoCAD 2009 二维绘图功能的综合实例。

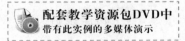
配套教学资源包DVD中
带有此实例的多媒体演示

本实例的制作思路：首先设置阀盖的绘图环境，然后依次绘制阀盖的中心线、主视图、辅助线和左视图，最后标注阀盖的尺寸和粗糙度等。阀盖零件如图 11-1 所示。

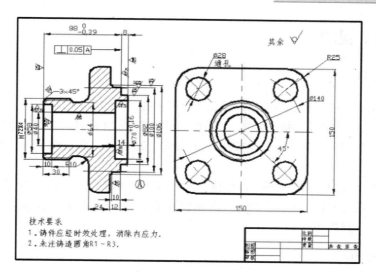

图 11-1　阀盖零件图

11.2.1　配置绘图环境

Step 01　建立新文件。启动 AutoCAD 2009 应用程序，选择"文件"→"新建"菜单命令，打开"选择样板文件"对话框，单击"打开"右侧的 ⌄ 下拉按钮，选择已有的样板图建立新文件，将新文件命名为"阀盖零件图.dwg"并保存。

Step 02　设置绘图工具栏。选择"视图"→"工具栏"菜单命令，打开"自定义"对话框，调出"标准"、"图层"、"对象特性"、"绘图"、"修改"和"标注"这 6 个工具栏，并将它们移动到绘图窗口中的适当位置。

Step 03　开启线宽。单击状态栏中"线宽"按钮，在绘制图形时显示线宽，命令行中会提示"命令：＜线宽 开＞"。

Step 04　关闭栅格。单击状态栏中的"栅格"按钮，或者使用快捷键 F7 开启栅格，系统默认为关闭栅格。选择"视图"→"缩放"→"全部"菜单命令，调整绘图窗口的显示比例。

Step 05　创建新图层。选择"格式"→"图层"菜单命令，打开"图层特性管理器"面板，新建并设置每一个图层，如图 11-2 所示。

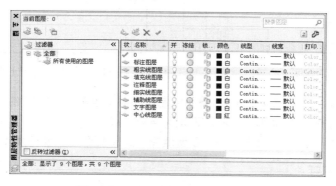

图 11-2　"图层特性管理器"面板

11.2.2　绘制视图

1. 绘制中心线

Step 01　切换图层。将"中心线图层"设定为当前图层。

Step 02　绘制直线。利用"直线"命令，绘制水平和竖直对称中心线。坐标点为{（80，160）（350，160）}{（250，50）（250，240）}{（190，240）（380，90）}{（370，240）（190，80）}。

Step 03　绘制圆。利用"圆"命令，以坐标（250，160）为圆心，绘制 ϕ140 中心线圆。

Step 04　绘制直线。利用"直线"命令，分别以圆弧线与斜直线的两交点为起点绘制两条水平的中心线，结果如图 11-3 所示。

2. 绘制主视图

Step 01　将"粗实线图层"设定为当前图层。利用"直线"命令，绘制主视图的轮廓线。坐标点依次为{（55，160）（55，189）（67，189）（65，180）（137，150）（135，198）（171，198）（171，160）}，{（65，190）（65，160）}{（135，180）（135，160）}，{（88，179）（88，193）（88，196）（89，192）（107，192）（107，237）（131，235）（131，213）（133，213）（133，210）（143，210）（143，201）（151，201）（151，197）}。

Step 02　利用"圆角"命令，对图中相应的部位进行圆角处理，圆角半径为 10。

Step 03　将"细实线"图层设定为当前图层。利用"直线"命令，绘制主视图的轮廓线。坐标为{（55，195）（55，198）}，结果如图 11-4 所示。

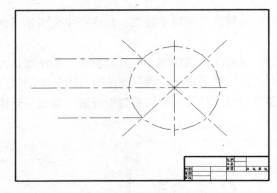

图 11-3　绘制中心线

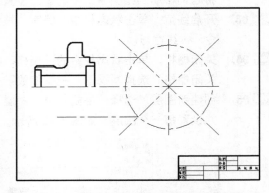

图 11-4　绘制主视图上半部分的轮廓图

Step 04　镜像处理。利用"镜像"命令，镜像绘制主视图上半部分的轮廓线，结果如图 11-5 所示。

Step 05　切换图层。将"图案填充"图层设定为当前图层。

Step 06　绘制剖面线。选择"绘图"→"图案填充"菜单命令，命令行操作与提示如下。

命令：BHATCH✓

执行命令后，AutoCAD 弹出"图案填充和渐变色"对话框，如图 11-6 所示。在该对话框中进行如图所示的设定，单击"拾取中心点"按钮，选择要填充的区域，最后填充的图形如图 11-7 所示。

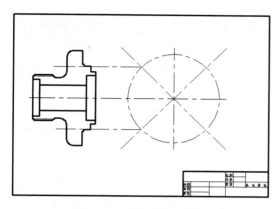

图 11-5　镜像后的主视图

图 11-6　"图案填充和渐变色"对话框

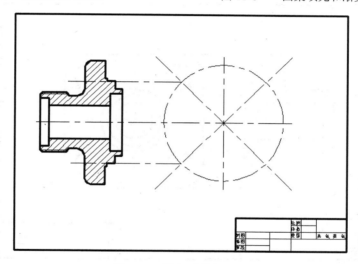

图 11-7　填充后的主视图

3. 绘制左视图

Step 01　切换图层。将"辅助线"图层设定为当前图层。

Step 02　绘制辅助线。利用"构造线"命令，绘制水平构造线，这主要是为了保证主视图与左视图对应的高平齐关系。绘制辅助线后的图形如图 11-8 所示。

Step 03　切换图层。将"粗实线"图层设定为当前图层。

Step 04　绘制圆。利用"圆"命令，绘制左视图中的圆。以（250，160）为中心，拾取水平辅助线与竖直中心线的交点，绘制 3 个圆；拾取圆弧点划线与斜直线点划线的一个交点为圆心，绘制半径为 14 的圆。

Step 05　阵列对象。利用"阵列"命令，阵列连接盘端部圆孔和中心线，在命令行中输入命令 ARRAY，执行命令后，AutoCAD 弹出如图 11-9 所示的"阵列"对话框，按照图示进行设置后，单击"拾取中心点"按钮，返回绘图区域，用鼠标单击如图 11-10 所示的左视图的中心点，此时 AutoCAD 返回"阵列"对话框，然后再单击"选择对象"按钮，选择上一步绘制的半径为 14 的圆，然后按 Enter 键返回该对话框，单击"确定"按钮。

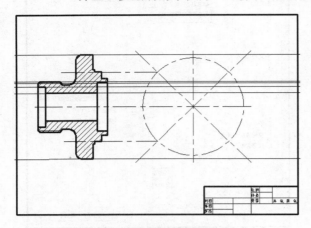

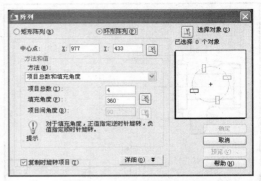

图 11-8　绘制辅助线后的图形　·　图 11-9　设置好的"阵列"对话框

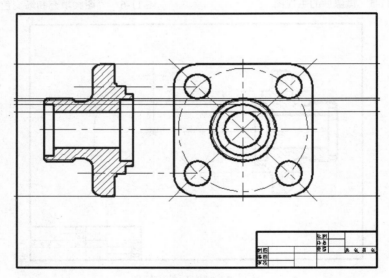

图 11-10　绘制的左视图

Step 06　绘制直线。利用"直线"命令，绘制坐标点分别为（345，238）、（195，77）、（195，238）的闭合曲线。

Step 07　圆角处理。利用"圆角"命令，对左视图中阀盖的 4 个角进行圆角处理，圆角半径为 29。

Step 08　切换图层。将"细实线"图层设定为当前图层。

Step 09　绘制圆。利用"圆"命令，以坐标（250，160）为圆心，拾取从主视图螺纹牙底引出的水平辅助线与竖直点划线的交点为半径，绘制出的图形如图 11-10 所示。

Step 10　删除和修剪辅助线。利用"删除"命令和"修剪"命令，删除和修剪视图中多余的辅助线，从而完成视图的绘制，结果如图 11-11 所示。

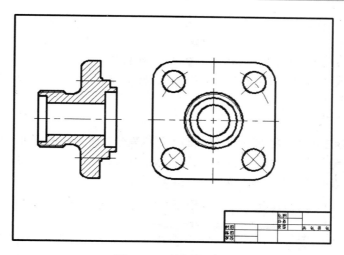

图 11-11　绘制的视图

11.2.3　标注阀盖

1．标注尺寸

Step 01　切换图层。将"尺寸标注"图层设定为当前图层。

Step 02　标注尺寸。利用"线性标注"命令，标注同心圆使用特殊符号表示法"%%C"表示"ϕ"，如"%%C65"表示"$\phi65$"；利用同样的方法标注其他无公差尺寸。

Step 03　公差标注。为了标注尺寸公差，必须创建一个新的标注样式。如图 11-12 所示为新建名称为 h2 的标注样式对话框，在"公差"选项卡的"方式"下拉列表中选择"极限偏差"选项，在"上偏差"和"下偏差"微调文本框中分别输入上偏差和下偏差数值。其他数值如图 11-12 所示。

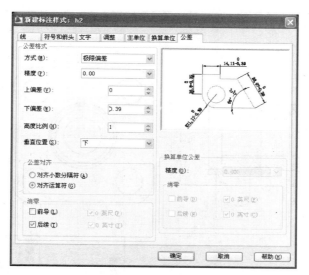

图 11-12　"新建标注样式"对话框

在"标注样式管理器"对话框中选择 h2 为当前标注样式。

命令行操作如下。

命令：DIMLINEAR↙
指定第一条尺寸界线起点或 <选择对象>：(指定一个尺寸界线起点)
指定第二条尺寸界线起点：(指定另一个尺寸界线起点)
指定尺寸线位置或[多行文字(M)/文字(T)/角度(A)/水平(H)/垂直(V)/旋转(R)]：(指定尺寸线的位置)
标注文字 =99

替代 h2 标注样式，将 h2 标注样式的上下偏差分别改为 0.16 和 0。并在"主单位"选项卡的"前缀"文本框中输入"%%c"，以标注直径公差，如图 11-13 所示。

完成尺寸及公差标注的图形如图 11-14 所示。

图 11-13 "主单位"选项卡

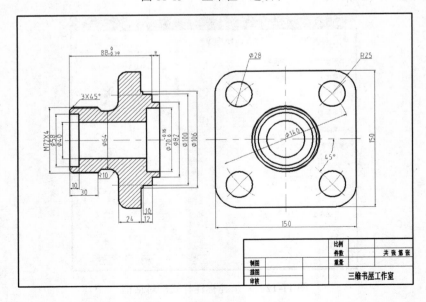

图 11-14 标注尺寸及公差

2．标注粗糙度

这里需要将相同数值的粗糙度符号制作成数字旋转 180° 的两个图块，以数值为 12.5μm 的粗糙度符号为例，可以绘制如图 11-15 所示的两个图块。最后根据粗糙度符号在图形中旋转的角度选择其中一个插入。

Step 01 制作图块。在命令行输入 WBLOCK 命令，AutoCAD 打开"写块"对话框，如图 11-16 所示。单击"拾取点"按钮，拾取粗糙度符号最下端的交点为基点，单击"选择对象"按钮，选择所绘制的粗糙度符号，在"块"文本框输入图块名，然后单击"确定"按钮。

图 11-15　粗糙度符号

图 11-16　"写块"对话框

Step 02 切换图层。将"细实线"图层设定为当前图层。

Step 03 插入图块。将制作的图块插入到图形中的适当位置。将屏幕切换到当前绘制图形。在"插入"下拉菜单中选择"块"选项，AutoCAD 打开"插入"对话框，如图 11-17 所示。在"名称"下拉列表框中或单击"浏览"按钮选择打开需要的粗糙度图块，在"插入点"选项组和"比例"选项组中选中"在屏幕上指定"复选框；在"旋转"选项组的"角度"文本框输入角度旋转值，单击"确定"按钮。

图 11-17　"插入"对话框

此时 AutoCAD 出现的提示如下。

命令:INSERT✓

指定插入点或 [比例(S)/X/Y/Z/旋转(R)/预览比例(PS)/PX/PY/PZ/预览旋转(PR)]: (在图形上指定一个点)

输入 X 比例因子, 指定对角点, 或者 [角点(C)/XYZ] <1>:0.09✓

输入 Y 比例因子或 <使用 X 比例因子>:✓

另外, 在图形的右上角, 通过绘图命令绘制一个粗糙度符号。该符号绘制的图层选择为"细实线"图层。完成粗糙度标注的图形如图 11-18 所示。

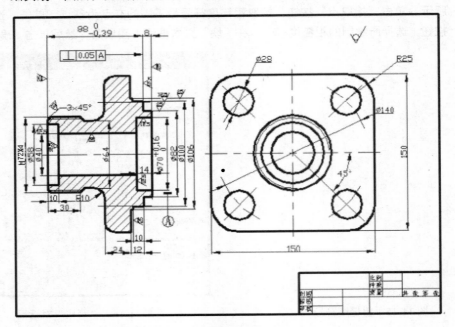

图 11-18 标注粗糙度后的图形

11.2.4 标注文字注释

在"绘图"下拉菜单中选择"文字"子菜单的"多行文字"选项, AutoCAD 在提示指定插入位置后打开多行文字编辑器, 如图 11-19 所示。在该工具栏中可以编辑所要插入的文字。

图 11-19 多行文字编辑器

插入文字时, 首先将当前图层切换为"文字图层"。然后再执行输入文字命令, 在相应的位置输入文字, 如技术要求等。插入文字注释后的图形如图 11-20 所示。

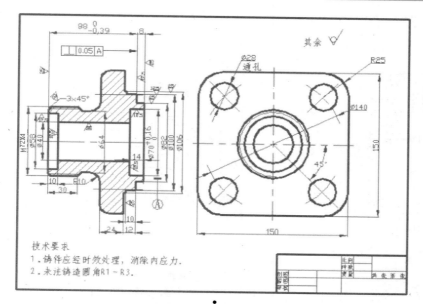

图 11-20   输入文字后的阀盖

11.2.5   填写标题栏

标题栏的填写可以利用单行文字插入的方式来完成。在这里将零件名放在"细实线"图层，文字高度设置为 10mm；将标题栏注释文字放在"文字"图层，文字高度设置为 9mm。填写好的标题栏如图 11-21 所示。

阀　盖		比例	1：10	ZG02－01
		件数	1	
制图	胡 天	99.7.1	重量	20 kg	共1张第1张
描图	胡 天				
审核	胡 蓉		军械工程学院制图室		

图 11-21   填写好的标题栏

这样，通过上述一系列的操作，就完成了整个图形的绘制，最后的图形如图 11-1 所示。

11.3   阀体设计

阀体（如图 11-22 所示）的绘制过程是复杂二维图形制作中比较典型的实例，在本例中对绘制异形图形作了初步的叙述，主要是利用绘制圆弧线以及利用修剪、圆角等命令来实现。

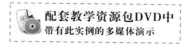
配套教学资源包DVD中
带有此实例的多媒体演示

本实例的制作思路：首先绘制中心线和辅助线，作为定位线，并且作为绘制其他视图的辅助线；然后再绘制主视图和俯视图以及左视图。

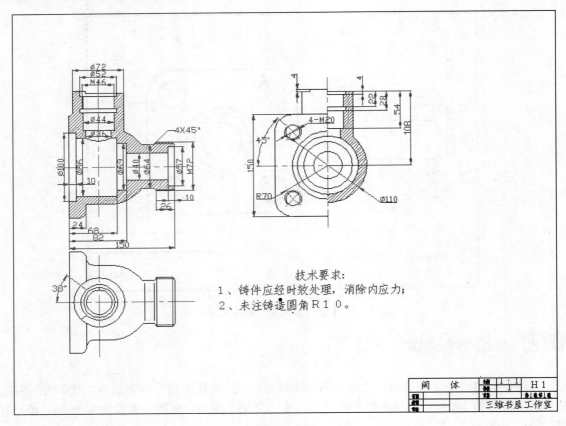

图 11-22　阀体零件图

11.3.1　绘制阀体

1．打开样板图

打开上面保存的样板图。打开"图层特性管理器"对话框，将图框线与标题栏所在层关闭。

2．绘制中心线和辅助线

Step 01　切换图层。将"中心线"图层设定为当前图层。

Step 02　绘制中心线。利用"直线"命令，在视图中绘制最下面的水平对称中心线、中间的竖直对称中心线和右端的倾斜对称中心线。

在绘图平面适当位置绘制两条互相垂直的直线，长度分别大约为 500 和 700。然后进行偏移操作，将水平中心线向下偏移 200。利用同样的方法，将竖直中心线向右平移 400。利用"直线"命令，指定偏移后中心线右下交点为起点，下一点坐标为（@300<139）。将绘制的斜线向右下方移动到适当位置，使其仍然经过右下方的中心线交点，结果如图 11-23 所示。

3．绘制主视图

Step 01　绘制基本轮廓线。利用"偏移"命令，将上面中心线向下偏移 99，将左边中心线向左偏移 42。

选择偏移形成的两条中心线，如图 11-24 所示。然后在"图层"工具栏的图层下拉列表中选择"粗实线"层，如图 11-25 所示。则这两条中心线转换成粗实线，同时其所在图层也转换成"粗实线"层，如图 11-26 所示。

利用"修剪"命令，将转换的两条粗实线修剪成如图 11-27 所示。

图 11-23 中心线和辅助线

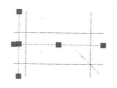

图 11-24 绘制的直线

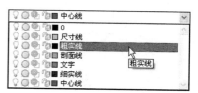

图 11-25 图层下拉列表

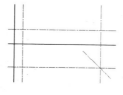

图 11-26 转换图线

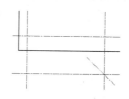

图 11-27 修剪图线

Step 02 偏移与修剪图线。利用"偏移"命令，分别将刚修剪的竖直线向右偏移 10，24，55，67，82，124，140，150；将水平线向上偏移 20，25，32，37，40.8，43，46.7，55，结果如图 11-28 所示。然后将图 11-28 所示图形利用"修剪"命令修剪成如图 11-29 所示图形。

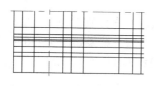

图 11-28 偏移图线

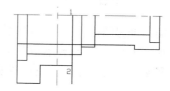

图 11-29 修剪图线

Step 03 绘制圆弧。利用"圆弧"命令，以图 11-30 中 1 点为圆心，以 2 点为起点绘制圆弧，圆弧终点为适当位置，如图 11-30 所示。

利用"删除"命令删除 1、2 位置直线。利用"修剪"命令修剪圆弧以及与它相交的直线。结果如图 11-31 所示。

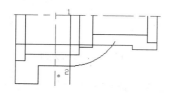

图 11-30 绘制圆弧

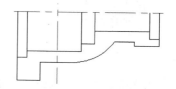

图 11-31 修剪圆弧

Step 04 倒角。利用"倒角"和"圆角"命令进行倒角处理，对右下边的直角进行倒角，倒角距离为 4，采用的修剪模式为"不修剪"。

利用相同的方法，对其左边的直角倒斜角，距离为 4。

对下部的直角进行圆角处理，圆角半径为 10。

利用相同的方法，对修剪的圆弧直线相交处倒圆角，半径为 3，结果如图 11-32 所示。

Step 05 绘制螺纹牙底。利用"偏移"命令，将右下边水平线向上偏移 2；然后利用"延伸"命令，将偏移的直线进行延伸处理；最后将延伸后的线转换到"细实线"图层，如图 11-33 所示。

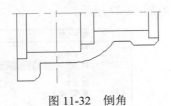

图 11-32 倒角

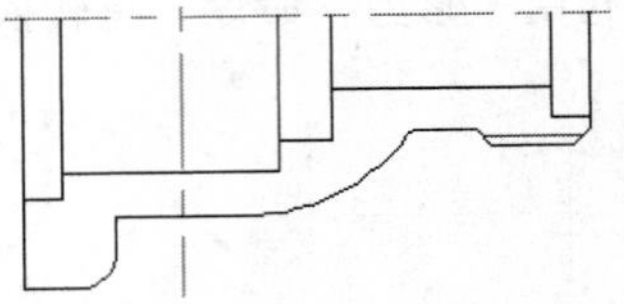

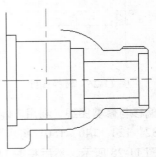

图 11-33 绘制螺纹牙底

Step 06 镜像处理。利用"镜像"命令，选择如图 11-34 所示的亮显对象为对象，以水平中心线为轴镜像，结果如图 11-35 所示。

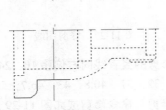

图 11-34 选择对象

图 11-35 镜像

Step 07 偏移修剪图线。利用"镜像"命令，将竖直中心线向左右分别偏移 15，22，26，36；将水平中心线向上分别偏移 54，70，86，104，108，112，结果如图 11-36 所示。

利用"修剪"命令，对偏移的图线进行修剪，结果如图 11-37 所示。

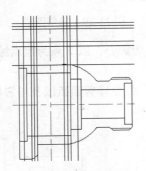

图 11-36 偏移图线

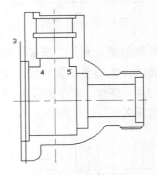

图 11-37 修剪处理

Step 08 绘制圆弧。利用"圆弧"命令，选择 3 点为圆弧起点，适当一点为第二点，3 点右边竖直线上适当一点为终点绘制圆弧。完成后利用"修剪"命令以圆弧为界，将 3 点右边直线下部剪掉。

再次利用"圆弧"命令绘制圆弧。圆弧起点和终点分别为 4 点和 5 点，第二点为竖直中心线上适当位置一点，结果如图 11-38 所示。

Step 09 绘制螺纹牙底。利用"偏移"命令，将图 11-38 中 6、7 两条线各向外偏移 1，然后将其转换到"细实线"层，结果如图 11-39 所示。

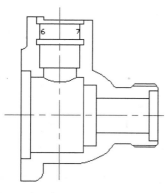

图 11-38　绘制圆弧

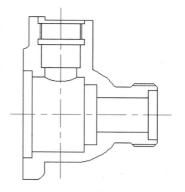

图 11-39　绘制螺纹牙底

Step ⑩　图案填充。将图层转换到"剖面线"层。利用"图案填充"命令，打开"图案填充和渐变色"对话框，进行如图 11-40 所示设置，选择填充区域进行填充，如图 11-41 所示。

图 11-40　"图案填充和渐变色"对话框

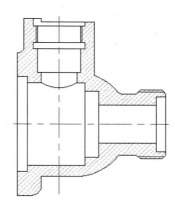

图 11-41　图案填充

4．绘制俯视图

Step ①　利用"复制"命令，将如图 11-42 所示的主视图中亮显对象水平复制。结果如图 11-43 所示。

Step ②　绘制辅助线。利用"直线"命令，捕捉主视图上相关点，向下绘制竖直辅助线，如图 11-44 所示。

Step ③　绘制轮廓线。利用"圆"命令，按辅助线与水平中心线交点指定的位置点，以左下边中心线交点为圆心，以这些交点为圆弧上一点绘制 4 个同心圆。利用"直线"命令，以左边第 4 条辅助线与从外往里第 2 个圆的交点为起点绘制直线。打开状态栏中的 ⊾ 开关，适当位置指定终点，绘制与水平线成 232°角的直线。如图 11-45 所示。

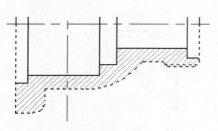

图 11-42　选择对象

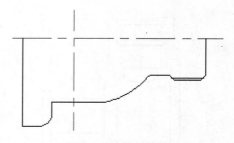

图 11-43　复制结果

Step 04　整理图线。利用"修剪"命令，以最外面圆为界修剪刚绘制的斜线，以水平中心线为界修剪最右边辅助线。利用"删除"命令，删除其余辅助线，结果如图 11-46 所示。

利用"圆角"命令，对俯视图同心圆正下方的直角以 10 为半径倒圆角；利用"打断"命令将刚修剪的最右边辅助线打断，结果如图 11-47 所示。

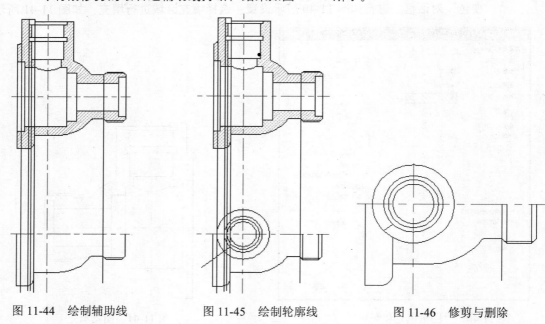

图 11-44　绘制辅助线　　　　图 11-45　绘制轮廓线　　　　图 11-46　修剪与删除

利用"延伸"命令，以刚倒圆角的圆弧为界，将圆角形成的断开直线延伸。利用"复制"命令，将刚打断的辅助线向左边适当位置平行复制。结果如图 11-48 所示。

利用"镜像"命令，以水平中心线为轴，将水平中心线以下所有对象镜像，最终的俯视图如图 11-49 所示。

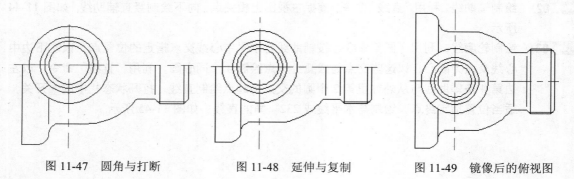

图 11-47　圆角与打断　　　　图 11-48　延伸与复制　　　　图 11-49　镜像后的俯视图

5．绘制左视图

Step 01 利用"直线"命令，捕捉主视图与左视图上的相关点，绘制如图 11-50 所示的水平与竖直辅助线。

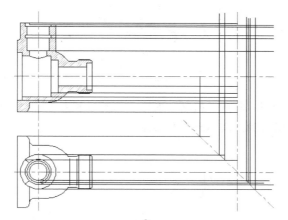

图 11-50 绘制辅助线

Step 02 绘制初步轮廓线。利用"圆"命令，按水平辅助线与左视图中心线指定的交点为圆弧上的一点，以中心线交点为圆心绘制 5 个同心圆，并初步修剪辅助线，如图 11-51 所示。进一步修剪辅助线，如图 11-52 所示。

Step 03 绘制孔板。利用"圆角"命令，对图 11-52 左下角直角倒圆角，半径为 25。转换到"中心线"层，利用"圆"命令，以垂直中心线交点为圆心绘制半径为 50 的圆。利用"直线"命令，以垂直中心线交点为起点，向左下方绘制 45° 斜线。转换到"粗实线"层，利用"圆"命令，以中心线圆与斜中心线交点为圆心，绘制半径为 10 的圆。再转换到"细实线"层，利用"圆"命令，以中心线圆与斜中心线交点为圆心，绘制半径为 12 的圆，如图 11-53 所示。

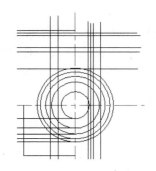
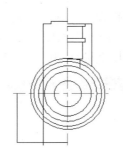
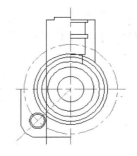

图 11-51 绘制同心圆 　　　 图 11-52 修剪图线 　　　 图 11-53 圆角与同心圆

利用"打断"命令，修剪同心圆的外圆及其中心线圆与斜线，然后利用"镜像"命令，以水平中心线为轴，对本步前面绘制的对象镜像处理，结果如图 11-54 所示。

Step 04 修剪图线。利用"修剪"命令，选择相应边界，修剪左边辅助线与 5 个同心圆中的最外边的两个同心圆，结果如图 11-55 所示。

Step 05 图案填充。利用"图案填充"命令，参照主视图绘制方法，对左视图进行填充，结果如图 11-56 所示。

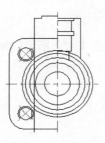
图 11-54　镜像

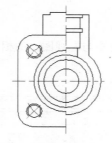
图 11-55　修剪图线

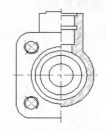
图 11-56　图案填充

删除其余的辅助线，利用"打断"命令，修剪过长的中心线，再将左视图整体水平向左适当移动，最终绘制的阀体三视图如图 11-57 所示。

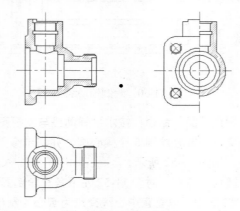
图 11-57　阀体三视图

11.3.2　标注阀体

1. 设置尺寸样式

选择"格式"→"标注样式"菜单命令，执行该命令后，AutoCAD 弹出"标注样式管理器"对话框，如图 11-58 所示。单击"修改"按钮，AutoCAD 打开"修改标注样式"对话框，分别对"符号和箭头"和"文字"选项卡进行如图 11-59 和图 11-60 所示的设置。

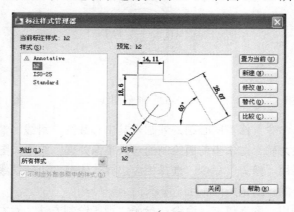
图 11-58　"标注样式管理器"对话框

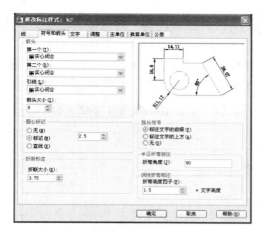

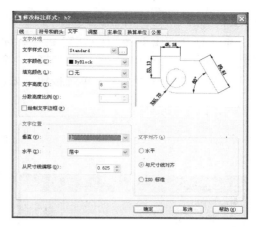

图 11-59　"符号和箭头"选项卡　　　　　图 11-60　"文字"选项卡

2．标注主视图尺寸

将"尺寸标注"图层设定为当前图层。

选择"标注"命令，标注相应的尺寸，下面是一些标注的样式。标注后的图形如图 11-61 所示。命令行操作与提示如下。

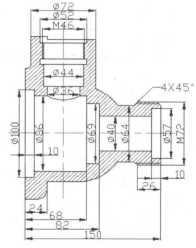

> 命令：DIMLINEAR✓
> 指定第一条尺寸界线原点或 <选择对象>：（选择要标注的线性尺寸的第一个点）
> 指定第二条尺寸界线原点：（选择要标注的线性尺寸的第二个点）
> 指定尺寸线位置或［多行文字(M)/文字(T)/角度(A)/水平(H)/垂直(V)/旋转(R)］：T✓
> 输入标注文字 <92>：%%C92✓
> 指定尺寸线位置或［多行文字(M)/文字(T)/角度(A)/水平(H)/垂直(V)/旋转(R)］：（用鼠标选择要标注尺寸的位置）

利用相同的方法，标注线性尺寸 $\phi52$、M46、$\phi44$、$\phi36$、$\phi100$、$\phi86$、$\phi69$、$\phi40$、$\phi64$、$\phi99$、M72、10、24、68、82、150、26、10。

图 11-61　标注主视图

命令行操作与提示如下。

> 命令：QLEADER✓
> 指定第一个引线点或［设置(S)］ <设置>：（指定引线点）
> 指定下一点：（指定下一引线点）
> 指定下一点：（指定下一引线点）
> 指定文字宽度 <0>：8✓
> 输入注释文字的第一行 <多行文字(M)>：4×45%%D✓
> 输入注释文字的下一行：✓

3．标注左视图

按上面方法标注线性尺寸 150、4、4、22、28、54、108。

选择"格式"→"标注样式"菜单命令，打开"标注样式管理器"对话框，单击"新建"按钮，系统打开如图11-62所示的"创建新标注样式"对话框，在"用于"下拉列表中选择"直径标注"。单击"继续"按钮，系统打开"新建标注样式"对话框，在"文字"选项卡"文字对齐"选项组中选择"水平"单选按钮，如图11-63所示，单击"确定"按钮退出该对话框。

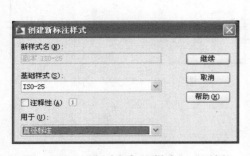

图11-62　"创建新标注样式"对话框　　　　图11-63　"新建标注样式"对话框

命令行操作与提示如下。

命令：_DIMDIAMETER
选择圆弧或圆：（选择左视图最外圆）
标注文字 = 92
指定尺寸线位置或 [多行文字(M)/文字(T)/角度(A)]：（指定适当位置）

利用相同的方法，标注 4-M20。

利用相同的方法，设置用于标注半径的标注样式，设置与上面用于直径标注的标注样式一样。标注半径尺寸 R90。

命令行操作与提示如下。

命令：_DIMRADIUS
选择圆弧或圆：（选择中心线圆弧）
标注文字 = 99
指定尺寸线位置或 [多行文字(M)/文字(T)/角度(A)]：（指定适当位置）

利用相同的方法，设置用于标注半径的标注样式，其设置与上面用于直径标注的标注样式相同。标注角度尺寸 45°。

命令行操作与提示如下。

命令：DIMANGULAR↙
选择圆弧、圆、直线或 <指定顶点>：（选择要标注的尺寸界线）
选择第二条直线：（选择要标注的另一条尺寸界线）
指定标注弧线位置或 [多行文字(M)/文字(T)/角度(A)]：（指定适当位置）

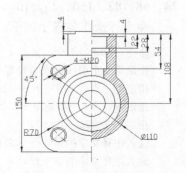

图11-64　标注左视图

结果如图11-64所示。

4．标注俯视图

接着上面的角度标注，在俯视图上标注角度38°，结果如图11-65所示。

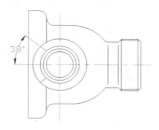

图11-65　标注俯视图

5．插入"技术要求"文本

Step 01 切换图层。将"文字"设定为当前图层。

Step 02 填写技术要求。选择"绘图"→"文字"→"多行文字"菜单命令，此时AutoCAD弹出如图11-66所示的"文字格式"工具栏及多行文字编辑器。按照图示进行设置，并在其中输入相应的文字。然后单击"确定"按钮，结果如图11-67所示。

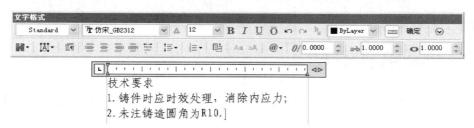

图11-66　"文字格式"工具栏

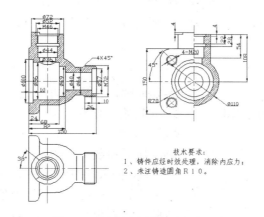

图11-67　插入"技术要求"文本

6．填写标题栏

Step 01 切换图层。将0图层设定为当前图层，并打开此图层。

Step 02 填写标题栏。选择菜单栏中的"文字"命令，填写标题，结果如图11-67所示。

11.4 完整装配图绘制方法

装配图表达了部件的设计构思、工作原理和装配关系，也表达出各零件间的相互位置、尺寸及结构形状。它是绘制零件工作图、部件组装、调试及维护等的技术依据。设计装配工作图时要综合考虑工作要求、材料、强度、刚度、磨损、加工、装拆、调整、润滑和维护以及经济诸因素，并要用足够的视图表达清楚。

11.4.1 装配图内容

（1）一组图形：用一般表达方法和特殊表达方法，正确、完整、清晰和简便地表达装配体的工作原理，零件之间的装配关系、连接关系和零件的主要结构形状。

（2）必要的尺寸：在装配图上必须标注出表示装配体的性能、规格以及装配、检验、安装时所需的尺寸。

（3）技术要求：用文字或符号说明装配体的性能、装配、检验、调试、使用等方面的要求。

（4）标题栏、零件的序号和明细表：按一定的格式，将零件、部件进行编号，并填写标题栏和明细表，以便读图。

11.4.2 装配图绘制过程

绘制装配图时应注意检验、校正零件的形状、尺寸。纠正零件草图中的不妥或错误之处。

（1）设置绘图环境

绘图前应当进行必要的设置，如绘图单位、图幅大小、图层线型、线宽、颜色、字体格式、尺寸格式等。设置方法见前述章节，为了绘图方便，比例选择为 1：1。或者调入事先绘制的装配图标题栏及有关设置。

（2）绘图步骤

① 根据零件草图，装配示意图绘制各零件图，各零件的比例应当一致，零件尺寸必须准确，可以暂不标尺寸，将每个零件用 WBLOCK 命令定义为 DWG 文件。定义时，必须选好插入点，插入点应当是零件间相互有装配关系的特殊点。

② 调入装配干线上的主要零件，如轴，然后沿装配干线展开，逐个插入相关零件，插入后，若需要剪断不可见的线段，应当炸开插入块。插入块时应当注意确定它的轴向和径向定位。

③ 根据零件之间的装配关系，检查各零件的尺寸是否有干涉现象。

④ 根据需要对图形进行缩放，布局排版，然后根据具体情况设置尺寸样式，标注好尺寸及公差，最后填写标题栏，完成装配图。

11.5 球阀装配图

球阀装配图由阀体、阀盖、密封圈、阀芯、压紧套、阀杆和扳手等零件图组成，如图 11-68 所示。装配图是零部件加工和装

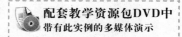
配套教学资源包DVD中
带有此实例的多媒体演示

配过程中重要的技术文件。在设计过程中要用到剖视以及放大等表达方式，还要标注装配尺寸，绘制和填写明细表等。因此，通过球阀装配图的绘制，可以提高读者的综合设计能力。

本实例的制作思路：将零件图的视图进行修改，制作成块，然后将这些块插入装配图中，制作块的步骤本节不再介绍，读者可以参考相应的介绍。

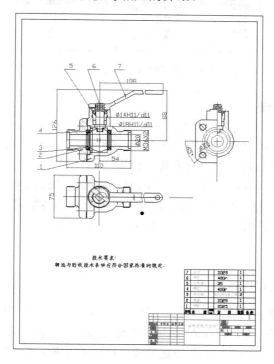

图 11-68　阀体装配平面图

11.5.1　配置绘图环境

Step 01 建立新文件。启动 AutoCAD 2009 应用程序，选择"文件"→"新建"菜单命令，打开"选择样板文件"对话框，选择已设计的样板文件作为模板，模板如图 11-69 所示，建立新文件，将新文件命名为"球阀平面装配图.dwg"并保存。

Step 02 设置绘图工具栏。选择"视图"→"工具栏"菜单命令，打开"自定义"对话框，调出"标准"、"图层"、"对象特性"、"绘图"、"修改"和"标注"这 6 个工具栏，并将它们移动到绘图窗口中的适当位置。

Step 03 关闭线宽。单击状态栏中的"线宽"按钮，在绘制图形时显示线宽，命令行中提示为"命令：<线宽 关>"。

Step 04 关闭栅格。单击状态栏中的"栅格"按钮，或者使用快捷键 F7 关闭栅格，系统默认为关闭栅格。选择"视图"→"缩放"→"全部"菜单命令，调整绘图窗口的显示比例。

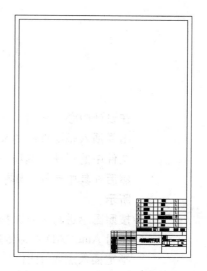

图 11-69　球阀平面装配图模板

Step 05 创建新图层。选择"格式"→"图层"菜单命令,打开"图层特性管理器"窗口,新建并设置每一个图层,如图 11-70 所示。

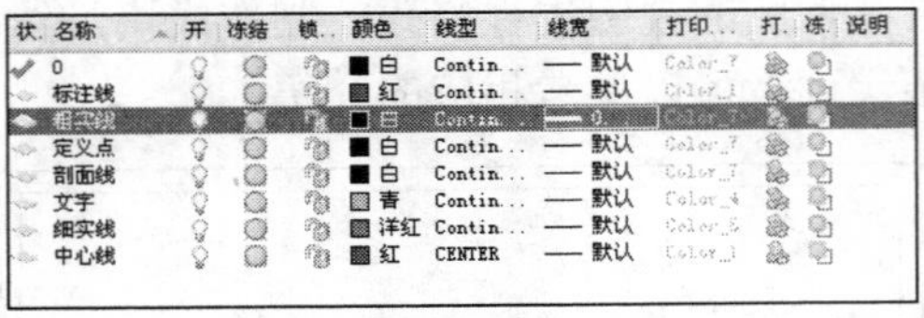

图 11-70 利用"图层特性管理器"新建并设置图层

11.5.2 组装装配图

球阀装配平面图主要由阀体、阀盖、密封圈、阀芯、压紧套、阀杆和扳手等零件图组成。在绘制零件图时,用户可以为了装配的需要,将零件的主视图以及其他视图分别定义成图块,但是在定义的图块中不包括零件的尺寸标注和定位中心线,块的基点应选择在与其零件有装配关系或定位关系的关键点上。本例球阀平面装配图中所有的装配零件图在"源文件\球阀装配平面图"中,并且已定义好块,用户可以直接应用。具体尺寸参考各零件的立体图。

1. 装配零件图

装配零件图的具体操作步骤如下。

Step 01 插入阀体平面图。选择"工具"→"设计中心"菜单命令,AutoCAD 弹出"设计中心"面板,如图 11-71 所示。在 AutoCAD 设计中心中有"文件夹"、"打开的图形"、"历史记录"和"联机设计中心"等选项卡,用户可以根据需要选择相应的选项卡。

图 11-71 "设计中心"面板

在设计中心中单击"文件夹"选项卡,计算机中所有的文件都会显示在其中,在其中找出要插入轴零件图的文件。选择相应的文件后,用鼠标双击该文件,然后用鼠标单击该文件中的"块"选项,则图形中所有的块都会出现在右边的图框中,如图 11-71 所示。然后在其中选择"阀体主视图"块,用鼠标双击该块,系统弹出"插入"对话框,如图 11-72 所示。

按照图示进行设置,插入的图形比例为 1:1,旋转角度为 0,然后单击"确定"按钮,此时 AutoCAD 在命令行提示为:

指定插入点或 [比例(S)/X/Y/Z/旋转(R)/预览比例(PS)/PX/PY/PZ/预览旋转(PR)]:

在命令行中输入"100,200","轴主视图"块会插入到"轴总成"装配图中,且插入后轴右端中心线处的坐标为"100，200"，结果如图 11-73 所示。

图 11-72 "插入"对话框

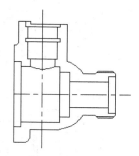

图 11-73 插入阀体后的图形

在"设计中心"面板中继续插入"阀体俯视图"块，插入的图形比例为 1：1，旋转角度为 0，插入点的坐标为"100，100"；继续插入"阀体左视图"块，插入的图形比例为 1：1，旋转角度为 0，插入点的坐标为"300，200"，结果如图 11-74 所示。

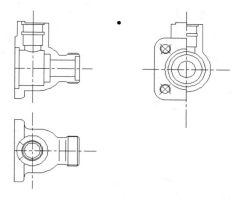

图 11-74 插入阀体后的装配图

Step 02 插入阀盖平面图。选择"工具"→"设计中心"菜单命令，AutoCAD 弹出"设计中心"面板，在相应的文件夹中找出"阀盖主视图"，并单击左边的"块"，右边在顶点对话框中出现该平面图中定义的块，如图 11-75 所示。插入"阀盖主视图"块，插入的图形比例为 1：1，旋转角度为 0，插入点的坐标为"105，200"。由于阀盖的外形轮廓与阀体的左视图的外形轮廓相同，故"阀盖左视图"块不需要插入。因为阀盖是一个对称结构，所以把"阀盖主视图"块插入到"阀体装配平面图"的俯视图中，结果如图 11-76 所示。

图 11-75 "设计中心"面板

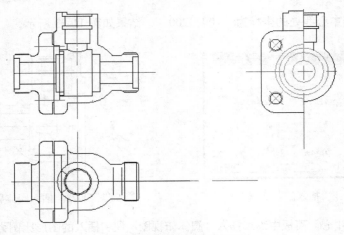

图 11-76   插入阀盖后的图形

把俯视图中的〝阀盖主视图〞块分解并修改，具体过程不再介绍，可以参考前面相应的命令，结果如图 11-77 所示。

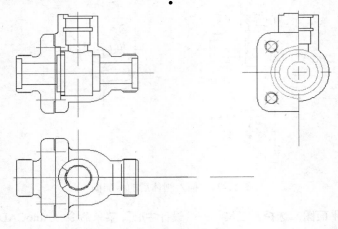

图 11-77   修改视图后的图形

Step 03   插入密封圈平面图。选择〝工具〞→〝设计中心〞菜单命令，AutoCAD 弹出〝设计中心〞面板，在相应的文件夹中找出〝密封圈〞，并单击左边的〝块〞，右边在顶点对话框中出现该平面图中定义的块，如图 11-78 所示。

图 11-78   〝设计中心〞面板

插入"密封圈"块，插入的图形比例为1：1，旋转角度为90°，插入点的坐标为（141，200）。由于该装配图中有两个密封圈，所以再插入一个，插入的图形比例为1：1，旋转角度为90，插入点的坐标为（95，200），结果如图11-79所示。

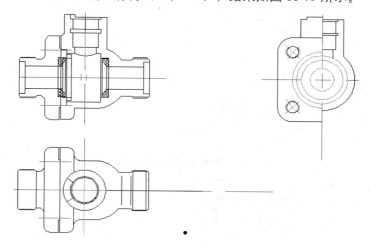

图11-79　插入密封圈后的图形

Step 04　插入阀芯平面图。选择"工具"→"设计中心"菜单命令，AutoCAD弹出"设计中心"面板，在相应的文件夹中找出"阀芯主视图"，并单击左边的"块"，右边在顶点对话框中出现该平面图中定义的块，如图11-80所示。

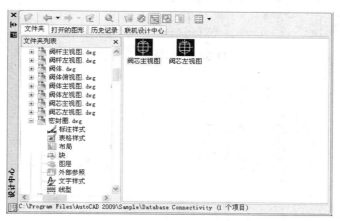

图11-80　"设计中心"面板

插入"阀芯主视图"块，插入的图形比例为1：1，旋转角度为0，插入点的坐标为（121，200），结果如图11-81所示。

Step 05　插入阀杆平面图。选择"工具"→"设计中心"菜单命令，AutoCAD弹出"设计中心"面板，在相应的文件夹中找到"阀杆主视图"，并单击左边的"块"，右边在顶点对话框中出现该平面图中定义的块，如图11-82所示。

插入"阀杆主视图"块，插入的图形比例为1：1，旋转角度为-90°，插入点的坐标为（121，217）；插入"阀杆俯视图"块，插入的图形比例为1：1，旋转角度为0，插入点的坐标为（121，100），结果如图11-83所示。

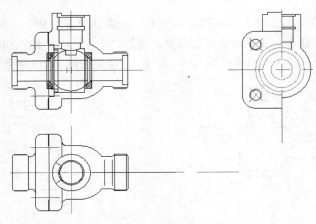

图 11-81　插入阀芯主视图后的图形

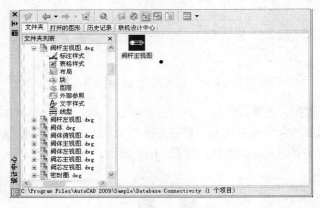

图 11-82　"设计中心"面板

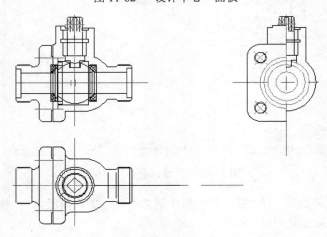

图 11-83　插入阀杆后的图形

Step 06　插入压紧套平面图。选择"工具"→"设计中心"菜单命令，AutoCAD 弹出"设计中心"面板，在相应的文件夹中找出"压紧套"，并单击左边的"块"，右边在顶点对话框中出现该平面图中定义的块，如图 11-84 所示。

插入"压紧套"块，插入的图形比例为 1∶1，旋转角度为 0，插入点的坐标为（121，239）；继续插入"压紧套"块，插入的图形比例为 1∶1，旋转角度为 0，插入点的坐标为（300，

239），结果如图 11-85 所示。

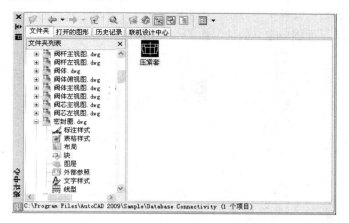

图 11-84　"设计中心"面板

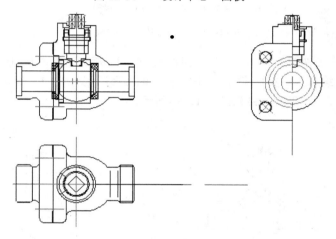

图 11-85　插入压紧套后的图形

把主视图和左视图中的"压紧套"块分解并修改，具体过程不再介绍，可以参考前面相应的命令，结果如图 11-86 所示。

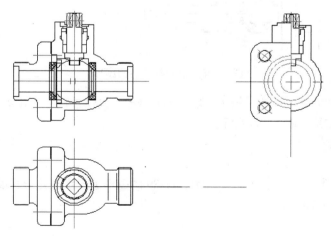

图 11-86　修改视图后的图形

Step 07 插入扳手平面图。选择"工具"→"设计中心"菜单命令，AutoCAD 弹出"设计中心"面板，在相应的文件夹中找出"扳手主视图"，并单击左边的"块"，右边在顶点对话框中出现该平面图中定义的块，如图 11-87 所示。

图 11-87　"设计中心"面板

插入"扳手主视图"块，插入的图形比例为 1∶1，旋转角度为 0，插入点的坐标为（139，294）；继续插入"扳手俯视图"块，插入的图形比例为 1∶1，旋转角度为 0，插入点的坐标为（121，100），结果如图 11-88 所示。

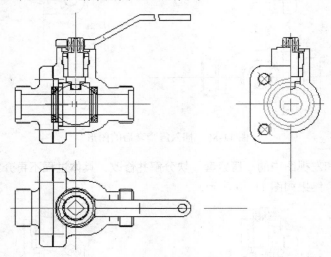

图 11-88　插入扳手后的图形

把主视图和俯视图中的"扳手"块分解并修改，具体过程不再介绍，可以参考前面相应的命令，结果如图 11-89 所示。

2．填充剖面线

Step 01 修改视图。综合运用各种命令，将图 11-89 的图形进行修改并绘制填充剖面线的区域线，结果如图 11-90 所示。

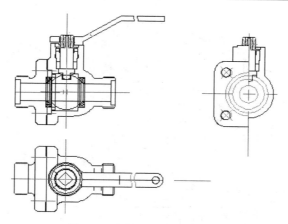

图 11-89　修改视图后的图形

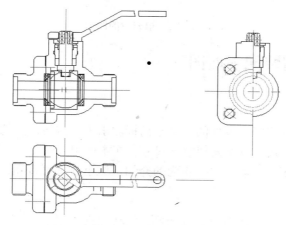

图 11-90　修改并绘制区域线后的图形

Step 02　填充剖面线。选择"绘图"→　"图案填充"菜单命令，AutoCAD 弹出"图案填充和渐
变色"对话框，在该对话框中选择所需要的剖面线样式，并设置剖面线的旋转角度和显
示比例，如图 11-91 所示为设置完毕的"图案填充和渐变色"对话框。将视图中需要填
充的位置进行填充，结果如图 11-92 所示。

图 11-91　"图案填充和渐变色"　对话框

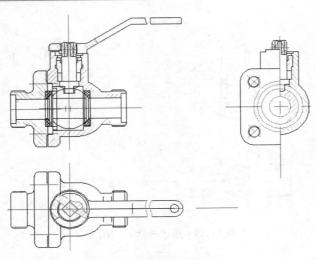

图 11-92　填充后的图形

11.5.3　标注球阀装配平面图

1．标注尺寸

在装配图中，不需要将每个零件的尺寸全部标注出来，需要标注的尺寸有：规格尺寸、装配尺寸、外形尺寸、安装尺寸以及其他重要尺寸。在本例中，只需要标注一些装配尺寸，而且其都为线性标注，比较简单，前面也有相应的介绍，这里就不再赘述，如图 11-93 所示为标注后的装配图。

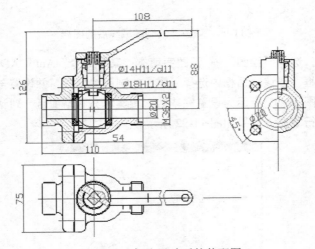

图 11-93　标注尺寸后的装配图

2．标注零件序号

标注零件序号采用引线标注方式，选择"格式"→"标注样式"菜单命令，弹出"修改标注样式"对话框，如图 11-94 所示。修改其中的引线标注方式，将箭头的大小设置为 5，文字高度设置为 5。在标注引线时，为了保证引线中的文字在同一水平线上，可以在合适的位置绘制一条辅助线。如图 11-95 所示为标注零件序号后的装配图。标注完成后，将图中所有的视图移动到图框中合适的位置。

3．填写明细表

通过设计中心，将"明细表"图块插入到装配图中，插入点选择在标题栏的右上角处。插入"明细表"图块后，再使用"多行文字"命令填写明细表，如图11-96所示为填写好的明细表。

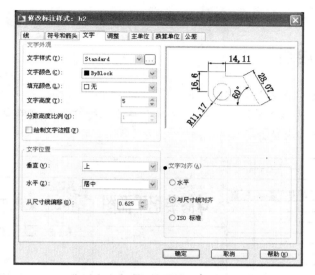

图11-94 "修改标注样式"对话框

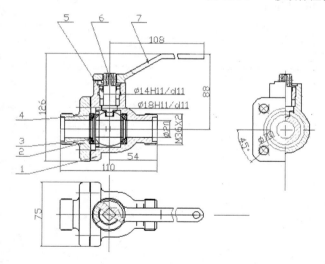

图11-95 标注零件序号后的装配图

7	扳手	ZG25	1	
6	阀杆	40Cr	1	
5	压紧套	35	1	
4	阀芯	40Cr	1	
3	密封圈	填充聚四氟乙烯	2	
2	阀盖	ZG25	1	
1	阀体	ZG25	1	
序号	名　　称	材　　料	数量	备注

图11-96 装配图明细表

4．填写技术要求

（1）切换图层。将"文字"图层设定为当前图层。

（2）填写技术要求。选择"绘图"→"文字"→"多行文字"菜单命令，填写技术要求。

此时 AutoCAD 弹出"文字格式"工具栏，在其中设置需要的样式、字体和高度，然后再输入技术要求的内容，如图11-97所示。

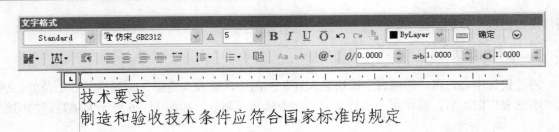

技术要求
制造和验收技术条件应符合国家标准的规定

图 11-97 "文字格式"工具栏

11.5.4 填写标题栏

（1）将"文字"图层设置为当前图层。

（2）填写标题栏。选择"绘图" → "文字"→"单行文字"菜单命令，填写标题栏中相应的项目，结果如图 11-98 所示。

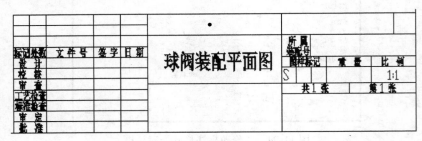

图 11-98 填写好的标题栏

11.6 本章习题

1．零件图包括哪些内容？
2．简述零件图的绘制过程。
3．零件图与装配图之间有什么关系？
4．简述装配图的绘制过程。

第 12 章

课程设计——绘制滑动轴承

本章我们将综合利用全面讲述的知识，进行一个课程设计——滑动轴承设计。滑动轴承是工程应用常见的一种机械产品，通过本课程设计作业的练习，可以帮助读者总结前面所学的知识，进一步培养读者良好的工程设计意识。

- ◎ 滑动轴承的轴衬固定套
- ◎ 滑动轴承的上、下轴衬
- ◎ 滑动轴承的上盖
- ◎ 滑动轴承的轴承座
- ◎ 滑动轴承装配

12.1 滑动轴承的轴衬固定套

1．基本要求

图层设置、基本绘图命令和编辑命令的使用。

2．目标

滑动轴承的轴衬固定套的最终效果图如图 12-1 所示（不标注尺寸）。

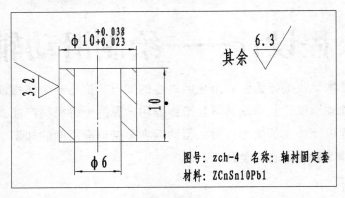

图 12-1 滑动轴承的轴衬固定套

12.2 滑动轴承的上、下轴衬

1．基本要求

"直线"、"偏移"、"修剪"和"图案填充"命令的使用。

2．目标

滑动轴承的上、下轴衬的最终效果图如图 12-2 所示（不标注尺寸）。

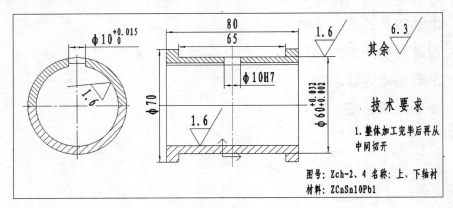

图 12-2 滑动轴承的上、下轴衬

12.3 滑动轴承的上盖

1. 基本要求

绘图命令、编辑命令、尺寸标注、表格和文字标注命令。

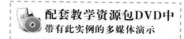

2. 目标

滑动轴承上盖的最终效果图如图 12-3 所示。

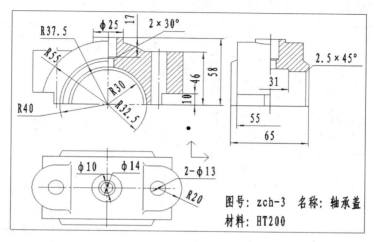

图 12-3　滑动轴承的上盖

12.4 滑动轴承的轴承座

1. 基本要求

绘图命令、编辑命令、尺寸标注和文字标注命令。

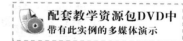

2. 目标

滑动轴承的轴承座的最终效果图如图 12-4 所示。

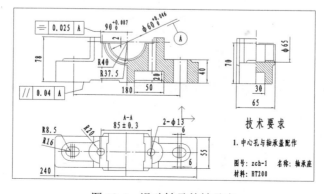

图 12-4　滑动轴承的轴承座

12.5 滑动轴承的装配

1．基本要求

创建块、插入块、绘图、编辑、表、尺寸标注和文字标注命令。

2．目标

滑动轴承装配的最终效果图如图 12-5 所示。

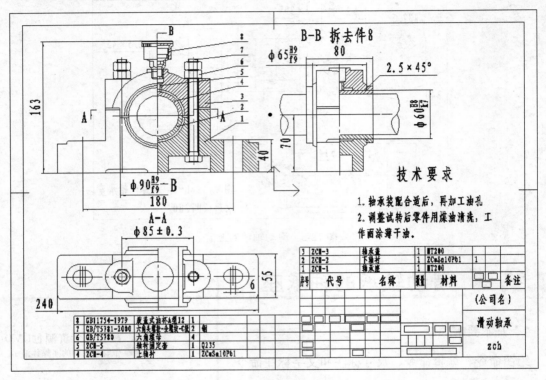

图 12-5　滑动轴承装配图